21 世纪高等院校教材

线 性 代 数

主　编　张苏梅　杨殿武

副主编　马巧灵　吕洪波　陈兆英

科 学 出 版 社

北　京

内 容 简 介

本书系统地介绍线性代数的基本理论与方法，内容结构严谨、层次清晰、通俗易懂. 本书内容有行列式、矩阵、n 维向量、线性方程组、特征值、特征向量及二次型共 6 章. 例题的选取与习题的配备注意典型与难易的结合，题型丰富.

本书可作为高等院校工学、管理学、经济学及非数学类理学等各专业的教材与参考书，也可供自学者及有关科技人员参考.

图书在版编目(CIP)数据

线性代数/张苏梅，杨殿武主编. —北京：科学出版社，2014.1

21 世纪高等院校教材

ISBN 978-7-03-039543-6

Ⅰ.①线…　Ⅱ.①张…　②杨…　Ⅲ.①线性代数-高等学校-教材　Ⅳ.①O151.2

中国版本图书馆 CIP 数据核字(2014)第 007517 号

责任编辑：王　静／责任校对：郑金红
责任印制：赵　博／封面设计：陈　敬

科学出版社 出版
北京东黄城根北街 16 号
邮政编码：100717
http://www.sciencep.com

保定市中画美凯印刷有限公司印刷
科学出版社发行　各地新华书店经销

*

2014 年 1 月第　一　版　开本：720×1000　1/16
2025 年 4 月第十三次印刷　印张：9 1/2
字数：191 000

定价：26.00 元

（如有印装质量问题，我社负责调换）

前　言

线性代数是高等学校理、工、经济、管理类等非数学类各专业的一门重要的数学基础课程. 随着计算机科学的进一步发展,许多非线性问题的线性化和大型线性问题的计算变为现实,作为离散性数学的线性代数,在大学数学中的地位变得更为重要. 本教材是参照教育部颁布的高等学校工科类本科教学基础课程教学基本要求,在总结多年的教学实践经验的基础上编写而成的.

在本书编写过程中,我们遵循了由特殊到一般、由具体到抽象、由浅入深的原则. 本书充分注重数学概念理论的条理性,而不过分追求数学的严谨. 适合高等学校理、工、经济、管理等非数学类各专业的学生使用.

全书的参考学时为 50 学时,如果删去书中楷体正文部分不讲,则可适用于 40 学时左右的线性代数课程,其内容的完整性并不受影响.

本书的第 2～4 章由张苏梅和马巧灵编写,第 1、5、6 章由杨殿武和陈兆英编写,课后习题由吕洪波和马巧灵提供;最后由张苏梅教授负责全书统稿.

感谢济南大学教务处、济南大学数学院等各级领导在编写过程中给予的大力支持;感谢数学院的全体教师、特别是承担本课程教学任务的教师,本书的形成离不开他们的支持;感谢科学出版社对本书的支持.

由于水平所限,书中难免有不妥之处,欢迎广大师生及同行专家批评指正.

编　者

2013 年 11 月于济南

目　录

第1章　行　列　式

行列式是线性代数中基本的概念之一.它不仅是解线性方程组的重要工具,而且在矩阵理论、二次型的讨论中起着重要作用.本章主要介绍行列式的概念、性质、计算以及利用行列式解线性方程组.

1.1　二阶与三阶行列式

1.1.1　二阶行列式

用消元法解二元线性方程组

$$\begin{cases} a_{11}x_1+a_{12}x_2=b_1, \\ a_{21}x_1+a_{22}x_2=b_2. \end{cases} \tag{1.1}$$

为消去未知数 x_2,以 a_{22} 与 a_{12} 分别乘方程组(1.1)的两个方程的两端,然后相减,得

$$(a_{11}a_{22}-a_{12}a_{21})x_1=b_1a_{22}-a_{12}b_2;$$

类似地,消去 x_1,得

$$(a_{11}a_{22}-a_{12}a_{21})x_2=a_{11}b_2-b_1a_{21}.$$

当 $a_{11}a_{22}-a_{12}a_{21}\neq 0$ 时,可得方程组(1.1)的解为

$$x_1=\frac{b_1a_{22}-a_{12}b_2}{a_{11}a_{22}-a_{12}a_{21}},\quad x_2=\frac{a_{11}b_2-b_1a_{21}}{a_{11}a_{22}-a_{12}a_{21}}, \tag{1.2}$$

式(1.2)就是方程组(1.1)的求解公式.为了便于记忆此求解公式,我们引进新的符号表示式(1.2).

记号

$$\begin{vmatrix} a_{11} & a_{12} \\ a_{21} & a_{22} \end{vmatrix} \tag{1.3}$$

称为二阶行列式,其中横排称为行,竖排称为列,它等于 $a_{11}a_{22}-a_{12}a_{21}$.数 a_{ij} $(i, j=1,2)$ 称为行列式(1.3)的元素.元素 a_{ij} 的第一个下标 i 称为行标,表明该元素位于第 i 行,第二个下标 j 称为列标,表明该元素位于第 j 列.

上述行列式的定义,可用对角线法则来记忆.参看图 1-1,把 a_{11} 到 a_{22} 的实连线称为主对角线,a_{12} 到 a_{21} 的虚连线称为次对角线,于是二阶行列式便是主对角线上的两元素之积减去次对角线上的两元素之积所得的差.

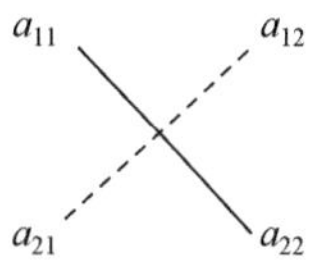

图　1-1

利用二阶行列式，对线性方程组(1.1)，记

$$D=\begin{vmatrix} a_{11} & a_{12} \\ a_{21} & a_{22} \end{vmatrix}=a_{11}a_{22}-a_{12}a_{21},$$

$$D_1=\begin{vmatrix} b_1 & a_{12} \\ b_2 & a_{22} \end{vmatrix}=b_1a_{22}-a_{12}b_2,$$

$$D_2=\begin{vmatrix} a_{11} & b_1 \\ a_{21} & b_2 \end{vmatrix}=a_{11}b_2-b_1a_{21},$$

则式(1.2)可写成

$$x_1=\frac{D_1}{D}=\frac{\begin{vmatrix} b_1 & a_{12} \\ b_2 & a_{22} \end{vmatrix}}{\begin{vmatrix} a_{11} & a_{12} \\ a_{21} & a_{22} \end{vmatrix}},\quad x_2=\frac{D_2}{D}=\frac{\begin{vmatrix} a_{11} & b_1 \\ a_{21} & b_2 \end{vmatrix}}{\begin{vmatrix} a_{11} & a_{12} \\ a_{21} & a_{22} \end{vmatrix}}. \tag{1.4}$$

这里的分母 D 是由方程组(1.1)的系数所确定的二阶行列式，称为该方程组的系数行列式，x_1 的分子 D_1 是用常数项 b_1，b_2 分别替换 D 中 x_1 的系数 a_{11}，a_{21}所得的二阶行列式，x_2 的分子 D_2 是用常数项 b_1，b_2 分别替换 D 中 x_2 的系数 a_{12}，a_{22}所得的二阶行列式.

例 1.1　解二元线性方程组$\begin{cases} 2x_1+3x_2=8, \\ x_1-2x_2=-3. \end{cases}$

解　$D=\begin{vmatrix} 2 & 3 \\ 1 & -2 \end{vmatrix}=2\times(-2)-3\times1=-7,$

$$D_1=\begin{vmatrix} 8 & 3 \\ -3 & -2 \end{vmatrix}=-7,\quad D_2=\begin{vmatrix} 2 & 8 \\ 1 & -3 \end{vmatrix}=-14.$$

因 $D\neq0$，故方程组的解为

$$x_1=\frac{D_1}{D}=1,\quad x_2=\frac{D_2}{D}=2.$$

1.1.2　三阶行列式

定义 1.1　记号

$$\begin{vmatrix} a_{11} & a_{12} & a_{13} \\ a_{21} & a_{22} & a_{23} \\ a_{31} & a_{32} & a_{33} \end{vmatrix} \tag{1.5}$$

称为三阶行列式，它等于

$$a_{11}a_{22}a_{33}+a_{12}a_{23}a_{31}+a_{13}a_{21}a_{32}-a_{13}a_{22}a_{31}-a_{12}a_{21}a_{33}-a_{11}a_{23}a_{32}, \tag{1.6}$$

即

$$\begin{vmatrix} a_{11} & a_{12} & a_{13} \\ a_{21} & a_{22} & a_{23} \\ a_{31} & a_{32} & a_{33} \end{vmatrix} = a_{11}a_{22}a_{33} + a_{12}a_{23}a_{31} + a_{13}a_{21}a_{32} - a_{13}a_{22}a_{31} - a_{12}a_{21}a_{33} - a_{11}a_{23}a_{32}. \tag{1.7}$$

式(1.6)称为三阶行列式(1.5)的展开式，与二阶行列式一样，数 a_{ij} $(i,j=1,2,3)$ 称为三阶行列式(1.5)的第 i 行第 j 列的元素.

上述定义表明三阶行列式含 6 项，每项均为不同行不同列的三个元素的乘积的代数和，其规律遵循图 1-2 所示的**对角线法则**：实线连接的三个元素乘积之和减去虚线连接的三个元素乘积之和.

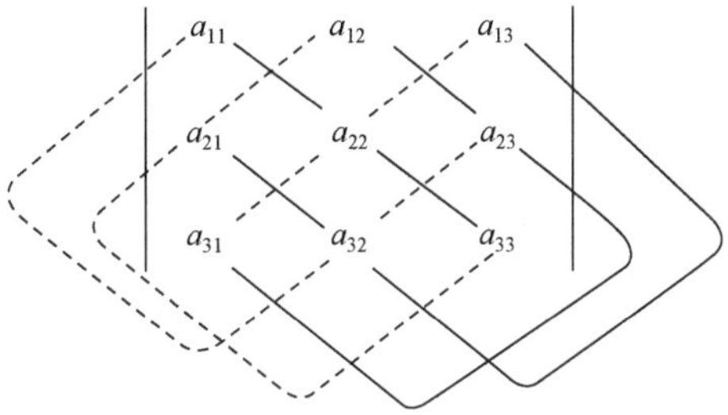

图　1-2

例 1.2　计算三阶行列式

$$D = \begin{vmatrix} 1 & -2 & 1 \\ 2 & 1 & -3 \\ -1 & 1 & -1 \end{vmatrix}.$$

解　按对角线法则，有

$$\begin{aligned} D &= 1\times1\times(-1)+(-2)\times(-3)\times(-1)+1\times2\times1 \\ &\quad -1\times1\times(-1)-(-2)\times2\times(-1)-1\times(-3)\times1 \\ &= -5. \end{aligned}$$

1.2　n 阶行列式的定义

对角线法则只适用于二阶与三阶行列式，为了研究四阶及以上的行列式，我们首先介绍有关全排列的知识，然后再给出 n 阶行列式的定义.

1.2.1　排列与逆序数

把 n 个不同的元素排成一列，称为这 n 个元素的一个 n **级全排列**(简称**排列**). n 个不同的元素的全排列共有 $n!$ 种. 例如，自然数 1,2,3 的排列共有六种：

$$1\,2\,3,\quad 1\,3\,2,\quad 2\,1\,3,\quad 2\,3\,1,\quad 3\,1\,2,\quad 3\,2\,1.$$

为了方便，以后把自然数 $1,2,\cdots,n$ 视为 n 个不同元素的代表. 用 p_i 表示这 n 个数中的一个($i=1,2,\cdots,n$)，且当 $i\neq j$ 时 $p_i\neq p_j$，于是 $p_1p_2\cdots p_n$ 便是 $1,2,\cdots,n$ 的一个排列.

n 级排列

$$1\,2\cdots n$$

具有自然顺序，称为**自然排列或标准排列**.

对于 n 个自然数的一个排列，如果一个大的数排在一个小的数之前，就称这两个数构成一个**逆序**. 一个排列 $p_1p_2\cdots p_n$ 的逆序总和称为该排列的**逆序数**，记为$\tau(p_1p_2\cdots p_n)$.

如果一个排列的逆序数是偶数，则称这个排列为**偶排列**，否则称为**奇排列**.

例 1.3　求下列排列的逆序数，并指出它们的奇偶性.

(1) 21354；　　　　(2) 135246.

解　(1) 在五级排列 21354 中，共有逆序 21，54，即 $\tau(21354)=2$，所以 21354 是偶排列.

(2) 在六级排列 135246 中，共有逆序 32，52，54，即 $\tau(135246)=3$，所以 135246 是奇排列.

在一个排列中，把某两个数的位置互换，而保持其余的数不动，这种对一个排列作出的变动称为**对换**. 将相邻两个数对换，称为**相邻对换**.

例 1.4　五级偶排列 21354 经过 2，3 对换变成排列 31254，容易计算 $\tau(31254)=3$，所以 31254 是奇排列.

关于对换对排列奇偶性的影响，有下述一般性结论. 有兴趣的读者可以自行证明.

定理 1.1　对换改变排列的奇偶性，即经过一次对换，奇排列变成偶排列，偶排列变成奇排列.

定理 1.2　在全部 n 级排列中($n\geqslant 2$)，奇偶排列各占一半.

定理 1.3　任意一个 n 级排列可经过一系列对换变成自然排列，并且所作对换次数的奇偶性与这个排列的奇偶性相同.

1.2.2　n 阶行列式的定义

为了给出 n 阶行列式的定义，先来研究三阶行列式的结构. 由三阶行列式的定义容易看到有以下两个特点：

(1) 三阶行列式展开式的每一项恰是取自不同行、不同列的三个元素的乘积

$$a_{1p_1}a_{2p_2}a_{3p_3}.$$

这里行标按自然顺序排成 123，列标排成 $p_1p_2p_3$，它是 1，2，3 的某个排列. 这样的排列共有 3！种，对应于行列式的展开式共含 3！项. 因此行列式恰好是所有位于不同行、不同列的 3 个元素之积的代数和.

(2) 行列式的展开式中各项的正负号由其列标排列的奇偶性决定(此时行标按自然顺序排列). 对应列标的排列分别是 123，312，231 时，它们都是偶排列，取正号；对应列标的排列分别是 132，213，321 时，它们都是奇排列，取负号. 因此各项所带的正负号可以表示为 $(-1)^{\tau(p_1p_2p_3)}$.

于是，三阶行列式的展开式可以写成 $\sum\limits_{p_1p_2p_3}(-1)^{\tau(p_1p_2p_3)}a_{1p_1}a_{2p_2}a_{3p_3}$，即

$$\begin{vmatrix} a_{11} & a_{12} & a_{13} \\ a_{21} & a_{22} & a_{23} \\ a_{31} & a_{32} & a_{33} \end{vmatrix} = \sum_{p_1p_2p_3}(-1)^{\tau(p_1p_2p_3)}a_{1p_1}a_{2p_2}a_{3p_3},$$

这里 $\sum\limits_{p_1p_2p_3}$ 表示对所有三级排列求和.

至此，可将行列式的概念推广到 n 阶.

定义 1.2　由 n^2 个元素 $a_{ij}(i,j=1,2,\cdots,n)$ 组成的记号

$$\begin{vmatrix} a_{11} & a_{12} & \cdots & a_{1n} \\ a_{21} & a_{22} & \cdots & a_{2n} \\ \vdots & \vdots & & \vdots \\ a_{n1} & a_{n2} & \cdots & a_{nn} \end{vmatrix}$$

称为 n 阶行列式，其中横排称为**行**，竖排称为**列**，它等于所有取自不同行不同列的 n 个元素乘积 $a_{1p_1}a_{2p_2}\cdots a_{np_n}$ 的代数和

$$\sum_{p_1p_2\cdots p_n}(-1)^{\tau(p_1p_2\cdots p_n)}a_{1p_1}a_{2p_2}\cdots a_{np_n}, \tag{1.8}$$

其中 $p_1p_2\cdots p_n$ 为自然数 $1,2,\cdots,n$ 的一个排列，$\tau(p_1p_2\cdots p_n)$ 为这个排列的逆序数，$\sum\limits_{p_1p_2\cdots p_n}$ 表示对所有 n 级排列求和，即

$$\begin{vmatrix} a_{11} & a_{12} & \cdots & a_{1n} \\ a_{21} & a_{22} & \cdots & a_{2n} \\ \vdots & \vdots & & \vdots \\ a_{n1} & a_{n2} & \cdots & a_{nn} \end{vmatrix} = \sum_{p_1p_2\cdots p_n}(-1)^{\tau(p_1p_2\cdots p_n)}a_{1p_1}a_{2p_2}\cdots a_{np_n}. \tag{1.9}$$

n 阶行列式通常简记作 $\det(a_{ij})$. 数 a_{ij} 称为行列式 $\det(a_{ij})$ 的第 i 行第 j 列的元素. 式(1.8)称为 n 阶行列式的展开式.

例 1.5　证明 n 阶行列式

$$\begin{vmatrix} a_{11} & a_{12} & a_{13} & \cdots & a_{1n} \\ 0 & a_{22} & a_{23} & \cdots & a_{2n} \\ 0 & 0 & a_{33} & \cdots & a_{3n} \\ \vdots & \vdots & \vdots & & \vdots \\ 0 & 0 & 0 & \cdots & a_{nn} \end{vmatrix} = a_{11}a_{22}a_{33}\cdots a_{nn}.$$

这种主对角线(从左上角到右下角的对角线)以下(上)的元素都是零的行列式,称为**上(下)三角行列式**.

证　由式(1.9)知道,n 阶行列式的展开式中每一项的一般形式是

$$(-1)^{\tau(p_1p_2\cdots p_n)}a_{1p_1}a_{2p_2}\cdots a_{np_n},$$

其中只要有一个元素等于零,乘积就是零,所以只需计算乘积中因子不出现零的项.对于上三角行列式,第 n 行中当 $p_n \neq n$ 时,$a_{np_n}=0$,故只需考虑 $p_n=n$ 的项即可.又因为在第 $n-1$ 行中,当 $p_{n-1}\neq n-1,n$ 时,$a_{n-1,p_{n-1}}=0$,故只需考虑 $p_{n-1}=n-1$ 或 $p_{n-1}=n$ 这两种情形.但是已取 $p_n=n$,并且 $p_{n-1}\neq p_n$,因此只有 $p_{n-1}=n-1$.依次类推,可知在 n 阶行列式的展开式中只有唯一的一项 $a_{11}a_{22}\cdots a_{nn}$ 可能不为零,而 $\tau(12\cdots n)=0$.于是结论得证.　　**证毕**

用类似于例 1.5 的讨论,可以证明下三角行列式

$$\begin{vmatrix} a_{11} & 0 & 0 & \cdots & 0 \\ a_{21} & a_{22} & 0 & \cdots & 0 \\ a_{31} & a_{32} & a_{33} & \cdots & 0 \\ \vdots & \vdots & \vdots & & \vdots \\ a_{n1} & a_{n2} & a_{n3} & \cdots & a_{nn} \end{vmatrix} = a_{11}a_{22}a_{33}\cdots a_{nn}$$

及

$$\begin{vmatrix} 0 & \cdots & 0 & a_{1n} \\ 0 & \cdots & a_{2,n-1} & a_{2n} \\ \vdots & & \vdots & \vdots \\ a_{n1} & \cdots & a_{n,n-1} & a_{nn} \end{vmatrix} = \begin{vmatrix} a_{11} & a_{12} & \cdots & a_{1n} \\ \vdots & \vdots & & \vdots \\ a_{n-1,1} & a_{n-1,2} & \cdots & 0 \\ a_{n1} & 0 & \cdots & 0 \end{vmatrix} = (-1)^{\frac{n(n-1)}{2}}a_{1n}a_{2,n-1}\cdots a_{n1}.$$

作为上(下)三角行列式的特例,可得对角行列式

$$\begin{vmatrix} d_1 & 0 & \cdots & 0 \\ 0 & d_2 & \cdots & 0 \\ \vdots & \vdots & & \vdots \\ 0 & 0 & \cdots & d_n \end{vmatrix} = d_1d_2\cdots d_n.$$

下面对 n 阶行列式的展开式(1.9)中各项前所带符号作两点补充说明.

(1) 由定理 1.2 知,n 阶行列式的展开式(1.9)中,前面带负号的项数与前面带

正号的项数相等,均为$\frac{n!}{2}$项.

(2) 在行列式的定义中,为方便,我们将 n 个元素的行标按自然顺序排列. 事实上,数的乘法是可交换的,因而这 n 个元素的次序是可以任意排列的. 一般地,n 阶行列式中的项可以写成

$$a_{i_1j_1}a_{i_2j_2}\cdots a_{i_nj_n},$$

其中 $i_1i_2\cdots i_n$ 和 $j_1j_2\cdots j_n$ 是 $1,2,\cdots,n$ 的两个排列. 利用定理 1.1 可以证明,n 阶行列式中,项 $a_{i_1j_1}a_{i_2j_2}\cdots a_{i_nj_n}$ 前面的符号为

$$(-1)^{\tau(i_1i_2\cdots i_n)+\tau(j_1j_2\cdots j_n)}.$$

特别地,项 $a_{q_1 1}a_{q_2 2}\cdots a_{q_n n}$ 前面的符号为 $(-1)^{\tau(q_1q_2\cdots q_n)}$,于是 n 阶行列式的定义又可以写成

$$D=\begin{vmatrix} a_{11} & a_{12} & \cdots & a_{1n} \\ a_{21} & a_{22} & \cdots & a_{2n} \\ \vdots & \vdots & & \vdots \\ a_{n1} & a_{n2} & \cdots & a_{nn} \end{vmatrix}=\sum_{q_1q_2\cdots q_n}(-1)^{\tau(q_1q_2\cdots q_n)}a_{q_1 1}a_{q_2 2}\cdots a_{q_n n}. \quad (1.10)$$

我们定义的行列式中的元素是数,事实上,可以将其推广成元素是某些其他数学对象的情形. 例如,可以同样地定义元素是多项式的行列式.

1.3 行列式的性质及计算

1.3.1 行列式的性质

当行列式的阶数 n 较大时,直接用定义计算行列式是很困难的,为了简化行列式的计算,需要讨论行列式的性质. 行列式的性质不仅可以用于行列式的计算,而且对行列式的理论研究也是很重要的.

记

$$D=\begin{vmatrix} a_{11} & a_{12} & \cdots & a_{1n} \\ a_{21} & a_{22} & \cdots & a_{2n} \\ \vdots & \vdots & & \vdots \\ a_{n1} & a_{n2} & \cdots & a_{nn} \end{vmatrix}, \quad D^{\mathrm{T}}=\begin{vmatrix} a_{11} & a_{21} & \cdots & a_{n1} \\ a_{12} & a_{22} & \cdots & a_{n2} \\ \vdots & \vdots & & \vdots \\ a_{1n} & a_{2n} & \cdots & a_{nn} \end{vmatrix},$$

即 D^{T} 是这样得到的:把 D 中第 i 行作为 D^{T} 的第 i 列,这就是说 D^{T} 的第 i 行第 j 列处的元素为 D 的第 j 行第 i 列处的元素. 称 D^{T} 为行列式 D 的**转置行列式**.

性质 1.1 行列式与它的转置行列式相等.

证 记 $D=\det(a_{ij})$,$b_{ij}=a_{ji}$,$i,j=1,2,\cdots,n$,则由行列式的定义式(1.9)与式(1.10)可得

$$
\begin{aligned}
D^{\mathrm{T}} &= \begin{vmatrix} b_{11} & b_{12} & \cdots & b_{1n} \\ b_{21} & b_{22} & \cdots & b_{2n} \\ \vdots & \vdots & & \vdots \\ b_{n1} & b_{n2} & \cdots & b_{nn} \end{vmatrix} \\
&= \sum_{p_1 p_2 \cdots p_n} (-1)^{\tau(p_1 p_2 \cdots p_n)} b_{1p_1} b_{2p_2} \cdots b_{np_n} \\
&= \sum_{p_1 p_2 \cdots p_n} (-1)^{\tau(p_1 p_2 \cdots p_n)} a_{p_1 1} a_{p_2 2} \cdots a_{p_n n} \\
&= D.
\end{aligned}
$$

证毕

由性质 1.1 可知，行列式中的行与列具有同等的地位，行列式的性质凡是对“行”成立的，对“列”也同样成立，反之亦然. 因此在以下性质的证明中，只对“行”进行证明.

性质 1.2　互换行列式的两行(列)，行列式变号.

证　设行列式

$$
D_1 = \begin{vmatrix} b_{11} & b_{12} & \cdots & b_{1n} \\ b_{21} & b_{22} & \cdots & b_{2n} \\ \vdots & \vdots & & \vdots \\ b_{n1} & b_{n2} & \cdots & b_{nn} \end{vmatrix}
$$

是由行列式 $D=\det(a_{ij})$ 交换 i,j 两行得到的，即当 $k\neq i,j$ 时，$b_{kp}=a_{kp}$；当 $k=i,j$ 时，$b_{ip}=a_{jp}$，$b_{jp}=a_{ip}$ (不妨设 $i<j$)，于是

$$
\begin{aligned}
D_1 &= \sum_{p_1 p_2 \cdots p_n} (-1)^{\tau(p_1 \cdots p_i \cdots p_j \cdots p_n)} b_{1p_1} \cdots b_{ip_i} \cdots b_{jp_j} \cdots b_{np_n} \\
&= \sum_{p_1 p_2 \cdots p_n} (-1)^{\tau(p_1 \cdots p_i \cdots p_j \cdots p_n)} a_{1p_1} \cdots a_{jp_i} \cdots a_{ip_j} \cdots a_{np_n} \\
&= \sum_{p_1 p_2 \cdots p_n} (-1)^{\tau(p_1 \cdots p_i \cdots p_j \cdots p_n)} a_{1p_1} \cdots a_{ip_j} \cdots a_{jp_i} \cdots a_{np_n},
\end{aligned}
$$

其中 $12\cdots i\cdots j\cdots n$ 为自然排列. 由定理 1.1 知

$$
(-1)^{\tau(p_1 \cdots p_i \cdots p_j \cdots p_n)} = -(-1)^{\tau(p_1 \cdots p_j \cdots p_i \cdots p_n)},
$$

故

$$
D_1 = -\sum_{p_1 p_2 \cdots p_n} (-1)^{\tau(p_1 \cdots p_j \cdots p_i \cdots p_n)} a_{1p_1} \cdots a_{ip_j} \cdots a_{jp_i} \cdots a_{np_n} = -D.
$$

证毕

推论　如果行列式有两行(列)完全相同，则此行列式为零.

性质 1.3　行列式的某一行(列)中所有的元素都乘以同一数 k，等于用数 k 乘此行列式.

证　设行列式

$$D_1=\begin{vmatrix} a_{11} & a_{12} & \cdots & a_{1n} \\ \vdots & \vdots & & \vdots \\ ka_{i1} & ka_{i2} & \cdots & ka_{in} \\ \vdots & \vdots & & \vdots \\ a_{n1} & a_{n2} & \cdots & a_{nn} \end{vmatrix}$$

是由行列式 $D=\det(a_{ij})$ 的第 i 行中所有的元素都乘以同一数 k 得到的. 由行列式的定义知

$$\begin{aligned} D_1 &= \sum_{p_1p_2\cdots p_n}(-1)^{\tau(p_1p_2\cdots p_n)}a_{1p_1}\cdots a_{i-1,p_{i-1}}(ka_{ip_i})a_{i+1,p_{i+1}}\cdots a_{np_n} \\ &= k\sum_{p_1p_2\cdots p_n}(-1)^{\tau(p_1p_2\cdots p_n)}a_{1p_1}\cdots a_{i-1,p_{i-1}}a_{ip_i}a_{i+1,p_{i+1}}\cdots a_{np_n} \\ &= kD. \end{aligned}$$

证毕

推论 1 行列式中某一行(列)的所有元素的公因子可以提到行列式符号的外面.

推论 2 若行列式中有两行(列)对应元素成比例,则此行列式等于零.

推论 3 若行列式中某一行(列)的元素全为零,则此行列式等于零.

性质 1.4 若行列式的某一行(列)的元素都是两数之和,则此行列式等于两个行列式之和. 即

$$\begin{vmatrix} a_{11} & a_{12} & \cdots & a_{1n} \\ \vdots & \vdots & & \vdots \\ a_{i1}+a'_{i1} & a_{i2}+a'_{i2} & \cdots & a_{in}+a'_{in} \\ \vdots & \vdots & & \vdots \\ a_{n1} & a_{n2} & \cdots & a_{nn} \end{vmatrix}=\begin{vmatrix} a_{11} & a_{12} & \cdots & a_{1n} \\ \vdots & \vdots & & \vdots \\ a_{i1} & a_{i2} & \cdots & a_{in} \\ \vdots & \vdots & & \vdots \\ a_{n1} & a_{n2} & \cdots & a_{nn} \end{vmatrix}+\begin{vmatrix} a_{11} & a_{12} & \cdots & a_{1n} \\ \vdots & \vdots & & \vdots \\ a'_{i1} & a'_{i2} & \cdots & a'_{in} \\ \vdots & \vdots & & \vdots \\ a_{n1} & a_{n2} & \cdots & a_{nn} \end{vmatrix}.$$

利用行列式的定义,不难给出性质 1.4 的证明,请读者自证(参考性质 1.3 的证明).

性质 1.5 把行列式的某一行(列)的各元素乘以同一数然后加到另一行(列)对应的元素上去,行列式不变.

证 利用性质 1.4 及性质 1.3 的推论 2 可得性质 1.5 的证明. **证毕**

为方便起见,交换行列式 i,j 两行(列),记作 $r_i\leftrightarrow r_j$ ($c_i\leftrightarrow c_j$);行列式第 i 行(列)乘以数 k,记作 kr_i(kc_i);以数 k 乘行列式第 i 行(列)加到第 j 行(列)上,记作 r_j+kr_i(c_j+kc_i).

例 1.6 计算行列式

$$D=\begin{vmatrix} 2 & 1 & 1 & 1 \\ 4 & 2 & 1 & -1 \\ 2 & 1 & -1 & 1 \\ 1 & 2 & 1 & -2 \end{vmatrix}.$$

解

$$D=\begin{vmatrix}2&1&1&1\\4&2&1&-1\\2&1&-1&1\\1&2&1&-2\end{vmatrix}\xlongequal{c_1\leftrightarrow c_3}-\begin{vmatrix}1&1&2&1\\1&2&4&-1\\-1&1&2&1\\1&2&1&-2\end{vmatrix}$$

$$\xlongequal[r_4+(-1)r_1]{\substack{r_2+(-1)r_1\\r_3+r_1}}-\begin{vmatrix}1&1&2&1\\0&1&2&-2\\0&2&4&2\\0&1&-1&-3\end{vmatrix}\xlongequal{\substack{r_3+(-2)r_2\\r_4+(-1)r_2}}-\begin{vmatrix}1&1&2&1\\0&1&2&-2\\0&0&0&6\\0&0&-3&-1\end{vmatrix}$$

$$\xlongequal{r_3\leftrightarrow r_4}\begin{vmatrix}1&1&2&1\\0&1&2&-2\\0&0&-3&-1\\0&0&0&6\end{vmatrix}=-18.$$

例 1.7　计算 n 阶行列式

$$D=\begin{vmatrix}2&1&1&\cdots&1\\1&2&1&\cdots&1\\1&1&2&\cdots&1\\\vdots&\vdots&\vdots&&\vdots\\1&1&1&\cdots&2\end{vmatrix}.$$

解　注意到行列式各列(各行)的元素之和都为 $n+1$,故可把 $2,3,\cdots,n$ 行同时加到第 1 行,再进行计算:

$$D=\!=\!=\begin{vmatrix}n+1&n+1&n+1&\cdots&n+1\\1&2&1&\cdots&1\\1&1&2&\cdots&1\\\vdots&\vdots&\vdots&&\vdots\\1&1&1&\cdots&2\end{vmatrix}$$

$$\xlongequal{\text{第 1 行提出公因子 } n+1}(n+1)\begin{vmatrix}1&1&1&\cdots&1\\1&2&1&\cdots&1\\1&1&2&\cdots&1\\\vdots&\vdots&\vdots&&\vdots\\1&1&1&\cdots&2\end{vmatrix}$$

$$\xlongequal[r_n - r_1]{\substack{r_2 - r_1 \\ r_3 - r_1 \\ \cdots}} (n+1)\begin{vmatrix} 1 & 1 & 1 & \cdots & 1 \\ 0 & 1 & 0 & \cdots & 0 \\ 0 & 0 & 1 & \cdots & 0 \\ \vdots & \vdots & \vdots & & \vdots \\ 0 & 0 & 0 & \cdots & 1 \end{vmatrix} = n+1.$$

1.3.2 行列式按行(列)展开

一般地,阶数低的行列式比阶数高的行列式容易计算. 因此我们希望能把 n 阶行列式的计算转化成 $n-1$ 阶的行列式计算. 为此引入行列式的余子式和代数余子式的概念.

定义 1.3 在 n 阶行列式中,划去元素 a_{ij} 所在的第 i 行与第 j 列,剩下的元素按原来的排法组成的 $n-1$ 阶行列式,称为元素 a_{ij} 的余子式,记作 M_{ij};记

$$A_{ij} = (-1)^{i+j} M_{ij},$$

A_{ij} 称为元素 a_{ij} 的代数余子式.

例如,四阶行列式

$$D = \begin{vmatrix} a_{11} & a_{12} & a_{13} & a_{14} \\ a_{21} & a_{22} & a_{23} & a_{24} \\ a_{31} & a_{32} & a_{33} & a_{34} \\ a_{41} & a_{42} & a_{43} & a_{44} \end{vmatrix}$$

中元素 a_{34} 的余子式及代数余子式分别为

$$M_{34} = \begin{vmatrix} a_{11} & a_{12} & a_{13} \\ a_{21} & a_{22} & a_{23} \\ a_{41} & a_{42} & a_{43} \end{vmatrix}, \quad A_{34} = (-1)^{3+4} M_{34}.$$

引理 1.1 一个 n 阶行列式 D,如果其中第 i 行所有元素除 a_{ij} 外都为零,那么这个行列式等于 a_{ij} 与它的代数余子式的乘积,即 $D = a_{ij} A_{ij}$.

证 先证 a_{ij} 位于第 n 行第 n 列处的情形,此时

$$D = \begin{vmatrix} a_{11} & a_{12} & \cdots & a_{1n} \\ \vdots & \vdots & & \vdots \\ a_{n-1,1} & a_{n-1,2} & \cdots & a_{n-1,n} \\ 0 & 0 & \cdots & a_{nn} \end{vmatrix} = \sum_{p_1 p_2 \cdots p_n} (-1)^{\tau(p_1 p_2 \cdots p_n)} a_{1p_1} a_{2p_2} \cdots a_{np_n},$$

由于只有 $p_n = n$ 时,a_{np_n} 才可能不为 0,于是

$$\begin{aligned} D &= \sum_{p_1 p_2 \cdots p_{n-1}} (-1)^{\tau(p_1 p_2 \cdots p_{n-1} n)} a_{1p_1} a_{2p_2} \cdots a_{n-1,p_{n-1}} a_{nn} \\ &= a_{nn} \sum_{p_1 p_2 \cdots p_{n-1}} (-1)^{\tau(p_1 p_2 \cdots p_{n-1} n)} a_{1p_1} a_{2p_2} \cdots a_{n-1,p_{n-1}} \\ &= a_{nn} M_{nn} = a_{nn} A_{nn}. \end{aligned}$$

再证一般情形，此时

$$D=\begin{vmatrix} a_{11} & \cdots & a_{1j} & \cdots & a_{1n} \\ \vdots & & \vdots & & \vdots \\ 0 & \cdots & a_{ij} & \cdots & 0 \\ \vdots & & \vdots & & \vdots \\ a_{n1} & \cdots & a_{nj} & \cdots & a_{nn} \end{vmatrix} \xlongequal[r_{n-1}\leftrightarrow r_n]{\substack{r_i\leftrightarrow r_{i+1}\\ r_{i+1}\leftrightarrow r_{i+2}\\ \cdots\cdots}} (-1)^{n-i}\begin{vmatrix} a_{11} & \cdots & a_{1j} & \cdots & a_{1n} \\ \vdots & & \vdots & & \vdots \\ a_{i-1,1} & \cdots & a_{i-1,j} & \cdots & a_{i-1,n} \\ a_{i+1,1} & \cdots & a_{i+1,j} & \cdots & a_{i+1,n} \\ \vdots & & \vdots & & \vdots \\ a_{n1} & \cdots & a_{nj} & \cdots & a_{nn} \\ 0 & \cdots & a_{ij} & \cdots & 0 \end{vmatrix}$$

$$\xlongequal[c_{n-1}\leftrightarrow c_n]{\substack{c_j\leftrightarrow c_{j+1}\\ c_{j+1}\leftrightarrow c_{j+2}\\ \cdots\cdots}} (-1)^{(n-i)+(n-j)}\begin{vmatrix} a_{11} & \cdots & a_{1,j-1} & a_{1,j+1} & \cdots & a_{1n} & a_{1j} \\ \vdots & & \vdots & \vdots & & \vdots & \vdots \\ a_{i-1,1} & \cdots & a_{i-1,j-1} & a_{i-1,j+1} & \cdots & a_{i-1,n} & a_{i-1,j} \\ a_{i+1,1} & \cdots & a_{i+1,j-1} & a_{i+1,j+1} & \cdots & a_{i+1,n} & a_{i+1,j} \\ \vdots & & \vdots & \vdots & & \vdots & \vdots \\ a_{n1} & \cdots & a_{n,j-1} & a_{n,j+1} & \cdots & a_{nn} & a_{nj} \\ 0 & \cdots & 0 & 0 & \cdots & 0 & a_{ij} \end{vmatrix}$$

$$=(-1)^{(n-i)+(n-j)}a_{ij}M_{ij}=a_{ij}[(-1)^{i+j}M_{ij}]=a_{ij}A_{ij}.$$ **证毕**

定理 1.4　行列式 D 等于它的任一行(列)的各元素与其代数余子式的乘积之和，即

$$D=a_{i1}A_{i1}+a_{i2}A_{i2}+\cdots+a_{in}A_{in},\quad i=1,2,\cdots,n;$$
$$D=a_{1j}A_{1j}+a_{2j}A_{2j}+\cdots+a_{nj}A_{nj},\quad j=1,2,\cdots,n.$$

证

$$D=\begin{vmatrix} a_{11} & a_{12} & \cdots & a_{1n} \\ \vdots & \vdots & & \vdots \\ a_{i1}+0+\cdots+0 & 0+a_{i2}+0+\cdots+0 & \cdots & 0+0+\cdots+0+a_{in} \\ \vdots & \vdots & & \vdots \\ a_{n1} & a_{n2} & \cdots & a_{nn} \end{vmatrix}$$

$$\xlongequal{\text{性质 1.4}}\begin{vmatrix} a_{11} & a_{12} & \cdots & a_{1n} \\ \vdots & \vdots & & \vdots \\ a_{i1} & 0 & \cdots & 0 \\ \vdots & \vdots & & \vdots \\ a_{n1} & a_{n2} & \cdots & a_{nn} \end{vmatrix}+\begin{vmatrix} a_{11} & a_{12} & \cdots & a_{1n} \\ \vdots & \vdots & & \vdots \\ 0 & a_{i2} & \cdots & 0 \\ \vdots & \vdots & & \vdots \\ a_{n1} & a_{n2} & \cdots & a_{nn} \end{vmatrix}+\cdots+\begin{vmatrix} a_{11} & a_{12} & \cdots & a_{1n} \\ \vdots & \vdots & & \vdots \\ 0 & 0 & \cdots & a_{in} \\ \vdots & \vdots & & \vdots \\ a_{n1} & a_{n2} & \cdots & a_{nn} \end{vmatrix}$$

$$\xlongequal{\text{引理 1.1}}a_{i1}A_{i1}+a_{i2}A_{i2}+\cdots+a_{in}A_{in},\quad i=1,2,\cdots,n.$$

同理可证

$$D=a_{1j}A_{1j}+a_{2j}A_{2j}+\cdots+a_{nj}A_{nj},\quad j=1,2,\cdots,n.$$

证毕

称定理 1.4 为**行列式按行(列)展开法则**.

由定理 1.4 可得下面的推论.

推论　行列式 D 的任一行(列)的各元素与另一行(列)对应元素的代数余子式的乘积之和等于 0,即

$$a_{i1}A_{j1}+a_{i2}A_{j2}+\cdots+a_{in}A_{jn}=0,\quad i\neq j,i,j=1,2,\cdots,n;$$

$$a_{1i}A_{1j}+a_{2i}A_{2j}+\cdots+a_{ni}A_{nj}=0,\quad i\neq j,i,j=1,2,\cdots,n.$$

证　不妨设 $i<j$,把行列式 D 按第 j 行展开,有

$$a_{j1}A_{j1}+a_{j2}A_{j2}+\cdots+a_{jn}A_{jn}=\begin{vmatrix} a_{11} & a_{12} & \cdots & a_{1n}\\ \vdots & \vdots & & \vdots\\ a_{i1} & a_{i2} & \cdots & a_{in}\\ \vdots & \vdots & & \vdots\\ a_{j1} & a_{j2} & \cdots & a_{jn}\\ \vdots & \vdots & & \vdots\\ a_{n1} & a_{n2} & \cdots & a_{nn}\end{vmatrix},$$

在上式中把 a_{jk} 换成 $a_{ik}(k=1,2,\cdots,n)$,可得

$$a_{i1}A_{j1}+a_{i2}A_{j2}+\cdots+a_{in}A_{jn}=\begin{vmatrix} a_{11} & a_{12} & \cdots & a_{1n}\\ \vdots & \vdots & & \vdots\\ a_{i1} & a_{i2} & \cdots & a_{in}\\ \vdots & \vdots & & \vdots\\ a_{i1} & a_{i2} & \cdots & a_{in}\\ \vdots & \vdots & & \vdots\\ a_{n1} & a_{n2} & \cdots & a_{nn}\end{vmatrix},$$

上式右端行列式中有两行对应元素相同,故行列式等于零,即得

$$a_{i1}A_{j1}+a_{i2}A_{j2}+\cdots+a_{in}A_{jn}=0,\quad i\neq j,i,j=1,2,\cdots,n.$$

证毕

综合定理 1.4 和推论,有公式

$$\sum_{k=1}^{n}a_{ik}A_{jk}=a_{i1}A_{j1}+a_{i2}A_{j2}+\cdots+a_{in}A_{jn}=\begin{cases}D, & i=j,\\ 0, & i\neq j;\end{cases}$$

$$\sum_{k=1}^{n}a_{ki}A_{kj}=a_{1i}A_{1j}+a_{2i}A_{2j}+\cdots+a_{ni}A_{nj}=\begin{cases}D, & i=j,\\ 0, & i\neq j.\end{cases}$$

例 1.8　计算行列式

$$D=\begin{vmatrix} 1+x & 1 & 1 & 1\\ 1 & 1-x & 1 & 1\\ 1 & 1 & 1+y & 1\\ 1 & 1 & 1 & 1-y\end{vmatrix}.$$

解 注意到第一行减去第二行，第三行减去第四行，会出现四个零元素，故可应用定理1.4来计算此行列式.

$$D=\begin{vmatrix} x & x & 0 & 0 \\ 1 & 1-x & 1 & 1 \\ 0 & 0 & y & y \\ 1 & 1 & 1 & 1-y \end{vmatrix} \xlongequal[c_4+(-1)c_3]{c_2+(-1)c_1} \begin{vmatrix} x & 0 & 0 & 0 \\ 1 & -x & 1 & 0 \\ 0 & 0 & y & 0 \\ 1 & 0 & 1 & -y \end{vmatrix}$$

$$=x\begin{vmatrix} -x & 1 & 0 \\ 0 & y & 0 \\ 0 & 1 & -y \end{vmatrix}=-x^2\begin{vmatrix} y & 0 \\ 1 & -y \end{vmatrix}=x^2y^2.$$

例 1.9 证明范德蒙德(Vandermonde)行列式

$$D_n=\begin{vmatrix} 1 & 1 & \cdots & 1 \\ x_1 & x_2 & \cdots & x_n \\ x_1^2 & x_2^2 & \cdots & x_n^2 \\ \vdots & \vdots & & \vdots \\ x_1^{n-1} & x_2^{n-1} & \cdots & x_n^{n-1} \end{vmatrix}=\prod_{n\geqslant i>j\geqslant 1}(x_i-x_j), \tag{1.11}$$

其中记号“$\prod$”表示全体同类因子的乘积.

证 用数学归纳法.因为

$$D_2=\begin{vmatrix} 1 & 1 \\ x_1 & x_2 \end{vmatrix}=x_2-x_1=\prod_{2\geqslant i>j\geqslant 1}(x_i-x_j),$$

所以当$n=2$时，式(1.11)成立.现在假设式(1.11)对于$n-1$阶范德蒙德行列式成立，要证式(1.11)对n阶范德蒙德行列式也成立.

为此，设法把D_n降阶：从第n行开始，后行减去前行的x_1倍，有

$$D_n=\begin{vmatrix} 1 & 1 & 1 & \cdots & 1 \\ 0 & x_2-x_1 & x_3-x_1 & \cdots & x_n-x_1 \\ 0 & x_2(x_2-x_1) & x_3(x_3-x_1) & \cdots & x_n(x_n-x_1) \\ \vdots & \vdots & \vdots & & \vdots \\ 0 & x_2^{n-2}(x_2-x_1) & x_3^{n-2}(x_3-x_1) & \cdots & x_n^{n-2}(x_n-x_1) \end{vmatrix},$$

按第1列展开，并把每列的公因子(x_i-x_1)提出，得到

$$D_n=(x_2-x_1)(x_3-x_1)\cdots(x_n-x_1)\begin{vmatrix} 1 & 1 & \cdots & 1 \\ x_2 & x_3 & \cdots & x_n \\ \vdots & \vdots & & \vdots \\ x_2^{n-2} & x_3^{n-2} & \cdots & x_n^{n-2} \end{vmatrix}.$$

上式右端的行列式是$n-1$阶范德蒙德行列式，按归纳假设，它等于所有因子(x_i-x_j)的乘积，其中$n\geqslant i>j\geqslant 2$.故

$$D_n=(x_2-x_1)(x_3-x_1)\cdots(x_n-x_1)\prod_{n\geqslant i>j\geqslant 2}(x_i-x_j)=\prod_{n\geqslant i>j\geqslant 1}(x_i-x_j).$$

证毕

1.4 克拉默法则

在定义了 n 阶行列式以后，现在可以把 1.1 节中利用行列式解二元线性方程组的方法，推广到包含 n 个未知量 n 个方程的 n 元线性方程组的情形.

定理 1.5(克拉默(Cramer)法则) 如果线性方程组

$$\begin{cases}a_{11}x_1+a_{12}x_2+\cdots+a_{1n}x_n=b_1,\\ a_{21}x_1+a_{22}x_2+\cdots+a_{2n}x_n=b_2,\\ \cdots\cdots\\ a_{n1}x_1+a_{n2}x_2+\cdots+a_{nn}x_n=b_n\end{cases}\tag{1.12}$$

的系数行列式

$$D=\begin{vmatrix}a_{11}&a_{12}&\cdots&a_{1n}\\ a_{21}&a_{22}&\cdots&a_{2n}\\ \vdots&\vdots&&\vdots\\ a_{n1}&a_{n2}&\cdots&a_{nn}\end{vmatrix}\neq 0,$$

则线性方程组(1.12)有唯一解

$$x_j=\frac{D_j}{D},\quad j=1,2,\cdots,n.\tag{1.13}$$

这里 D_j 是将线性方程组(1.12)的常数项 $b_1,b_2,\cdots,b_n$ 替换 D 中第 j 列元素得到的行列式，即

$$D_j=\begin{vmatrix}a_{11}&\cdots&a_{1,j-1}&b_1&a_{1,j+1}&\cdots&a_{1n}\\ a_{21}&\cdots&a_{2,j-1}&b_2&a_{2,j+1}&\cdots&a_{2n}\\ \vdots&&\vdots&\vdots&\vdots&&\vdots\\ a_{n1}&\cdots&a_{n,j-1}&b_n&a_{n,j+1}&\cdots&a_{nn}\end{vmatrix},\quad j=1,2,\cdots,n.$$

证 为书写简捷，把线性方程组(1.12)简写成

$$\sum_{j=1}^{n}a_{ij}x_j=b_i,\quad i=1,2,\cdots,n.\tag{1.14}$$

先证存在性. 即证当 $D\neq 0$ 时，式(1.13)是方程组(1.12)的解. 将式(1.13)代入式(1.14)中第 i 个方程的左端得

$$\sum_{j=1}^{n}a_{ij}\frac{D_j}{D}=\frac{1}{D}\sum_{j=1}^{n}a_{ij}D_j,\qquad i=1,2,\cdots,n.\tag{1.15}$$

将 D_j 按第 j 列展开得

$$D_j = b_1A_{1j} + b_2A_{2j} + \cdots + b_nA_{nj} = \sum_{k=1}^{n} b_kA_{kj}, \tag{1.16}$$

这里 $A_{1j},A_{2j},\cdots,A_{nj}$ 分别是 D 中第 j 列元素的代数余子式. 将式(1.16)代入式(1.15)得

$$\sum_{j=1}^{n} a_{ij}\frac{D_j}{D} = \frac{1}{D}\sum_{j=1}^{n} a_{ij}\left(\sum_{k=1}^{n} b_kA_{kj}\right) = \frac{1}{D}\sum_{j=1}^{n}\sum_{k=1}^{n} a_{ij}b_kA_{kj} = \frac{1}{D}\sum_{k=1}^{n}\left(\sum_{j=1}^{n} a_{ij}A_{kj}\right)b_k. \tag{1.17}$$

由定理 1.4 及推论知

$$\sum_{j=1}^{n} a_{ij}A_{kj} = \begin{cases} D, & k=i, \\ 0, & k\neq i, \end{cases}$$

将其代入式(1.17)的右端得

$$\sum_{j=1}^{n} a_{ij}\frac{D_j}{D} = \frac{1}{D}\cdot D\cdot b_i = b_i,\quad i=1,2\ \cdots,n.$$

即式(1.13)满足线性方程组(1.12)中的每个方程,所以式(1.13)是线性方程组(1.12)的解.

再证式(1.13)是线性方程组(1.12)的唯一解. 设

$$x_1=c_1,x_2=c_2,\cdots,x_n=c_n \tag{1.18}$$

是线性方程组(1.12)的任意一个解,需证

$$c_j=\frac{D_j}{D},\quad j=1,2,\cdots,n.$$

由于式(1.18)是线性方程组(1.12)的解,所以

$$\begin{cases} a_{11}c_1+a_{12}c_2+\cdots+a_{1n}c_n=b_1, \\ a_{21}c_1+a_{22}c_2+\cdots+a_{2n}c_n=b_2, \\ \qquad\cdots\cdots \\ a_{n1}c_1+a_{n1}c_2+\cdots+a_{nn}c_n=b_n. \end{cases} \tag{1.19}$$

用 D 中第 j 列元素的代数余子式 $A_{1j},A_{2j},\cdots,A_{nj}$ 依次乘式(1.19)中的各式,再把它们相加,得

$$\left(\sum_{k=1}^{n} a_{k1}A_{kj}\right)c_1 + \cdots + \left(\sum_{k=1}^{n} a_{kj}A_{kj}\right)c_j + \cdots + \left(\sum_{k=1}^{n} a_{kn}A_{kj}\right)c_n = \sum_{k=1}^{n} b_kA_{kj},$$

由行列式的定理 1.4 及推论知,上式中 c_j 的系数等于 D,而其余 $c_i(i\neq j)$ 的系数均为 0;又因为等式右端即是 D_j,于是 $Dc_j=D_j(j=1,2,\cdots,n)$. 所以

$$c_j=\frac{D_j}{D},\quad j=1,2,\cdots,n.$$

证毕

例 1.10 解线性方程组

$$\begin{cases}2x_1+x_2-5x_3+x_4=8,\\ x_1-3x_2-6x_4=9,\\ 2x_2-x_3+2x_4=-5,\\ x_1+4x_2-7x_3+6x_4=0.\end{cases}$$

解 方程组的系数行列式

$$D=\begin{vmatrix}2&1&-5&1\\1&-3&0&-6\\0&2&-1&2\\1&4&-7&6\end{vmatrix}\xlongequal[r_4-r_2]{r_1-2r_2}\begin{vmatrix}0&7&-5&13\\1&-3&0&-6\\0&2&-1&2\\0&7&-7&12\end{vmatrix}=(-1)^{2+1}\begin{vmatrix}7&-5&13\\2&-1&2\\7&-7&12\end{vmatrix}$$

$$\xlongequal[c_3+2c_2]{c_1+2c_2}-\begin{vmatrix}-3&-5&3\\0&-1&0\\-7&-7&-2\end{vmatrix}=\begin{vmatrix}-3&3\\-7&-2\end{vmatrix}=27\neq0,$$

所以方程组可用克拉默法则求解. 又

$$D_1=\begin{vmatrix}8&1&-5&1\\9&-3&0&-6\\-5&2&-1&2\\0&4&-7&6\end{vmatrix}=81,\quad D_2=\begin{vmatrix}2&8&-5&1\\1&9&0&-6\\0&-5&-1&2\\1&0&-7&6\end{vmatrix}=-108,$$

$$D_3=\begin{vmatrix}2&1&8&1\\1&-3&9&-6\\0&2&-5&2\\1&4&0&6\end{vmatrix}=-27,\quad D_4=\begin{vmatrix}2&1&-5&8\\1&-3&0&9\\0&2&-1&-5\\1&4&-7&0\end{vmatrix}=27.$$

于是方程组有唯一解

$$x_1=\frac{D_1}{D}=3,\quad x_2=\frac{D_2}{D}=-4,$$

$$x_3=\frac{D_3}{D}=-1,\quad x_4=\frac{D_4}{D}=1.$$

撇开求解公式(1.13),克拉默法则可叙述为:**如果线性方程组(1.12)的系数行列式不等于零,则线性方程组(1.12)一定有解,且解是唯一的.**

克拉默法则的逆否命题为:**如果线性方程组(1.12)无解或有多个不同的解,则它的系数行列式必为零.**

线性方程组(1.12)右端的常数项 $b_1,b_2,\cdots,b_n$ 不全为零时,线性方程组(1.12)称为**非齐次线性方程组**,当 $b_1,b_2,\cdots,b_n$ 全为零时,线性方程组(1.12)称为**齐次线性方程组**. 对于齐次线性方程组

$$\begin{cases} a_{11}x_1+a_{12}x_2+\cdots+a_{1n}x_n=0, \\ a_{21}x_1+a_{22}x_2+\cdots+a_{2n}x_n=0, \\ \cdots\cdots \\ a_{n1}x_1+a_{n1}x_2+\cdots+a_{nn}x_n=0. \end{cases} \tag{1.20}$$

$x_1=x_2=\cdots=x_n=0$ 一定是它的解，这个解称为**齐次线性方程组(1.20)的零解**. 如果一组不全为零的数是(1.20)的解，则它称为**齐次线性方程组(1.20)的非零解**. 齐次线性方程组(1.20)一定有零解，但不一定有非零解.

把定理 1.5 应用于齐次线性方程组(1.20)，可得下面的定理.

定理 1.6　如果齐次线性方程组(1.20)的系数行列式 $D\neq 0$，则该齐次线性方程组没有非零解，即只有零解.

其等价命题是**如果齐次线性方程组(1.20)有非零解，则该齐次线性方程组的系数行列式必为零.**

例 1.11　问 λ 为何值时，齐次线性方程组

$$\begin{cases} (1-\lambda)x_1-2x_2+4x_3=0, \\ 2x_1+(3-\lambda)x_2+x_3=0, \\ x_1+x_2+(1-\lambda)x_3=0 \end{cases}$$

有非零解？

解　由定理 1.6 可知，若齐次线性方程组有非零解，则系数行列式为零. 而

$$D=\begin{vmatrix} 1-\lambda & -2 & 4 \\ 2 & 3-\lambda & 1 \\ 1 & 1 & 1-\lambda \end{vmatrix}=\lambda(\lambda-2)(3-\lambda).$$

由 $D=0$，可得 $\lambda=0,\lambda=2,\lambda=3$. 经验证知 $\lambda=0,2$ 或 3 时，方程组有非零解.

克拉默法则是线性方程组理论中的一个重要结果. 它不仅适用于一类特殊线性方程组(方程的个数等于未知数的个数)的求解问题，而且在更一般线性方程组的研究中也起着重要的作用. 但我们也注意到，用克拉默法则求解线性方程组，在一般情况下，要计算 $n+1$ 个 n 阶行列式，计算量是很大的. 因此在具体求解未知量较多的线性方程组时，克拉默法则不是很实用. 在第 4 章将讨论适用于更一般线性方程组的解法.

习　题　1

1. 填空：

(1) 四阶行列式中带负号且包含因子 a_{12} 和 a_{21} 的项为____；

(2) 若 n 阶行列式中等于零的元素的个数大于 n^2-n，则此行列式为____；

(3) 4 阶行列式 D 的某一行的所有元素及其余子式都相等，则 $D=$____；

(4) 使得 1 至 8 的排列 $21i764j5$ 为偶排列的 $i=$____，$j=$____.

2. 用对角线法计算下列行列式：

(1) $\begin{vmatrix} x-1 & x \\ x^2 & x^2+x+1 \end{vmatrix}$；　(2) $\begin{vmatrix} 1 & 1 & 0 \\ 0 & 2 & 2 \\ 1 & 1 & 2 \end{vmatrix}$；　(3) $\begin{vmatrix} 1 & 0 & -1 \\ 3 & 5 & 0 \\ 0 & 4 & 1 \end{vmatrix}$.

3. 求下列排列的逆序数：

(1) 1347265；　(2) $n(n-1)(n-2)\cdots 321$.

4. 利用行列式定义计算：

(1) $\begin{vmatrix} 0 & 1 & 0 & 0 \\ 0 & 0 & 2 & 0 \\ 0 & 0 & 0 & 3 \\ 4 & 0 & 0 & 0 \end{vmatrix}$；　(2) $\begin{vmatrix} 0 & \cdots & 0 & 1 & 0 \\ 0 & \cdots & 2 & 0 & 0 \\ \vdots & & \vdots & \vdots & \vdots \\ n-1 & \cdots & 0 & 0 & 0 \\ 0 & \cdots & 0 & 0 & n \end{vmatrix}$；

(3) 多项式函数 $f(x)=\begin{vmatrix} x & x & 1 & 0 \\ 1 & x & 2 & 3 \\ 2 & 3 & x & 2 \\ 1 & 1 & 2 & x \end{vmatrix}$ 中 x^3 与 x^4 的系数.

5. 计算下列行列式：

(1) $\begin{vmatrix} -2a & 3a & a \\ 2d & -3d & d \\ 2f & 3f & -f \end{vmatrix}$；　(2) $\begin{vmatrix} 103 & 100 & 204 \\ 199 & 200 & 395 \\ 301 & 300 & 600 \end{vmatrix}$；

(3) $\begin{vmatrix} -1 & 1 & 1 & 1 \\ 1 & 1 & 1 & 1 \\ -1 & -1 & 1 & 1 \\ -1 & -1 & -1 & 1 \end{vmatrix}$；　(4) $\begin{vmatrix} 1 & 2 & 3 & 4 \\ 1 & 0 & 1 & 2 \\ 3 & -1 & -1 & 0 \\ 1 & 2 & 0 & -5 \end{vmatrix}$；

(5) $\begin{vmatrix} 1 & 1 & 1 & 1 \\ 1 & 0 & 2 & 3 \\ 4 & 1 & 9 & 16 \\ 8 & 1 & 27 & 64 \end{vmatrix}$；　(6) $\begin{vmatrix} a & 2 & 2 & 2 \\ 2 & a & 2 & 2 \\ 2 & 2 & a & 2 \\ 2 & 2 & 2 & a \end{vmatrix}$；

(7) $\begin{vmatrix} 0 & x & y & x \\ x & 0 & x & y \\ y & x & 0 & x \\ x & y & x & 0 \end{vmatrix}$；　(8) $\begin{vmatrix} 1 & 1 & 1 & \cdots & 1 \\ 1 & 2 & 0 & \cdots & 0 \\ 1 & 0 & 3 & \cdots & 0 \\ \vdots & \vdots & \vdots & & \vdots \\ 1 & 0 & 0 & \cdots & n \end{vmatrix}$；

(9) $\begin{vmatrix} 0 & 1 & \cdots & 1 & 1 \\ 1 & 0 & \cdots & 1 & 1 \\ \vdots & \vdots & & \vdots & \vdots \\ 1 & 1 & \cdots & 0 & 1 \\ 1 & 1 & \cdots & 1 & 0 \end{vmatrix}$；　(10) $\begin{vmatrix} 1 & 2 & 2 & \cdots & 2 \\ 2 & 2 & 2 & \cdots & 2 \\ 2 & 2 & 3 & \cdots & 2 \\ \vdots & \vdots & \vdots & & \vdots \\ 2 & 2 & 2 & \cdots & n \end{vmatrix}$；

(11) $\begin{vmatrix} 1+a_1 & 1 & \cdots & 1 & 1 \\ 1 & 1+a_2 & \cdots & 1 & 1 \\ \vdots & \vdots & & \vdots & \vdots \\ 1 & 1 & \cdots & 1+a_{n-1} & 1 \\ 1 & 1 & \cdots & 1 & 1+a_n \end{vmatrix}$,其中 $a_1a_2\cdots a_n\neq 0$.

6. 求下列方程的根：

(1) $\begin{vmatrix} x-2 & x-1 & x-2 & x-3 \\ 2x-2 & 2x-1 & 2x-2 & 2x-3 \\ 3x-3 & 3x-2 & 3x-5 & 3x-5 \\ 4x & 4x-3 & 5x-7 & 4x-3 \end{vmatrix}=0$;

(2) $\begin{vmatrix} 1 & x & x^2 & x^3 \\ 1 & a_1 & a_1^2 & a_1^3 \\ 1 & a_2 & a_2^2 & a_2^3 \\ 1 & a_3 & a_3^2 & a_3^3 \end{vmatrix}=0$, 其中 a_1,a_2,a_3 互不相同.

7. 证明：

(1) $\begin{vmatrix} ax+by & ay+bz & az+bx \\ ay+bz & az+bx & ax+by \\ az+bx & ax+by & ay+bz \end{vmatrix}=(a^3+b^3)\begin{vmatrix} x & y & z \\ y & z & x \\ z & x & y \end{vmatrix}$;

(2) $\begin{vmatrix} x & -1 & 0 & \cdots & 0 & 0 \\ 0 & x & -1 & \cdots & 0 & 0 \\ \vdots & \vdots & \vdots & & \vdots & \vdots \\ 0 & 0 & 0 & \cdots & x & -1 \\ a_n & a_{n-1} & a_{n-2} & \cdots & a_2 & x+a_1 \end{vmatrix}=x^n+a_1x^{n-1}+\cdots+a_{n-1}x+a_n$.

8. 已知 1998,2196,2394,1800 都能被 18 整除,不计算行列式的值,证明：

$$D_4=\begin{vmatrix} 1 & 9 & 9 & 8 \\ 2 & 1 & 9 & 6 \\ 2 & 3 & 9 & 4 \\ 1 & 8 & 0 & 0 \end{vmatrix}$$

能被 18 整除.

9. 已知四阶行列式 $D_4=\begin{vmatrix} 1 & 1 & 7 & -1 \\ 3 & 1 & 8 & 0 \\ -2 & 1 & 4 & 3 \\ 5 & 1 & 2 & 5 \end{vmatrix}$,求 $A_{14}+A_{24}+A_{34}+A_{44}$.

10. 用克拉默法则解下列方程组：

(1) $\begin{cases} x_1+5x_2=0, \\ 3x_1-7x_2=0; \end{cases}$　　(2) $\begin{cases} 2x_1-x_2-x_3=4, \\ 3x_1+4x_2-2x_3=11, \\ 3x_1-2x_2+4x_3=11; \end{cases}$

(3) $\begin{cases} x_1+a_1x_2+a_1^2x_3+\cdots+a_1^{n-1}x_n=1, \\ x_1+a_2x_2+a_2^2x_3+\cdots+a_2^{n-1}x_n=1, \\ \quad\cdots\cdots \\ x_1+a_nx_2+a_n^2x_3+\cdots+a_n^{n-1}x_n=1, \end{cases}$ 其中 $a_i\neq a_j(i\neq j,i,j=1,2,\cdots n)$.

11. 求一个二次多项式 $f(x)$，使得 $f(1)=0,f(2)=3,f(3)=10$.

12. 已知方程组 $\begin{cases} \lambda x_1+x_2=0, \\ x_1+\lambda x_2=0 \end{cases}$ 有非零解，求 λ 的值.

第 2 章　矩　　阵

矩阵是代数的主要研究对象之一，同时它也是研究代数中向量的线相关性、方程组解的理论及其求解等方面的主要工具，另外矩阵在数学的其他分支以及经济学、管理学和工程技术等领域有着广泛应用. 本章主要介绍矩阵及其运算、矩阵的秩、初等变换、初等矩阵的概念及性质，并介绍初等变换求矩阵的秩、可逆矩阵的逆矩阵、解矩阵方程的方法.

2.1　矩阵的概念

定义 2.1　由 $m\times n$ 个数排成的 m 行 n 列的数表

$$\begin{bmatrix} a_{11} & a_{12} & \cdots & a_{1n} \\ a_{21} & a_{22} & \cdots & a_{2n} \\ \vdots & \vdots & & \vdots \\ a_{m1} & a_{m2} & \cdots & a_{mn} \end{bmatrix} \tag{2.1}$$

称为一个 $m\times n$ 型矩阵，其中 a_{ij} 称为矩阵第 i 行第 j 列的元素. 通常用黑体大写字母表示矩阵. 矩阵(2.1)可简记为

$$\mathbf{A}=(a_{ij})_{m\times n}\text{或}\mathbf{A}=(a_{ij}).$$

$m\times n$ 型矩阵 $\mathbf{A}$ 也记作 $\mathbf{A}_{m\times n}$.

元素为实数的矩阵称为实矩阵，元素为复数的矩阵称为复矩阵. 本书若无说明，所涉及矩阵均为实矩阵.

行数 m 与列数 n 相等都等于 n 的矩阵称为 n 阶矩阵或 n 阶方阵，n 阶矩阵 $\mathbf{A}$ 也记作 $\mathbf{A}_n$.

只有一列的矩阵，即 $m\times 1$ 型矩阵

$$\mathbf{A}=(a_{ij})_{m\times 1}=\begin{bmatrix} a_{11} \\ a_{21} \\ \vdots \\ a_{m1} \end{bmatrix},$$

称为**列矩阵**.

只有一行的矩阵，即 $1\times n$ 型矩阵

$$\boldsymbol{A}=(a_{ij})_{1\times n}=[a_{11} \quad a_{12} \quad \cdots \quad a_{1n}],$$

称为**行矩阵**.

当 $m=n=1$ 时,此时矩阵只有一个数构成,因此一阶方阵就是一个数.

若 $\boldsymbol{A}$ 的所有元素全为零,则称其为**零矩阵**,记为 $\boldsymbol{O}$.

若方阵 $\boldsymbol{A}=(a_{ij})$,当 $i>j$ 时,$a_{ij}=0$,即

$$\boldsymbol{A}=\begin{bmatrix} a_{11} & a_{12} & \cdots & a_{1n} \\ 0 & a_{22} & \cdots & a_{2n} \\ \vdots & \vdots & & \vdots \\ 0 & 0 & \cdots & a_{nn} \end{bmatrix},$$

称 $\boldsymbol{A}$ 为**上三角矩阵**. 当 $i<j$ 时 $a_{ij}=0$,即

$$\boldsymbol{A}=\begin{bmatrix} a_{11} & 0 & \cdots & 0 \\ a_{21} & a_{22} & \cdots & 0 \\ \vdots & \vdots & & \vdots \\ a_{n1} & a_{n2} & \cdots & a_{nn} \end{bmatrix},$$

称 $\boldsymbol{A}$ 为**下三角矩阵**.

既是上三角矩阵又是下三角的方阵称为**对角阵**,显然对角阵的非零元素只能出现在其对角线线上,n 阶对角阵记为 $\operatorname{diag}(a_{11},a_{22},\cdots,a_{nn})$,即

$$\boldsymbol{A}=\begin{bmatrix} a_{11} & 0 & \cdots & 0 \\ 0 & a_{22} & \cdots & 0 \\ \vdots & \vdots & & \vdots \\ 0 & 0 & \cdots & a_{nn} \end{bmatrix}=\operatorname{diag}(a_{11},a_{22},\cdots,a_{nn}).$$

若 n 阶对角阵的对角线元素全相等且不等于 0,即 $\boldsymbol{A}=\operatorname{diag}(c,c,\cdots,c)$,$c\neq 0$,称其为**纯量矩阵**. 特别称 $c=1$ 的纯量矩阵为 n 阶单位矩阵,记为 $\boldsymbol{E}_n$ 或 $\boldsymbol{E}$,即

$$\boldsymbol{E}_n=\begin{bmatrix} 1 & 0 & \cdots & 0 \\ 0 & 1 & \cdots & 0 \\ \vdots & \vdots & & \vdots \\ 0 & 0 & \cdots & 1 \end{bmatrix}.$$

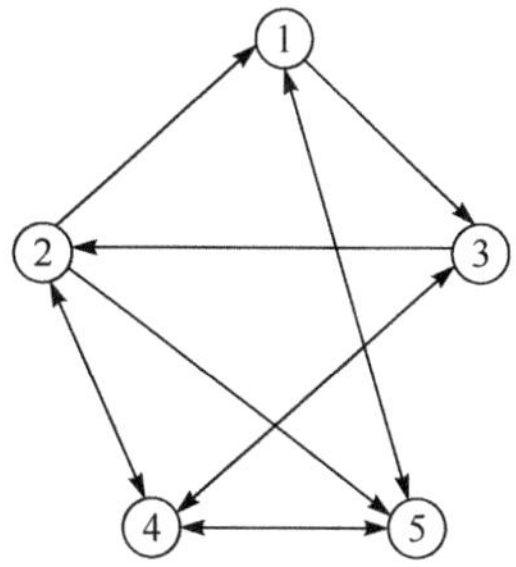

图 2-1

矩阵的应用非常广泛,下面仅举两例.

例 2.1(单向通道矩阵) 某航空公司在五个城市之间开辟了若干航线. 这五个城市间的单向航线如图 2-1 所示,若令

$$a_{ij}=\begin{cases} 1, & \text{从 } i \text{ 市到 } j \text{ 市有 1 条单向航线}, \\ 0, & \text{从 } i \text{ 市到 } j \text{ 市没有单向航线}, \end{cases}$$

则五个城市的航班情况可用矩阵表示为

$$A=\begin{bmatrix}0&0&1&0&1\\1&0&0&1&1\\0&1&0&1&0\\0&1&1&0&1\\1&0&0&1&0\end{bmatrix}.$$

一般地,若干个点之间的单向通道都可以用这样的矩阵来表示.

例 2.2(原子矩阵)　在复杂反应系统中,涉及众多化学物,为了定量的研究反应平衡等问题,可引进表示这种反应系统的原子矩阵. 例如,在合成氨生产的甲烷与水蒸气生成合成气的过程中,系统内除一些惰性气体外,还存在以下7种化学物:C,H_2,CO,CO_2,H_2O,CH_4,C_2H_6,该系统的原子矩阵为

$$\begin{array}{c}\\ C\\ H\\ O\end{array}\begin{array}{c}\begin{matrix}C & H_2 & CO & CO_2 & H_2O & CH_4 & C_2H_6\end{matrix}\\ \begin{bmatrix}1&0&1&1&0&1&2\\0&2&0&0&2&4&6\\0&0&1&2&1&0&0\end{bmatrix}\end{array}.$$

2.2　矩阵的运算

在定义矩阵的各类运算之前,先规定矩阵相等的概念. 若两个矩阵行数相等、列数也相等时,则称它们是**同型矩阵**. 如果两个矩阵 $A=(a_{ij})$ 与 $B=(b_{ij})$ 是同型矩阵,并且它们的对应元素相等,即

$$a_{ij}=b_{ij},\quad i=1,2,\cdots,m;j=1,2,\cdots,n.$$

则称矩阵 A 与 B **相等**,记作 $A=B$.

2.2.1　矩阵的加法

定义 2.2　设 $A=(a_{ij})$ 与 $B=(b_{ij})$ 均是 $m\times n$ 型矩阵,规定矩阵 A 与 B 的和为 $(a_{ij}+b_{ij})_{m\times n}$,记为 $A+B$,即

$$\begin{bmatrix}a_{11}&\cdots&a_{1n}\\\vdots&&\vdots\\a_{m1}&\cdots&a_{mn}\end{bmatrix}+\begin{bmatrix}b_{11}&\cdots&b_{1n}\\\vdots&&\vdots\\b_{m1}&\cdots&b_{mn}\end{bmatrix}=\begin{bmatrix}a_{11}+b_{11}&\cdots&a_{1n}+b_{1n}\\\vdots&&\vdots\\a_{m1}+b_{m1}&\cdots&a_{mn}+b_{mn}\end{bmatrix}$$

称为**矩阵的加法**.

注意　只有两个矩阵是同型矩阵时,这两个矩阵才能进行加法运算. 例如,

$$A=\begin{bmatrix}1&-1&2&0\\0&1&3&1\\2&4&0&-3\end{bmatrix},\quad B=\begin{bmatrix}-1&3&1&6\\0&2&1&-1\\3&-2&5&2\end{bmatrix},$$

则

$$A+B=\begin{bmatrix}1+(-1) & -1+3 & 2+1 & 0+6\\ 0+0 & 1+2 & 3+1 & 1+(-1)\\ 2+3 & 4+(-2) & 0+5 & -3+2\end{bmatrix}=\begin{bmatrix}0 & 2 & 3 & 6\\ 0 & 3 & 4 & 0\\ 5 & 2 & 5 & -1\end{bmatrix}.$$

设 $\boldsymbol{A}=(a_{ij})_{m\times n}$，称矩阵 $(-a_{ij})_{m\times n}$ 为 $\boldsymbol{A}$ 的**负矩阵**，记为 $-\boldsymbol{A}$.

由负矩阵的概念，定义两个同型矩阵的减法为

$$\boldsymbol{A}-\boldsymbol{B}=\boldsymbol{A}+(-\boldsymbol{B}).$$

由定义 2.2 可得矩阵加法的运算性质如下.

性质 2.1 设 $\boldsymbol{A},\boldsymbol{B},\boldsymbol{C}$ 是三个同型矩阵，$\boldsymbol{O}$ 是与它们同型的零矩阵，则有

(1) 结合律：$\boldsymbol{A}+(\boldsymbol{B}+\boldsymbol{C})=(\boldsymbol{A}+\boldsymbol{B})+\boldsymbol{C}$；

(2) 交换律：$\boldsymbol{A}+\boldsymbol{B}=\boldsymbol{B}+\boldsymbol{A}$；

(3) $\boldsymbol{A}+(-\boldsymbol{A})=\boldsymbol{O}$；

(4) $\boldsymbol{A}+\boldsymbol{O}=\boldsymbol{O}+\boldsymbol{A}=\boldsymbol{A}$.

2.2.2 矩阵与数的乘法

定义 2.3 设 $\boldsymbol{A}=(a_{ij})_{m\times n}$，$k$ 是一个实常数，规定 k 与 $\boldsymbol{A}$ 的**乘积**为矩阵 $(ka_{ij})_{m\times n}$，记为 $k\boldsymbol{A}$ 或 $\boldsymbol{A}k$，即

$$k\boldsymbol{A}=\boldsymbol{A}k=\begin{bmatrix}ka_{11} & ka_{12} & \cdots & ka_{1n}\\ ka_{21} & ka_{22} & \cdots & ka_{2n}\\ \vdots & \vdots & & \vdots\\ ka_{m1} & ka_{m2} & \cdots & ka_{mn}\end{bmatrix}$$

称为**数与矩阵的乘法**，矩阵 $k\boldsymbol{A}$ 称为 $\boldsymbol{A}$ 的**数乘矩阵**.

例 2.3 已知矩阵 $\boldsymbol{A}=\begin{bmatrix}1 & 2 & 3\\ -1 & 0 & 2\end{bmatrix}$，$\boldsymbol{B}=\begin{bmatrix}3 & 1 & 2\\ 5 & -6 & 1\end{bmatrix}$，求 $4\boldsymbol{A}-\boldsymbol{B}$.

解
$$4\boldsymbol{A}-\boldsymbol{B}=\begin{bmatrix}4\times1 & 4\times2 & 4\times3\\ 4\times(-1) & 4\times0 & 4\times2\end{bmatrix}-\begin{bmatrix}3 & 1 & 2\\ 5 & -6 & 1\end{bmatrix}$$
$$=\begin{bmatrix}4 & 8 & 12\\ -4 & 0 & 8\end{bmatrix}-\begin{bmatrix}3 & 1 & 2\\ 5 & -6 & 1\end{bmatrix}=\begin{bmatrix}1 & 7 & 10\\ -9 & 6 & 7\end{bmatrix}.$$

由定义 2.3 不难验证，数与矩阵的乘法具有以下运算性质.

性质 2.2 设 $\boldsymbol{A},\boldsymbol{B}$ 是同型矩阵，k，l 是两个常数，则

(1) $1\boldsymbol{A}=\boldsymbol{A}$，$0\boldsymbol{A}=\boldsymbol{O}$； (2) $k(l\boldsymbol{A})=(kl)\boldsymbol{A}$；

(3) $k(\boldsymbol{A}+\boldsymbol{B})=k\boldsymbol{A}+k\boldsymbol{B}$； (4) $(k+l)\boldsymbol{A}=k\boldsymbol{A}+l\boldsymbol{A}$.

2.2.3 矩阵的乘法

定义 2.4 设 $\boldsymbol{A}=(a_{ij})_{m\times r}$，$\boldsymbol{B}=(b_{ij})_{r\times n}$，则规定矩阵 $\boldsymbol{A}$ 与 $\boldsymbol{B}$ 的**乘积**是一个

$m\times n$型矩阵$\boldsymbol{C}=(c_{ij})_{m\times n}$，其中

$$c_{ij}=a_{i1}b_{1j}+a_{i2}b_{2j}+\cdots+a_{ir}b_{rj}=\sum_{k=1}^{r}a_{ik}b_{kj}\quad(i=1,2,\cdots,m;\ j=1,2,\cdots,n).$$

记为$\boldsymbol{C}=\boldsymbol{AB}$.

从定义 2.4 知道，$\boldsymbol{A}$ 乘以 $\boldsymbol{B}$ 要求 $\boldsymbol{A}$ 的列数与 $\boldsymbol{B}$ 的行数相等，否则不能相乘. 乘积 $\boldsymbol{C}$ 的行数和列数分别与 $\boldsymbol{A}$ 的行数和 $\boldsymbol{B}$ 的列数相同. $\boldsymbol{C}$ 中元素 c_{ij} 是 $\boldsymbol{A}$ 的第 i 行与 $\boldsymbol{B}$ 的第 j 列对应元素乘积之和，即

$$\begin{bmatrix} a_{11} & a_{12} & \cdots & a_{1r} \\ \vdots & \vdots & & \vdots \\ \boxed{a_{i1} \quad a_{i2} \quad \cdots \quad a_{ir}} \\ \vdots & \vdots & & \vdots \\ a_{m1} & a_{m2} & \cdots & a_{mr} \end{bmatrix}\begin{bmatrix} b_{11} & \cdots & \boxed{b_{1j}} & \cdots & b_{1n} \\ b_{21} & \cdots & b_{2j} & \cdots & b_{2n} \\ \vdots & & \vdots & & \vdots \\ b_{r1} & \cdots & b_{rj} & \cdots & b_{rn} \end{bmatrix}=\begin{bmatrix} c_{11} & c_{12} & \cdots & c_{1n} \\ c_{21} & c_{22} & \cdots & c_{2n} \\ \vdots & \vdots & \boxed{c_{ij}} & \vdots \\ c_{m1} & c_{m2} & \cdots & c_{mn} \end{bmatrix}$$

例 2.4　设矩阵 $\boldsymbol{A}=\begin{bmatrix} 1 & -1 & 1 \\ 0 & 1 & 0 \\ -2 & 0 & -1 \end{bmatrix}$，$\boldsymbol{B}=\begin{bmatrix} 1 & 0 \\ 3 & -1 \\ 2 & -3 \end{bmatrix}$，求 $\boldsymbol{AB}$.

解　
$$\begin{aligned}\boldsymbol{AB}&=\begin{bmatrix} 1 & -1 & 1 \\ 0 & 1 & 0 \\ -2 & 0 & -1 \end{bmatrix}\begin{bmatrix} 1 & 0 \\ 3 & -1 \\ 2 & -3 \end{bmatrix}\\ &=\begin{bmatrix} 1\times1+(-1)\times3+1\times2 & 1\times0+(-1)\times(-1)+1\times(-3) \\ 0\times1+1\times3+0\times2 & 0\times0+1\times(-1)+0\times(-3) \\ (-2)\times1+0\times3+(-1)\times2 & (-2)\times0+0\times(-1)+(-1)\times(-3) \end{bmatrix}\\ &=\begin{bmatrix} 0 & -2 \\ 3 & -1 \\ -4 & 3 \end{bmatrix}.\end{aligned}$$

例 2.5　设矩阵 $\boldsymbol{A}=[a_1\quad a_2\quad\cdots\quad a_n]$，$\boldsymbol{B}=\begin{bmatrix} b_1 \\ b_2 \\ \vdots \\ b_n \end{bmatrix}$，求 $\boldsymbol{AB}$ 及 $\boldsymbol{BA}$.

解　$\boldsymbol{AB}=[a_1\quad a_2\quad\cdots\quad a_n]\begin{bmatrix} b_1 \\ b_2 \\ \vdots \\ b_n \end{bmatrix}=a_1b_1+a_2b_2+\cdots+a_nb_n.$

$$\boldsymbol{BA}=\begin{bmatrix} b_1 \\ b_2 \\ \vdots \\ b_n \end{bmatrix}\begin{bmatrix} a_1 & a_2 & \cdots & a_n \end{bmatrix}=\begin{bmatrix} b_1a_1 & b_1a_2 & \cdots & b_1a_n \\ b_2a_1 & b_2a_2 & \cdots & b_2a_n \\ \vdots & \vdots & & \vdots \\ b_na_1 & b_na_2 & \cdots & b_na_n \end{bmatrix}.$$

例 2.6 设矩阵 $\boldsymbol{A}=\begin{bmatrix} 1 & 2 \\ -2 & -4 \end{bmatrix}$，$\boldsymbol{B}=\begin{bmatrix} -2 & 6 \\ 1 & -3 \end{bmatrix}$，求 $\boldsymbol{AB}$ 及 $\boldsymbol{BA}$.

解
$$\boldsymbol{AB}=\begin{bmatrix} 1 & 2 \\ -2 & -4 \end{bmatrix}\begin{bmatrix} -2 & 6 \\ 1 & -3 \end{bmatrix}=\begin{bmatrix} 0 & 0 \\ 0 & 0 \end{bmatrix},$$
$$\boldsymbol{BA}=\begin{bmatrix} -2 & 6 \\ 1 & -3 \end{bmatrix}\begin{bmatrix} 1 & 2 \\ -2 & -4 \end{bmatrix}=\begin{bmatrix} -14 & -28 \\ 7 & 14 \end{bmatrix}.$$

注意 1 在例 2.4 中，$\boldsymbol{A}$ 是 3×3 型矩阵，$\boldsymbol{B}$ 是 3×2 型矩阵，乘积 $\boldsymbol{AB}$ 有意义，而 $\boldsymbol{BA}$ 却没有意义. 在矩阵的乘法中必须注意矩阵相乘的顺序，$\boldsymbol{AB}$ 是 $\boldsymbol{A}$ 左乘 $\boldsymbol{B}$ 的乘积，$\boldsymbol{BA}$ 是 $\boldsymbol{A}$ 右乘 $\boldsymbol{B}$ 的乘积，$\boldsymbol{AB}$ 有意义时，$\boldsymbol{BA}$ 可以没有意义. 由例 2.5 知，若 $\boldsymbol{A}$ 是 $m\times n$ 型矩阵，$\boldsymbol{B}$ 是 $n\times m$ 型矩阵，则 $\boldsymbol{AB}$ 与 $\boldsymbol{BA}$ 都有意义，但 $\boldsymbol{AB}$ 是 m 阶方阵，$\boldsymbol{BA}$ 是 n 阶方阵，当 $m\neq n$ 时，$\boldsymbol{AB}\neq\boldsymbol{BA}$，即使 $m=n$，$\boldsymbol{AB}$ 与 $\boldsymbol{BA}$ 都是 n 阶方阵，但 $\boldsymbol{AB}$ 与 $\boldsymbol{BA}$ 仍然可以不相等，如例 2.6. 总之，矩阵的乘法不满足交换律. 即在一般情况下，$\boldsymbol{AB}\neq\boldsymbol{BA}$. 对于两个 n 阶方阵 $\boldsymbol{A}$，$\boldsymbol{B}$，若 $\boldsymbol{AB}=\boldsymbol{BA}$，则称方阵 $\boldsymbol{A}$ 与 $\boldsymbol{B}$ 是可交换的.

注意 2 例 2.6 表明，若有两个矩阵 $\boldsymbol{A}$，$\boldsymbol{B}$ 满足 $\boldsymbol{AB}=\boldsymbol{O}$，不能得出 $\boldsymbol{A}=\boldsymbol{O}$ 或 $\boldsymbol{B}=\boldsymbol{O}$ 的结论；若 $\boldsymbol{A}\neq\boldsymbol{O}$ 而 $\boldsymbol{AX}=\boldsymbol{AY}$，也不能得出 $\boldsymbol{X}=\boldsymbol{Y}$ 的结论. 即矩阵的乘法一般不满足消去律.

注意 3 由例 2.5 还得出，一个行矩阵 $\boldsymbol{A}_{1\times n}$ 与一个列矩阵 $\boldsymbol{B}_{m\times1}$，若 $n\neq m$，$\boldsymbol{AB}$ 无意义，若 $n=m$，则 $\boldsymbol{AB}$ 是一个 1×1 矩阵，即为一个数，不论 m 是否等于 n，$\boldsymbol{BA}$ 都有意义，是一个 $m\times n$ 型的矩阵.

例 2.7 n 个变量 $x_1,x_2,\cdots,x_n$ 与 m 个变量 $y_1,y_2,\cdots,y_m$ 之间的关系式

$$\begin{cases} y_1=a_{11}x_1+a_{12}x_2+\cdots+a_{1n}x_n, \\ y_2=a_{21}x_1+a_{22}x_2+\cdots+a_{2n}x_n, \\ \qquad\cdots\cdots \\ y_m=a_{m1}x_1+a_{m2}x_2+\cdots+a_{mn}x_n \end{cases} \tag{2.2}$$

称为从变量 $x_1,x_2,\cdots,x_n$ 到变量 $y_1,y_2,\cdots,y_m$ 的**线性变换**，其中 a_{ij} 为常数. 若将线性变换(2.2)的系数构成的矩阵记为 $\boldsymbol{A}$，n 个变量 $x_1,x_2,\cdots,x_n$，m 个变量 $y_1,y_2,\cdots,y_m$ 构成的矩阵分别记为 $\boldsymbol{X}$，$\boldsymbol{Y}$，即

$$\boldsymbol{A}=(a_{ij})_{m\times n},\quad \boldsymbol{X}=\begin{bmatrix} x_1 \\ x_2 \\ \vdots \\ x_n \end{bmatrix},\quad \boldsymbol{Y}=\begin{bmatrix} y_1 \\ y_2 \\ \vdots \\ y_m \end{bmatrix},$$

则由两矩阵积的定义及两矩阵相等的定义，可将线性变换(2.2)用矩阵表示为 $\boldsymbol{Y}=\boldsymbol{AX}$.

根据矩阵的乘法定义，容易验证以下性质.

性质 2.3　假设以下矩阵运算都是可行的，则

(1) $\boldsymbol{OA}=\boldsymbol{O},\boldsymbol{AO}=\boldsymbol{O}$;

(2) $\boldsymbol{EA}=\boldsymbol{A},\boldsymbol{AE}=\boldsymbol{A}$;

(3) 结合律：$\boldsymbol{A}(\boldsymbol{BC})=(\boldsymbol{AB})\boldsymbol{C}$;

(4) 分配律：$\boldsymbol{A}(\boldsymbol{B}+\boldsymbol{C})=\boldsymbol{AB}+\boldsymbol{AC},(\boldsymbol{B}+\boldsymbol{C})\boldsymbol{A}=\boldsymbol{BA}+\boldsymbol{CA}$;

(5) k 是任意实数，则 $k(\boldsymbol{AB})=\boldsymbol{A}(k\boldsymbol{B})=(k\boldsymbol{A})\boldsymbol{B}$.

利用矩阵乘法的结合律，我们可以定义**方阵的幂**. 设 $\boldsymbol{A}$ 是方阵，则定义

$$\boldsymbol{A}^0=\boldsymbol{E},\boldsymbol{A}^1=\boldsymbol{A},\boldsymbol{A}^2=\boldsymbol{AA},\cdots,\boldsymbol{A}^{k+1}=\boldsymbol{A}^k\boldsymbol{A},$$

其中 k 是非负整数，即 $\boldsymbol{A}^k$ 是 k 个 $\boldsymbol{A}$ 的连乘积.

显然 $\boldsymbol{AA}$ 有意义的充要条件是 $\boldsymbol{A}$ 为方阵，故只有方阵才能定义幂. 由矩阵的乘法的结合律易知，方阵的幂满足以下运算性质.

性质 2.4　设 $\boldsymbol{A}$ 为方阵，k,l 为非负整数，则

(1) $\boldsymbol{A}^k\boldsymbol{A}^l=\boldsymbol{A}^{k+l}$;　　　　(2) $(\boldsymbol{A}^k)^l=\boldsymbol{A}^{kl}$.

注意　由于矩阵乘法不满足交换律，因此，一般情况下，$(\boldsymbol{AB})^k\neq\boldsymbol{A}^k\boldsymbol{B}^k$.

例 2.8　在例 2.1 中求从 i 市经一次中转到 j 市的单向航线的条数矩阵($i,j=1,2,\cdots,5$).

解　因为在例 2.1 中，单向通道矩阵 $\boldsymbol{A}_5=(a_{ij})$的元素 a_{ij} 表示从 i 市直接到 j 市的单向航线条数，所以 $a_{ik}a_{kj}$ 表示从 i 市经 k 市中转到 j 市的单向航线的条数，从而 $b_{ij}=\sum\limits_{k=1}^{5}a_{ik}a_{kj}$ 表示从 i 市经一次中转到 j 市的单向航线的总条数，故所求矩阵为

$$\boldsymbol{B}=(b_{ij})=\boldsymbol{A}^2=\begin{bmatrix}0&0&1&0&1\\1&0&0&1&1\\0&1&0&1&0\\0&1&1&0&1\\1&0&0&1&0\end{bmatrix}\begin{bmatrix}0&0&1&0&1\\1&0&0&1&1\\0&1&0&1&0\\0&1&1&0&1\\1&0&0&1&0\end{bmatrix}=\begin{bmatrix}1&1&0&2&0\\1&1&2&1&2\\1&1&1&1&2\\2&1&0&3&1\\0&1&2&0&2\end{bmatrix}.$$

在此例中 $b_{13}=0$ 表示从①市不能中转一次到③市；$b_{35}=2$ 表示从③市经一次中转到⑤市的单向航线有 2 条(③→①→⑤，③→②→⑤)；$b_{44}=3$ 表示④市的双向航线有 3 条.

设 $f(x)=a_0+a_1x+\cdots+a_mx^m$ 是关于 x 的多项式，$\boldsymbol{A}$ 是 n 阶方阵，记

$$f(\boldsymbol{A})=a_0\boldsymbol{E}+a_1\boldsymbol{A}+\cdots+a_m\boldsymbol{A}^m,$$

称 $f(\boldsymbol{A})$为**矩阵 $\boldsymbol{A}$ 的 m 次多项式**.

因为矩阵 $\boldsymbol{A}^k,\boldsymbol{A}^l$ 和 $\boldsymbol{E}$ 都是可交换的，所以矩阵 $\boldsymbol{A}$ 的两个多项式 $f(\boldsymbol{A})$ 和 $g(\boldsymbol{A})$ 总是可交换的，即总有

$$f(\boldsymbol{A})\,g(\boldsymbol{A})=g(\boldsymbol{A})\,f(\boldsymbol{A}),$$

从而 $\boldsymbol{A}$ 的几个多项式可以像数 x 的多项式一样相乘或分解因式. 例如，

$$(3\boldsymbol{A}+\boldsymbol{E})(\boldsymbol{A}-2\boldsymbol{E})=(\boldsymbol{A}-2\boldsymbol{E})(3\boldsymbol{A}+\boldsymbol{E})=3\boldsymbol{A}^2-5\boldsymbol{A}-2\boldsymbol{E},$$

$$(\boldsymbol{A}-\boldsymbol{E})^3=\boldsymbol{A}^3-3\boldsymbol{A}^2+3\boldsymbol{A}-\boldsymbol{E}.$$

2.2.4 矩阵的转置

定义 2.5 把矩阵 $\boldsymbol{A}$ 的行换成同序数的列而得到的新矩阵，称为矩阵 $\boldsymbol{A}$ 的转置矩阵，记为 $\boldsymbol{A}^{\mathrm{T}}$.

例如，矩阵 $\boldsymbol{A}=\begin{bmatrix}1 & 3 & -5\\ 0 & 1 & 0\end{bmatrix}$ 的转置矩阵为

$$\boldsymbol{A}^{\mathrm{T}}=\begin{bmatrix}1 & 0\\ 3 & 1\\ -5 & 0\end{bmatrix}.$$

显然，若 $\boldsymbol{A}$ 是 $m\times n$ 型矩阵，则 $\boldsymbol{A}^{\mathrm{T}}$ 是 $n\times m$ 型矩阵.

矩阵的转置也是一种运算，由定义 2.5 易验证以下性质.

性质 2.5 设下列矩阵的运算都可行，则

(1) $(\boldsymbol{A}^{\mathrm{T}})^{\mathrm{T}}=\boldsymbol{A}$; (2) $(\boldsymbol{A}+\boldsymbol{B})^{\mathrm{T}}=\boldsymbol{A}^{\mathrm{T}}+\boldsymbol{B}^{\mathrm{T}}$;

(3) $(k\boldsymbol{A})^{\mathrm{T}}=k\boldsymbol{A}^{\mathrm{T}}$; (4) $(\boldsymbol{AB})^{\mathrm{T}}=\boldsymbol{B}^{\mathrm{T}}\boldsymbol{A}^{\mathrm{T}}$.

证 (1)至(3)结论显然，下面仅证明(4).

设 $\boldsymbol{A}=(a_{ij})_{m\times p},\boldsymbol{B}=(b_{ij})_{p\times n}$，则 $(\boldsymbol{AB})^{\mathrm{T}}$ 与 $\boldsymbol{B}^{\mathrm{T}}\boldsymbol{A}^{\mathrm{T}}$ 都是 $n\times m$ 型矩阵. 记 $(\boldsymbol{AB})^{\mathrm{T}}=(c_{ij})_{n\times m},\boldsymbol{B}^{\mathrm{T}}\boldsymbol{A}^{\mathrm{T}}=(d_{ij})_{n\times m}$，因为 c_{ij} 实际上是 $\boldsymbol{AB}$ 的第 j 行第 i 列元素，故

$$c_{ij}=a_{j1}b_{1i}+a_{j2}b_{2i}+\cdots+a_{jp}b_{pi}.$$

而元素 d_{ij} 是 $\boldsymbol{B}^{\mathrm{T}}$ 的第 i 行与 $\boldsymbol{A}^{\mathrm{T}}$ 的第 j 列对应元素的乘积之和，也就是 $\boldsymbol{B}$ 的第 i 列与 $\boldsymbol{A}$ 的第 j 行对应元素的乘积之和，即

$$d_{ij}=b_{1i}a_{j1}+b_{2i}a_{j2}+\cdots+b_{pi}a_{jp}.$$

显然 $c_{ij}=d_{ij}$，故 $(\boldsymbol{AB})^{\mathrm{T}}=\boldsymbol{B}^{\mathrm{T}}\boldsymbol{A}^{\mathrm{T}}$. **证毕**

对于方阵 $\boldsymbol{A}=(a_{ij})_{n\times n}$，若 $\boldsymbol{A}^{\mathrm{T}}=\boldsymbol{A}$，即若 $a_{ij}=a_{ji}(i,j=1,2,\cdots,n)$，则称 $\boldsymbol{A}$ 为**对称矩阵**. 若矩阵满足 $\boldsymbol{A}^{\mathrm{T}}=-\boldsymbol{A}$，即若 $a_{ij}=-a_{ji}(i,j=1,2,\cdots,n)$，则称 $\boldsymbol{A}$ 为**反对称矩阵**. 如

$$\boldsymbol{A}=\begin{bmatrix}1 & 2 & -1\\ 2 & -1 & 0\\ -1 & 0 & 3\end{bmatrix},\quad \boldsymbol{B}=\begin{bmatrix}0 & 2 & 1\\ -2 & 0 & 3\\ -1 & -3 & 0\end{bmatrix},$$

矩阵 $\boldsymbol{A},\boldsymbol{B}$ 分别是对称矩阵与反对称矩阵. 反对称矩阵对角线上的元素全为零.

例 2.9　已知 $\boldsymbol{A}=\begin{bmatrix}2&0&-1\\3&1&2\end{bmatrix}$，$\boldsymbol{B}=\begin{bmatrix}1&2\\3&0\\3&-1\end{bmatrix}$，求 $(\boldsymbol{AB})^{\mathrm{T}}$.

解法 1　因为

$$\boldsymbol{AB}=\begin{bmatrix}2&0&-1\\3&1&2\end{bmatrix}\begin{bmatrix}1&2\\3&0\\3&-1\end{bmatrix}=\begin{bmatrix}-1&5\\12&4\end{bmatrix},$$

所以

$$(\boldsymbol{AB})^{\mathrm{T}}=\begin{bmatrix}-1&12\\5&4\end{bmatrix}.$$

解法 2　$(\boldsymbol{AB})^{\mathrm{T}}=\boldsymbol{B}^{\mathrm{T}}\boldsymbol{A}^{\mathrm{T}}=\begin{bmatrix}1&3&3\\2&0&-1\end{bmatrix}\begin{bmatrix}2&3\\0&1\\-1&2\end{bmatrix}=\begin{bmatrix}-1&12\\5&4\end{bmatrix}.$

2.2.5　方阵的行列式

定义 2.6　由 n 阶方阵 $\mathbf{A}=(a_{ij})_{n\times n}$ 的元素所构成的行列式(各元素的位置不变)

$$\begin{vmatrix}a_{11}&a_{12}&\cdots&a_{1n}\\a_{21}&a_{22}&\cdots&a_{2n}\\\vdots&\vdots&&\vdots\\a_{n1}&a_{n2}&\cdots&a_{nn}\end{vmatrix}$$

称为方阵 $\mathbf{A}$ **的行列式**，记为 $\det\mathbf{A}$ 或 $|\mathbf{A}|$.

注意　方阵 $\mathbf{A}$ 与它的行列式 $|\mathbf{A}|$ 是两个不同的概念，n 阶方阵 $\mathbf{A}$ 是 n^2 个数排成的 n 行 n 列的数表，而其行列式则是这些数按一定的运算法则所确定的一个数值. 如单位矩阵 $\boldsymbol{E}_n$ 是一个数表，

$$\boldsymbol{E}_n=\begin{bmatrix}1&0&\cdots&0\\0&1&\cdots&0\\\vdots&\vdots&&\vdots\\0&0&\cdots&1\end{bmatrix},$$

而它的行列式 $|\boldsymbol{E}_n|=1$ 就是一个数值.

方阵的行列式有以下性质.

性质 2.6　设 $\mathbf{A}$，$\boldsymbol{B}$ 为两个 n 阶方阵，k 为常数，则

(1) $|\mathbf{A}^{\mathrm{T}}|=|\mathbf{A}|$；　(2) $|k\mathbf{A}|=k^n|\mathbf{A}|$；　(3) $|\boldsymbol{AB}|=|\mathbf{A}||\boldsymbol{B}|$.

证　(1)和(2)显然成立，只证明(3).

设 $\mathbf{A}=(a_{ij})$，记 $2n$ 阶行列式

$$D=\begin{vmatrix} a_{11} & \cdots & a_{1n} & 0 & \cdots & 0 \\ \vdots & & \vdots & \vdots & & \vdots \\ a_{n1} & \cdots & a_{nn} & 0 & \cdots & 0 \\ -1 & \cdots & 0 & b_{11} & \cdots & b_{1n} \\ \vdots & & \vdots & \vdots & & \vdots \\ 0 & \cdots & -1 & b_{n1} & \cdots & b_{nn} \end{vmatrix}=\begin{vmatrix} \boldsymbol{A} & \boldsymbol{O} \\ -\boldsymbol{E} & \boldsymbol{B} \end{vmatrix}.$$

对行列式$|\boldsymbol{A}|$作行运算r_i+kr_j把$|\boldsymbol{A}|$化为下三角行列式，由行列式的性质1.5得

$$|\boldsymbol{A}|=\begin{vmatrix} p_{11} & & \boldsymbol{O} \\ \vdots & \ddots & \\ p_{n1} & \cdots & p_{nn} \end{vmatrix}=p_{11}p_{22}\cdots p_{nn}.$$

对行列式$|\boldsymbol{B}|$作列运算c_i+kc_j，把$|\boldsymbol{B}|$化为下三角行列式，由行列式的性质1.5得

$$|\boldsymbol{B}|=\begin{vmatrix} q_{11} & & \boldsymbol{O} \\ \vdots & \ddots & \\ q_{n1} & \cdots & q_{nn} \end{vmatrix}=q_{11}q_{22}\cdots q_{nn}.$$

于是对D的前n行作系列行变换r_i+kr_j，D的后n列作系列列变换c_i+kc_j，得到下三角行列式，并计算行列式的值为

$$D=\begin{vmatrix} p_{11} & & & & & \\ \vdots & \ddots & & & \boldsymbol{O} & \\ p_{n1} & \cdots & p_{nn} & & & \\ -1 & \cdots & 0 & q_{11} & & \\ \vdots & & \vdots & \vdots & \ddots & \\ 0 & \cdots & -1 & q_{n1} & \cdots & q_{nn} \end{vmatrix}=p_{11}p_{22}\cdots p_{nn}q_{11}q_{22}\cdots q_{nn},$$

故

$$D=|\boldsymbol{A}|\,|\boldsymbol{B}|.$$

而在D中以b_{1j}乘第一列，b_{2j}乘第二列，…，b_{nj}乘第n列，都加到第$n+j$列上$(j=1,2,\cdots,n)$，有

$$D=\begin{vmatrix} \boldsymbol{A} & \boldsymbol{C} \\ -\boldsymbol{E} & \boldsymbol{O} \end{vmatrix},$$

其中$\boldsymbol{C}=(c_{ij})$，$c_{ij}=b_{1j}a_{i1}+b_{2j}a_{i2}+\cdots+b_{nj}a_{in}$，故$\boldsymbol{C}=\boldsymbol{AB}$.

对D的行再作运算$r_j\leftrightarrow r_{n+j}(j=1,2,\cdots,n)$，由行列式的性质1.2得

$$D=(-1)^n\begin{vmatrix} -\boldsymbol{E} & \boldsymbol{O} \\ \boldsymbol{A} & \boldsymbol{C} \end{vmatrix}.$$

再由前面的证明有

$$D=(-1)^n|-\boldsymbol{E}||\boldsymbol{C}|=(-1)^n(-1)^n|\boldsymbol{C}|=|\boldsymbol{C}|=|\boldsymbol{AB}|.$$

于是

$$|\boldsymbol{AB}|=|\boldsymbol{A}||\boldsymbol{B}|.$$

证毕

注意1 对于方阵$\boldsymbol{A},\boldsymbol{B}$,一般地,$\boldsymbol{AB}\neq\boldsymbol{BA}$,但总有$|\boldsymbol{AB}|=|\boldsymbol{BA}|$.

注意2 数乘方阵$k\boldsymbol{A}$的行列式$|k\boldsymbol{A}|$与方阵$\boldsymbol{A}$的行列式的数乘$k|\boldsymbol{A}|$不同.如$\boldsymbol{A}=\begin{bmatrix}2&3\\1&4\end{bmatrix}$,则

$$|2\boldsymbol{A}|=\begin{vmatrix}2\times2&2\times3\\2\times1&2\times4\end{vmatrix}=2^2\begin{vmatrix}2&3\\1&4\end{vmatrix}=20,$$

$$2|\boldsymbol{A}|=2\begin{vmatrix}2&3\\1&4\end{vmatrix}=10.$$

所以当$k\neq1$时,一般地,$|k\boldsymbol{A}_n|=k^n|\boldsymbol{A}_n|\neq k|\boldsymbol{A}_n|$.

例2.10 设矩阵$\boldsymbol{A}=\begin{bmatrix}1&1&0\\0&-1&0\\1&1&1\end{bmatrix}$,$\boldsymbol{B}=\begin{bmatrix}2&-4&1\\1&-5&0\\0&-1&-1\end{bmatrix}$,求$\left|\frac{1}{5}(\boldsymbol{AB})^4\right|$.

解 因为

$$|\boldsymbol{A}|=\begin{vmatrix}1&1&0\\0&-1&0\\1&1&1\end{vmatrix}=-1,\quad |\boldsymbol{B}|=\begin{vmatrix}2&-4&1\\1&-5&0\\0&-1&-1\end{vmatrix}=5,$$

由性质2.6得

$$\left|\frac{1}{5}(\boldsymbol{AB})^4\right|=\left(\frac{1}{5}\right)^3|\boldsymbol{AB}|^4=\frac{1}{5^3}(|\boldsymbol{A}||\boldsymbol{B}|)^4=\frac{1}{5^3}(-5)^4=5.$$

2.3 逆矩阵

2.3.1 逆矩阵的概念

定义2.7 设$\boldsymbol{A}$为n阶方阵,若存在n阶方阵$\boldsymbol{B}$,使

$$\boldsymbol{AB}=\boldsymbol{BA}=\boldsymbol{E},$$

则称方阵$\boldsymbol{A}$是**可逆矩阵**,并把方阵$\boldsymbol{B}$称为$\boldsymbol{A}$的**逆矩阵**,简称**逆阵**.

如果n阶方阵$\boldsymbol{A}$可逆,则$\boldsymbol{A}$的逆阵是唯一的.事实上,若$\boldsymbol{B},\boldsymbol{C}$都是$\boldsymbol{A}$的逆阵,则有$\boldsymbol{AB}=\boldsymbol{BA}=\boldsymbol{E}$,$\boldsymbol{AC}=\boldsymbol{CA}=\boldsymbol{E}$,于是

$$\boldsymbol{B}=\boldsymbol{BE}=\boldsymbol{B}(\boldsymbol{AC})=(\boldsymbol{BA})\boldsymbol{C}=\boldsymbol{EC}=\boldsymbol{C},$$

即$\boldsymbol{A}$的逆阵是唯一的.

$\boldsymbol{A}$的逆阵记作$\boldsymbol{A}^{-1}$,即若$\boldsymbol{AB}=\boldsymbol{BA}=\boldsymbol{E}$,则$\boldsymbol{B}=\boldsymbol{A}^{-1}$.

例如，由于 $\boldsymbol{EE}=\boldsymbol{E}$，所以单位阵 $\boldsymbol{E}$ 是可逆矩阵，且 $\boldsymbol{E}^{-1}=\boldsymbol{E}$. 同样，当 $k_1,k_2,\cdots,k_n$ 都不为零时，由于

$$\begin{bmatrix} k_1 & 0 & \cdots & 0 \\ 0 & k_2 & \cdots & 0 \\ \vdots & \vdots & & \vdots \\ 0 & 0 & \cdots & k_n \end{bmatrix}\begin{bmatrix} \frac{1}{k_1} & 0 & \cdots & 0 \\ 0 & \frac{1}{k_2} & \cdots & 0 \\ \vdots & \vdots & & \vdots \\ 0 & 0 & \cdots & \frac{1}{k_n} \end{bmatrix}$$

$$=\begin{bmatrix} \frac{1}{k_1} & 0 & \cdots & 0 \\ 0 & \frac{1}{k_2} & \cdots & 0 \\ \vdots & \vdots & & \vdots \\ 0 & 0 & \cdots & \frac{1}{k_n} \end{bmatrix}\begin{bmatrix} k_1 & 0 & \cdots & 0 \\ 0 & k_2 & \cdots & 0 \\ \vdots & \vdots & & \vdots \\ 0 & 0 & \cdots & k_n \end{bmatrix}=\begin{bmatrix} 1 & 0 & \cdots & 0 \\ 0 & 1 & \cdots & 0 \\ \vdots & \vdots & & \vdots \\ 0 & 0 & \cdots & 1 \end{bmatrix},$$

所以矩阵 $\begin{bmatrix} k_1 & 0 & \cdots & 0 \\ 0 & k_2 & \cdots & 0 \\ \vdots & \vdots & & \vdots \\ 0 & 0 & \cdots & k_n \end{bmatrix}$ 是可逆矩阵，且其逆阵为 $\begin{bmatrix} \frac{1}{k_1} & 0 & \cdots & 0 \\ 0 & \frac{1}{k_2} & \cdots & 0 \\ \vdots & \vdots & & \vdots \\ 0 & 0 & \cdots & \frac{1}{k_n} \end{bmatrix}$.

例 2.11 假设 n 阶方阵 $\boldsymbol{A}$ 满足 $\boldsymbol{A}^2-3\boldsymbol{A}+2\boldsymbol{E}=\boldsymbol{O}$，证明 $\boldsymbol{A}$ 可逆，并求出 $\boldsymbol{A}$ 的逆矩阵.

解 由 $\boldsymbol{A}^2-3\boldsymbol{A}+2\boldsymbol{E}=\boldsymbol{O}$ 得：$\boldsymbol{A}(\boldsymbol{A}-3\boldsymbol{E})=(\boldsymbol{A}-3\boldsymbol{E})\boldsymbol{A}=-2\boldsymbol{E}$，即

$$\boldsymbol{A}\left[-\frac{1}{2}(\boldsymbol{A}-3\boldsymbol{E})\right]=\left[-\frac{1}{2}(\boldsymbol{A}-3\boldsymbol{E})\right]\boldsymbol{A}=\boldsymbol{E}.$$

由于 $\boldsymbol{A}$ 是方阵，因此 $-\frac{1}{2}(\boldsymbol{A}-3\boldsymbol{E})$ 也为方阵. 故 $\boldsymbol{A}$ 可逆，且

$$\boldsymbol{A}^{-1}=-\frac{1}{2}(\boldsymbol{A}-3\boldsymbol{E}).$$

2.3.2 方阵可逆的充要条件

设 n 阶方阵

$$\boldsymbol{A}=\begin{bmatrix} a_{11} & a_{12} & \cdots & a_{1n} \\ a_{21} & a_{22} & \cdots & a_{2n} \\ \vdots & \vdots & & \vdots \\ a_{n1} & a_{n2} & \cdots & a_{nn} \end{bmatrix},$$

我们把 $\boldsymbol{A}$ 的行列式 $|\boldsymbol{A}|$ 中的诸元素 a_{ij} 的代数余子式 A_{ij} 所组成的 n 阶方阵

$$\boldsymbol{A}^*=\begin{bmatrix} A_{11} & A_{21} & \cdots & A_{n1} \\ A_{12} & A_{22} & \cdots & A_{n2} \\ \vdots & \vdots & & \vdots \\ A_{1n} & A_{2n} & \cdots & A_{nn} \end{bmatrix}$$

称为 $\boldsymbol{A}$ 的**伴随矩阵**，记为 $\boldsymbol{A}^*$ 或 adj$\boldsymbol{A}$.

注意 $\boldsymbol{A}^*$ 中第 i 行第 j 列元素是行列式 $|\boldsymbol{A}|$ 的第 j 行 i 列元素 a_{ji} 的代数余子式 A_{ji}，即 $|\boldsymbol{A}|$ 的第 i 行的各元素的代数余子式作为 $\boldsymbol{A}^*$ 的第 i 列的元素.

例 2.12 求矩阵 $\boldsymbol{A}=\begin{bmatrix} 1 & 2 & 3 \\ 2 & 2 & 1 \\ 3 & 4 & 3 \end{bmatrix}$ 的伴随矩阵.

解 因为

$$A_{11}=2,\quad A_{21}=6,\quad A_{31}=-4,$$
$$A_{12}=-3,\quad A_{22}=-6,\quad A_{32}=5,$$
$$A_{13}=2,\quad A_{23}=2,\quad A_{33}=-2,$$

所以 $\boldsymbol{A}$ 的伴随矩阵为

$$\boldsymbol{A}^*=\begin{bmatrix} 2 & 6 & -4 \\ -3 & -6 & 5 \\ 2 & 2 & -2 \end{bmatrix}.$$

引理 2.1 设 $\boldsymbol{A}$ 是 n 阶方阵，则

$$\boldsymbol{A}^*\boldsymbol{A}=\boldsymbol{A}\boldsymbol{A}^*=|\boldsymbol{A}|\boldsymbol{E}. \tag{2.3}$$

证 由第 1 章行列式性质 1.6 与性质 1.7 得

$$\boldsymbol{A}^*\boldsymbol{A}=\begin{bmatrix} A_{11} & A_{21} & \cdots & A_{n1} \\ A_{12} & A_{22} & \cdots & A_{n2} \\ \vdots & \vdots & & \vdots \\ A_{1n} & A_{2n} & \cdots & A_{nn} \end{bmatrix}\begin{bmatrix} a_{11} & a_{12} & \cdots & a_{1n} \\ a_{21} & a_{22} & \cdots & a_{2n} \\ \vdots & \vdots & & \vdots \\ a_{n1} & a_{n2} & \cdots & a_{nn} \end{bmatrix}$$

$$=\begin{bmatrix} \sum_{k=1}^{n} a_{k1}A_{k1} & 0 & \cdots & 0 \\ 0 & \sum_{k=1}^{n} a_{k2}A_{k2} & \cdots & 0 \\ \vdots & \vdots & & \vdots \\ 0 & 0 & \cdots & \sum_{k=1}^{n} a_{kn}A_{kn} \end{bmatrix}$$

$$=\begin{bmatrix} |\boldsymbol{A}| & 0 & \cdots & 0 \\ 0 & |\boldsymbol{A}| & \cdots & 0 \\ \vdots & \vdots & & \vdots \\ 0 & 0 & \cdots & |\boldsymbol{A}| \end{bmatrix}=|\boldsymbol{A}|\boldsymbol{E}.$$

同理可得 $\boldsymbol{AA}^*=|\boldsymbol{A}|\boldsymbol{E}$,故有 $\boldsymbol{A}^*\boldsymbol{A}=\boldsymbol{AA}^*=|\boldsymbol{A}|\boldsymbol{E}$. **证毕**

定理 2.1 设 $\boldsymbol{A}$ 是 n 阶方阵,则 $\boldsymbol{A}$ 可逆的充要条件是 $|\boldsymbol{A}|\neq 0$. 当 $|\boldsymbol{A}|\neq 0$ 时,有

$$\boldsymbol{A}^{-1}=\frac{1}{|\boldsymbol{A}|}\boldsymbol{A}^*. \tag{2.4}$$

证 必要性. 设 $\boldsymbol{A}$ 是可逆矩阵,则 $\boldsymbol{AA}^{-1}=\boldsymbol{E}$,由性质 2.5 得 $|\boldsymbol{A}||\boldsymbol{A}^{-1}|=|\boldsymbol{E}|=1$,从而 $|\boldsymbol{A}|\neq 0$.

充分性:设 $|\boldsymbol{A}|\neq 0$,则由 $\boldsymbol{AA}^*=\boldsymbol{A}^*\boldsymbol{A}=|\boldsymbol{A}|\boldsymbol{E}$ 得

$$\boldsymbol{A}\left(\frac{1}{|\boldsymbol{A}|}\boldsymbol{A}^*\right)=\left(\frac{1}{|\boldsymbol{A}|}\boldsymbol{A}^*\right)\boldsymbol{A}=\boldsymbol{E},$$

从而 $\boldsymbol{A}$ 可逆,且

$$\boldsymbol{A}^{-1}=\frac{1}{|\boldsymbol{A}|}\boldsymbol{A}^*.$$ **证毕**

设 $\boldsymbol{A}$ 为 n 阶方阵,当 $|\boldsymbol{A}|=0$ 时,称 $\boldsymbol{A}$ 为**奇异矩阵**. 否则,称 $\boldsymbol{A}$ 为**非奇异矩阵**. 由此可知,方阵 $\boldsymbol{A}$ 可逆的充要条件是 $\boldsymbol{A}$ 为非奇异矩阵.

由定理 2.1 可得下述结论.

推论 2.1 若 $\boldsymbol{A},\boldsymbol{B}$ 均为方阵,且 $\boldsymbol{AB}=\boldsymbol{E}$(或 $\boldsymbol{BA}=\boldsymbol{E}$),则 $\boldsymbol{A},\boldsymbol{B}$ 均可逆,且 $\boldsymbol{A}^{-1}=\boldsymbol{B}$.

证 $\boldsymbol{A},\boldsymbol{B}$ 均为方阵,由 $\boldsymbol{AB}=\boldsymbol{E}$ 得 $|\boldsymbol{A}||\boldsymbol{B}|=|\boldsymbol{E}|=1$,故 $|\boldsymbol{A}|\neq 0$, $|\boldsymbol{B}|\neq 0$,因而 $\boldsymbol{A},\boldsymbol{B}$ 均可逆,即 $\boldsymbol{A}^{-1}$存在,于是

$$\boldsymbol{B}=\boldsymbol{EB}=(\boldsymbol{A}^{-1}\boldsymbol{A})\boldsymbol{B}=\boldsymbol{A}^{-1}(\boldsymbol{AB})=\boldsymbol{A}^{-1}\boldsymbol{E}=\boldsymbol{A}^{-1}.$$ **证毕**

例 2.13 设 $\boldsymbol{A}=\begin{bmatrix} a_{11} & a_{12} \\ a_{21} & a_{22} \end{bmatrix}$,并且 $|\boldsymbol{A}|\neq 0$,试证

$$\boldsymbol{A}^{-1}=\frac{1}{a_{11}a_{22}-a_{12}a_{21}}\begin{bmatrix} a_{22} & -a_{12} \\ -a_{21} & a_{11} \end{bmatrix}. \tag{2.5}$$

证　由 $A_{11}=a_{22}, A_{12}=-a_{21}, A_{21}=-a_{12}, A_{22}=a_{11}$ 知

$$\boldsymbol{A}^*=\begin{bmatrix} A_{11} & A_{21} \\ A_{12} & A_{22} \end{bmatrix}=\begin{bmatrix} a_{22} & -a_{12} \\ -a_{21} & a_{11} \end{bmatrix},$$

所以

$$\boldsymbol{A}^{-1}=\frac{1}{|\boldsymbol{A}|}\boldsymbol{A}^*=\frac{1}{a_{11}a_{22}-a_{12}a_{21}}\begin{bmatrix} a_{22} & -a_{12} \\ -a_{21} & a_{11} \end{bmatrix}.$$

利用式(2.5)的结果,可以方便地求出二阶可逆方阵的逆矩阵.

例 2.14　设矩阵 $\boldsymbol{A}=\begin{bmatrix} 1 & 2 & 3 \\ 2 & 2 & 1 \\ 3 & 4 & 3 \end{bmatrix}$,求其逆矩阵 $\boldsymbol{A}^{-1}$.

解　因为 $|\boldsymbol{A}|=2$,由例 2.12 知 $\boldsymbol{A}^*=\begin{bmatrix} 2 & 6 & -4 \\ -3 & -6 & 5 \\ 2 & 2 & -2 \end{bmatrix}$,所以

$$\boldsymbol{A}^{-1}=\frac{1}{|\boldsymbol{A}|}\boldsymbol{A}^*=\frac{1}{2}\begin{bmatrix} 2 & 6 & -4 \\ -3 & -6 & 5 \\ 2 & 2 & -2 \end{bmatrix}=\begin{bmatrix} 1 & 3 & -2 \\ -\frac{3}{2} & -3 & \frac{5}{2} \\ 1 & 1 & -1 \end{bmatrix}.$$

当可逆矩阵的阶数较高时,用式(2.4)求其逆矩阵是较麻烦的. 在后面的 2.5 节中我们将学习用矩阵的初等变换求逆矩阵的方法.

例 2.15　设 $\boldsymbol{P}=\begin{bmatrix} 1 & 1 \\ 3 & 2 \end{bmatrix}$, $\boldsymbol{\Lambda}=\begin{bmatrix} 1 & 0 \\ 0 & 2 \end{bmatrix}$, $\boldsymbol{AP}=\boldsymbol{P\Lambda}$,求 $\boldsymbol{A}^n$.

解

$$|\boldsymbol{P}|=-1,\quad \boldsymbol{P}^{-1}=\begin{bmatrix} -2 & 1 \\ 3 & -1 \end{bmatrix},$$

$$\boldsymbol{A}=\boldsymbol{P\Lambda P}^{-1},\quad \boldsymbol{A}^n=\underbrace{\boldsymbol{P\Lambda P}^{-1}\boldsymbol{P\Lambda P}^{-1}\cdots\boldsymbol{P\Lambda P}^{-1}}_{n\text{个}}=\boldsymbol{P\Lambda}^n\boldsymbol{P}^{-1},$$

而

$$\boldsymbol{\Lambda}^2=\begin{bmatrix} 1 & 0 \\ 0 & 2 \end{bmatrix}\begin{bmatrix} 1 & 0 \\ 0 & 2 \end{bmatrix}=\begin{bmatrix} 1 & 0 \\ 0 & 2^2 \end{bmatrix},\quad \boldsymbol{\Lambda}^3=\begin{bmatrix} 1 & 0 \\ 0 & 2^3 \end{bmatrix},\quad \cdots,\quad \boldsymbol{\Lambda}^n=\begin{bmatrix} 1 & 0 \\ 0 & 2^n \end{bmatrix},$$

所以

$$\boldsymbol{A}^n=\begin{bmatrix} 1 & 1 \\ 3 & 2 \end{bmatrix}\begin{bmatrix} 1 & 0 \\ 0 & 2^n \end{bmatrix}\begin{bmatrix} -2 & 1 \\ 3 & -1 \end{bmatrix}=\begin{bmatrix} -2+3\cdot 2^n & 1-2^n \\ -6+3\cdot 2^{n+1} & 3-2^{n+1} \end{bmatrix}.$$

2.3.3　逆矩阵的运算性质

性质 2.7　设 $\boldsymbol{A}$ 是 n 阶方阵，

(1) 若 $\boldsymbol{A}$ 是可逆的，则 $\boldsymbol{A}^{-1}$ 也可逆，且 $(\boldsymbol{A}^{-1})^{-1}=\boldsymbol{A}$；

(2) 若 $\boldsymbol{B}$ 与 $\boldsymbol{A}$ 是同阶可逆矩阵，则 $\boldsymbol{AB}$ 也可逆，且 $(\boldsymbol{AB})^{-1}=\boldsymbol{B}^{-1}\boldsymbol{A}^{-1}$；

(3) 若 $\boldsymbol{A}$ 可逆，数 $k\neq 0$，则 $k\boldsymbol{A}$ 也可逆，且 $(k\boldsymbol{A})^{-1}=\dfrac{1}{k}\boldsymbol{A}^{-1}$；

(4) 若 $\boldsymbol{A}$ 可逆，则 $\boldsymbol{A}^{\mathrm{T}}$ 也可逆，且 $(\boldsymbol{A}^{\mathrm{T}})^{-1}=(\boldsymbol{A}^{-1})^{\mathrm{T}}$.

仅证(4). (1)～(3)的证明类似.

证　因为 $\boldsymbol{A}^{\mathrm{T}}$，$(\boldsymbol{A}^{-1})^{\mathrm{T}}$ 均为方阵，且

$$\boldsymbol{A}^{\mathrm{T}}(\boldsymbol{A}^{-1})^{\mathrm{T}}=(\boldsymbol{A}^{-1}\boldsymbol{A})^{\mathrm{T}}=\boldsymbol{E}^{\mathrm{T}}=\boldsymbol{E},$$

所以由推论 2.1 知 $\boldsymbol{A}^{\mathrm{T}}$ 可逆，且 $(\boldsymbol{A}^{\mathrm{T}})^{-1}=(\boldsymbol{A}^{-1})^{\mathrm{T}}$.　　**证毕**

对于结论(2)，可推广到一般情况. 即若矩阵 $\boldsymbol{A}_1,\boldsymbol{A}_2,\cdots,\boldsymbol{A}_n$ 都可逆，则 $\boldsymbol{A}_1\boldsymbol{A}_2\cdots\boldsymbol{A}_n$ 也可逆，且有 $(\boldsymbol{A}_1\boldsymbol{A}_2\cdots\boldsymbol{A}_n)^{-1}=\boldsymbol{A}_n^{-1}\boldsymbol{A}_{n-1}^{-1}\cdots\boldsymbol{A}_1^{-1}$.

例 2.16　已知矩阵 $\boldsymbol{A}$，$\boldsymbol{B}$ 及 $\boldsymbol{A}+\boldsymbol{B}$ 均可逆，试证矩阵 $\boldsymbol{A}^{-1}+\boldsymbol{B}^{-1}$ 也可逆，并求出其逆矩阵.

证
$$\begin{aligned}\boldsymbol{A}^{-1}+\boldsymbol{B}^{-1}&=\boldsymbol{A}^{-1}\boldsymbol{E}+\boldsymbol{E}\boldsymbol{B}^{-1}=\boldsymbol{A}^{-1}(\boldsymbol{B}\boldsymbol{B}^{-1})+(\boldsymbol{A}^{-1}\boldsymbol{A})\boldsymbol{B}^{-1}\\&=\boldsymbol{A}^{-1}(\boldsymbol{B}+\boldsymbol{A})\boldsymbol{B}^{-1}=\boldsymbol{A}^{-1}(\boldsymbol{A}+\boldsymbol{B})\boldsymbol{B}^{-1}.\end{aligned}$$

因为 $\boldsymbol{A}^{-1}$，$\boldsymbol{B}^{-1}$ 及 $\boldsymbol{A}+\boldsymbol{B}$ 均可逆，所以它们的积矩阵 $\boldsymbol{A}^{-1}(\boldsymbol{A}+\boldsymbol{B})\boldsymbol{B}^{-1}$ 仍可逆，即 $\boldsymbol{A}^{-1}+\boldsymbol{B}^{-1}$ 可逆，且

$$(\boldsymbol{A}^{-1}+\boldsymbol{B}^{-1})^{-1}=[\boldsymbol{A}^{-1}(\boldsymbol{A}+\boldsymbol{B})\boldsymbol{B}^{-1}]^{-1}=\boldsymbol{B}(\boldsymbol{A}+\boldsymbol{B})^{-1}\boldsymbol{A}.$$

2.4　分块矩阵及其运算

2.4.1　分块矩阵的概念

对于行数和列数较大的矩阵，经常采用“矩阵分块法”，即将一个大矩阵看成是以一些小矩阵为元素的矩阵，使大矩阵的运算化成小矩阵的运算.

用若干条纵线和横线将矩阵 $\boldsymbol{A}$ 分成许多小矩阵，每个小矩阵称为 $\boldsymbol{A}$ 的**子块**. 以这些子块为元素的形式上的矩阵称为**分块矩阵**. 例如，下面的 3×5 矩阵 $\boldsymbol{A}$，被图示的纵横线分成了四块：

$$\boldsymbol{A}=\left[\begin{array}{ccc:cc}a_{11}&a_{12}&a_{13}&a_{14}&a_{15}\\a_{21}&a_{22}&a_{23}&a_{24}&a_{25}\\\hdashline a_{31}&a_{32}&a_{33}&a_{34}&a_{35}\end{array}\right].$$

令

$$A_{11}=\begin{bmatrix} a_{11} & a_{12} & a_{13} \\ a_{21} & a_{22} & a_{23} \end{bmatrix}, \quad A_{12}=\begin{bmatrix} a_{14} & a_{15} \\ a_{24} & a_{25} \end{bmatrix},$$

$$A_{21}=\begin{bmatrix} a_{31} & a_{32} & a_{33} \end{bmatrix}, \quad A_{22}=\begin{bmatrix} a_{34} & a_{35} \end{bmatrix},$$

则

$$A=\begin{bmatrix} A_{11} & A_{12} \\ A_{21} & A_{22} \end{bmatrix}$$

就是分块矩阵. 显然,一个矩阵可以根据需要表示成不同的分块矩阵. 特别地,可将 A 本身视为一个子块,也可将 A 的每个元素视为子块.

2.4.2 分块矩阵的运算

(1) 分块矩阵的加法:

若矩阵 A 与 B 的是同型矩阵,并且 A 与 B 的分块方法相同,设

$$A=\begin{bmatrix} A_{11} & \cdots & A_{1t} \\ \vdots & & \vdots \\ A_{s1} & \cdots & A_{st} \end{bmatrix}, \quad B=\begin{bmatrix} B_{11} & \cdots & B_{1t} \\ \vdots & & \vdots \\ B_{s1} & \cdots & B_{st} \end{bmatrix},$$

其中 A_{ij} 与 B_{ij} 的行数相同,列数相同($i=1,2,\cdots,s;j=1,2,\cdots,t$),则

$$A+B=\begin{bmatrix} A_{11} & \cdots & A_{1t} \\ \vdots & & \vdots \\ A_{s1} & \cdots & A_{st} \end{bmatrix}+\begin{bmatrix} B_{11} & \cdots & B_{1t} \\ \vdots & & \vdots \\ B_{s1} & \cdots & B_{st} \end{bmatrix}=\begin{bmatrix} A_{11}+B_{11} & \cdots & A_{1t}+B_{1t} \\ \vdots & & \vdots \\ A_{s1}+B_{s1} & \cdots & A_{st}+B_{st} \end{bmatrix}.$$

(2) 分块矩阵的数乘:

设 $A=\begin{bmatrix} A_{11} & \cdots & A_{1t} \\ \vdots & & \vdots \\ A_{s1} & \cdots & A_{st} \end{bmatrix}$,$k$ 为数,则

$$kA=k\begin{bmatrix} A_{11} & \cdots & A_{1t} \\ \vdots & & \vdots \\ A_{s1} & \cdots & A_{st} \end{bmatrix}=\begin{bmatrix} kA_{11} & \cdots & kA_{1t} \\ \vdots & & \vdots \\ kA_{s1} & \cdots & kA_{st} \end{bmatrix}$$

(3) 分块矩阵的乘法:

设矩阵 A 是 $m\times p$ 型矩阵,B 是 $p\times n$ 型矩阵,它们分别分块如下:

$$A=\begin{bmatrix} A_{11} & \cdots & A_{1t} \\ \vdots & & \vdots \\ A_{s1} & \cdots & A_{st} \end{bmatrix}, \quad B=\begin{bmatrix} B_{11} & \cdots & B_{1r} \\ \vdots & & \vdots \\ B_{t1} & \cdots & B_{tr} \end{bmatrix},$$

其中 $A_{i1},A_{i2},\cdots,A_{it}$ 的列数分别等于 $B_{1j},B_{2j},\cdots,B_{tj}$ 的行数,$i=1,2,\cdots,s;j=1,2,\cdots,r$. 则

$$\boldsymbol{AB}=\begin{bmatrix}\boldsymbol{C}_{11} & \cdots & \boldsymbol{C}_{1r}\\ \vdots & & \vdots\\ \boldsymbol{C}_{s1} & \cdots & \boldsymbol{C}_{sr}\end{bmatrix},$$

其中，$\boldsymbol{C}_{ij}=\sum\limits_{k=1}^{t}\boldsymbol{A}_{ik}\boldsymbol{B}_{kj}, i=1,2,\cdots,s; j=1,2,\cdots,r.$

例 2.17 已知矩阵

$$\boldsymbol{A}=\begin{bmatrix}1 & -1 & 0 & 0\\ 3 & -1 & 0 & 0\\ 0 & 1 & 0 & 0\\ 0 & 0 & 2 & -1\end{bmatrix},\quad \boldsymbol{B}=\begin{bmatrix}1 & 0 & 0 & 0\\ -1 & 0 & 0 & 0\\ 0 & 1 & 3 & -1\\ 0 & 2 & 1 & 4\end{bmatrix},$$

如何将 $\boldsymbol{A},\boldsymbol{B}$ 分块，可以简化计算 $\boldsymbol{AB}$.

解 将 $\boldsymbol{A}$ 分块时，尽量出现零子块，由 $\boldsymbol{A}$ 的结构可将 $\boldsymbol{A}$ 分块为

$$\boldsymbol{A}=\left[\begin{array}{cc:cc}1 & -1 & 0 & 0\\ 3 & -1 & 0 & 0\\ 0 & 1 & 0 & 0\\ \hdashline 0 & 0 & 2 & -1\end{array}\right]=\begin{bmatrix}\boldsymbol{A}_{11} & \boldsymbol{A}_{12}\\ \boldsymbol{A}_{21} & \boldsymbol{A}_{22}\end{bmatrix}.$$

由 $\boldsymbol{A}$ 的分法，对 $\boldsymbol{B}$ 进行分块时，只限制 $\boldsymbol{B}$ 的行分块与 $\boldsymbol{A}$ 的列分块相同即可，因此只能在 $\boldsymbol{B}$ 的第 2,3 行之间加一条横线，而列分法可任意，这样 $\boldsymbol{B}$ 共有 8 种分块法可与 $\boldsymbol{A}$ 右乘，在这些分块法中，若取 $\boldsymbol{B}$ 的分块为

$$\boldsymbol{B}=\left[\begin{array}{c:ccc}1 & 0 & 0 & 0\\ -1 & 0 & 0 & 0\\ \hdashline 0 & 1 & 3 & -1\\ 0 & 2 & 1 & 4\end{array}\right]=\begin{bmatrix}\boldsymbol{B}_{11} & \boldsymbol{B}_{12}\\ \boldsymbol{B}_{21} & \boldsymbol{B}_{22}\end{bmatrix}.$$

这时 $\boldsymbol{A}_{12},\boldsymbol{A}_{21},\boldsymbol{B}_{12},\boldsymbol{B}_{21}$ 均为零矩阵，由任一矩阵乘零矩阵皆为零矩阵，可简化运算得

$$\begin{aligned}\boldsymbol{AB}&=\begin{bmatrix}\boldsymbol{A}_{11} & \boldsymbol{A}_{12}\\ \boldsymbol{A}_{21} & \boldsymbol{A}_{22}\end{bmatrix}\begin{bmatrix}\boldsymbol{B}_{11} & \boldsymbol{B}_{12}\\ \boldsymbol{B}_{21} & \boldsymbol{B}_{22}\end{bmatrix}\\ &=\begin{bmatrix}\boldsymbol{A}_{11}\boldsymbol{B}_{11}+\boldsymbol{A}_{12}\boldsymbol{B}_{21} & \boldsymbol{A}_{11}\boldsymbol{B}_{12}+\boldsymbol{A}_{12}\boldsymbol{B}_{22}\\ \boldsymbol{A}_{21}\boldsymbol{B}_{11}+\boldsymbol{A}_{22}\boldsymbol{B}_{21} & \boldsymbol{A}_{21}\boldsymbol{B}_{12}+\boldsymbol{A}_{22}\boldsymbol{B}_{22}\end{bmatrix}=\begin{bmatrix}\boldsymbol{A}_{11}\boldsymbol{B}_{11} & \boldsymbol{O}\\ \boldsymbol{O} & \boldsymbol{A}_{22}\boldsymbol{B}_{22}\end{bmatrix}\end{aligned}$$

而

$$\boldsymbol{A}_{11}\boldsymbol{B}_{11}=\begin{bmatrix}1 & -1\\ 3 & -1\\ 0 & 1\end{bmatrix}\begin{bmatrix}1\\ -1\end{bmatrix}=\begin{bmatrix}2\\ 4\\ -1\end{bmatrix},$$

$$A_{22}B_{22}=[2\quad -1]\begin{bmatrix}1 & 3 & -1\\ 2 & 1 & 4\end{bmatrix}=[0\quad 5\quad -6],$$

故

$$AB=\left[\begin{array}{c:ccc}2 & 0 & 0 & 0\\ 4 & 0 & 0 & 0\\ -1 & 0 & 0 & 0\\ \hdashline 0 & 0 & 5 & -6\end{array}\right].$$

(4) 分块矩阵的转置:

设矩阵

$$A=\begin{bmatrix}A_{11} & A_{12} & \cdots & A_{1t}\\ A_{21} & A_{22} & \cdots & A_{2t}\\ \vdots & \vdots & & \vdots\\ A_{s1} & A_{s2} & \cdots & A_{st}\end{bmatrix},$$

则其转置为

$$A^{\mathrm{T}}=\begin{bmatrix}A_{11}^{\mathrm{T}} & A_{21}^{\mathrm{T}} & \cdots & A_{s1}^{\mathrm{T}}\\ A_{12}^{\mathrm{T}} & A_{22}^{\mathrm{T}} & \cdots & A_{s2}^{\mathrm{T}}\\ \vdots & \vdots & & \vdots\\ A_{1t}^{\mathrm{T}} & A_{2t}^{\mathrm{T}} & \cdots & A_{st}^{\mathrm{T}}\end{bmatrix}.$$

2.4.3 几类特殊的分块矩阵

1. 分块对角阵

若分块矩阵只有在对角线上的子块有非零矩阵,其他子块都是零矩阵,称这种分块矩阵为**分块对角矩阵**,记为 $\mathrm{diag}(A_1,A_2,\cdots,A_s)$,即

$$\mathrm{diag}(A_1,A_2,\cdots,A_s)=\begin{bmatrix}A_1 & & & O\\ & A_2 & & \\ & & \ddots & \\ O & & & A_s\end{bmatrix}.$$

当 A 是方阵且 $A_1,A_2,\cdots,A_S$ 也都是方阵时,分块对角矩阵有下列运算性质:

(1) 分块对角方阵的幂运算

$$A^m=\begin{bmatrix}A_1^m & & & O\\ & A_2^m & & \\ & & \ddots & \\ O & & & A_s^m\end{bmatrix}.$$

(2) 分块对角方阵的行列式

$$|\boldsymbol{A}|=|\boldsymbol{A}_1||\boldsymbol{A}_2|\cdots|\boldsymbol{A}_s|.$$

(3) 分块对角方阵可逆的充分必要条件为$|\boldsymbol{A}_i|\neq 0(i=1,2,\cdots,s)$,并且有

$$\boldsymbol{A}^{-1}=\begin{bmatrix}\boldsymbol{A}_1 & & & \boldsymbol{O}\\ & \boldsymbol{A}_2 & & \\ & & \ddots & \\ \boldsymbol{O} & & & \boldsymbol{A}_s\end{bmatrix}^{-1}=\begin{bmatrix}\boldsymbol{A}_1^{-1} & & & \boldsymbol{O}\\ & \boldsymbol{A}_2^{-1} & & \\ & & \ddots & \\ \boldsymbol{O} & & & \boldsymbol{A}_s^{-1}\end{bmatrix}.$$

类似地,有

$$\begin{bmatrix}\boldsymbol{O} & & & \boldsymbol{A}_1\\ & & \boldsymbol{A}_2 & \\ & \iddots & & \\ \boldsymbol{A}_s & & & \boldsymbol{O}\end{bmatrix}^{-1}=\begin{bmatrix}\boldsymbol{O} & & & \boldsymbol{A}_s^{-1}\\ & & \boldsymbol{A}_{s-1}^{-1} & \\ & \iddots & & \\ \boldsymbol{A}_1^{-1} & & & \boldsymbol{O}\end{bmatrix}.$$

例 2.18 设矩阵

$$\boldsymbol{A}=\begin{bmatrix}4 & 3 & 0 & 0 & 0\\ 3 & 2 & 0 & 0 & 0\\ 0 & 0 & -3 & 0 & 0\\ 0 & 0 & 0 & 6 & -8\\ 0 & 0 & 0 & -2 & 3\end{bmatrix},$$

求$|\boldsymbol{A}^2|$与$\boldsymbol{A}^{-1}$.

解 利用分块对角矩阵的性质有

$$|\boldsymbol{A}^2|=|\boldsymbol{A}|^2=\left|\begin{array}{cc:c:cc}4 & 3 & 0 & 0 & 0\\ 3 & 2 & 0 & 0 & 0\\ \hdashline 0 & 0 & -3 & 0 & 0\\ \hdashline 0 & 0 & 0 & 6 & -8\\ 0 & 0 & 0 & -2 & 3\end{array}\right|^2$$

$$=\left[\begin{vmatrix}4 & 3\\ 3 & 2\end{vmatrix}\cdot(-3)\cdot\begin{vmatrix}6 & -8\\ -2 & 3\end{vmatrix}\right]^2=(-1)^2\cdot(-3)^2\cdot 2^2=36.$$

$$\boldsymbol{A}^{-1}=\left[\begin{array}{cc:c:cc}4 & 3 & 0 & 0 & 0\\ 3 & 2 & 0 & 0 & 0\\ \hdashline 0 & 0 & -3 & 0 & 0\\ \hdashline 0 & 0 & 0 & 6 & -8\\ 0 & 0 & 0 & -2 & 3\end{array}\right]^{-1}$$

$$=\begin{bmatrix}\begin{bmatrix}4&3\\3&2\end{bmatrix}^{-1}&\boldsymbol{O}&\boldsymbol{O}\\\boldsymbol{O}&(-3)^{-1}&\boldsymbol{O}\\\boldsymbol{O}&\boldsymbol{O}&\begin{bmatrix}6&-8\\-2&3\end{bmatrix}^{-1}\end{bmatrix}=\left[\begin{array}{cc:c:cc}-2&3&0&0&0\\3&-4&0&0&0\\\hdashline 0&0&-\frac{1}{3}&0&0\\\hdashline 0&0&0&\frac{3}{2}&4\\0&0&0&1&3\end{array}\right].$$

2. 分块行矩阵、分块列矩阵

对于分块矩阵，有两种分块矩阵很重要，这就是按行分块与按列分块.

$m\times n$ 型矩阵 $\boldsymbol{A}=(a_{ij})$，按行分块可记为

$$\boldsymbol{A}=\begin{bmatrix}\boldsymbol{\beta}_1^{\mathrm{T}}\\\boldsymbol{\beta}_2^{\mathrm{T}}\\\vdots\\\boldsymbol{\beta}_m^{\mathrm{T}}\end{bmatrix},\quad 其中\ \boldsymbol{\beta}_i^{\mathrm{T}}=[a_{i1},a_{i2},\cdots,a_{in}],i=1,2,\cdots,m,$$

称为 $\boldsymbol{A}$ 的分块列矩阵.

同样若 $\boldsymbol{A}$ 按列分块，则矩阵 $\boldsymbol{A}$ 可记为

$$\boldsymbol{A}=[\boldsymbol{\alpha}_1,\boldsymbol{\alpha}_2,\cdots,\boldsymbol{\alpha}_n],$$

其中 $\boldsymbol{\alpha}_i=\begin{bmatrix}a_{1i}\\a_{2i}\\\vdots\\a_{mi}\end{bmatrix}$，$i=1,2,\cdots,n$，称为 $\boldsymbol{A}$ 的分块行矩阵.

对于线性方程式组

$$\begin{cases}a_{11}x_1+a_{12}x_2+\cdots+a_{1n}x_n=b_1,\\a_{21}x_1+a_{22}x_2+\cdots+a_{2n}x_n=b_2,\\\cdots\cdots\\a_{m1}x_1+a_{m2}x_2+\cdots+a_{mn}x_n=b_m.\end{cases}\tag{2.6}$$

若记矩阵

$$\boldsymbol{A}=\begin{bmatrix}a_{11}&a_{12}&\cdots&a_{1n}\\a_{21}&a_{22}&\cdots&a_{2n}\\\vdots&\vdots&&\vdots\\a_{m1}&a_{m2}&\cdots&a_{mn}\end{bmatrix},\quad \boldsymbol{x}=\begin{bmatrix}x_1\\x_2\\\vdots\\x_n\end{bmatrix},\quad \boldsymbol{b}=\begin{bmatrix}b_1\\b_2\\\vdots\\b_m\end{bmatrix},$$

则方程式组(2.6)可用矩阵记为

$$\boldsymbol{Ax}=\boldsymbol{b};\tag{2.7}$$

当 $\boldsymbol{A}$ 按列分块时，方程组(2.7)又可表为

$$x_1\boldsymbol{\alpha}_1+x_2\boldsymbol{\alpha}_2+\cdots+x_n\boldsymbol{\alpha}_n=\boldsymbol{b};\tag{2.8}$$

当 $\boldsymbol{A}$ 按行分块时，方程组(2.7)可表为

$$\boldsymbol{\beta}_i^{\mathrm{T}}\boldsymbol{x}=b_i(i=1,2,\cdots,m).\tag{2.9}$$

矩阵 $\boldsymbol{A}$ 称为线性方程组(2.6)的**系数矩阵**，而矩阵

$$\bar{\boldsymbol{A}}=(\boldsymbol{A}|\boldsymbol{b})=\begin{bmatrix}a_{11}&a_{12}&\cdots&a_{1n}&b_1\\a_{21}&a_{22}&\cdots&a_{2n}&b_2\\\vdots&\vdots&&\vdots&\vdots\\a_{m1}&a_{m2}&\cdots&a_{mn}&b_m\end{bmatrix}$$

称为线性方程组(2.6)的**增广矩阵**. 显然线性方程组(2.6)与增广矩阵 $\bar{\boldsymbol{A}}=(\boldsymbol{A}|\boldsymbol{b})$一一对应.

2.5 矩阵的初等变换与初等矩阵

2.5.1 矩阵的初等变换

由于线性方程组由其增广矩阵完全确定，因此对于用消元法解线性方程组的三类同解变换也对应矩阵间的三类变换，即初等行变换.

定义 2.8 下面三种变换分别称为矩阵的第 1,2,3 类**初等行变换**：

(1) 对调两行(对调 i 与 j 两行记为 $r_i\leftrightarrow r_j$)；

(2) 以数 $k\neq 0$ 乘某一行的所有元素(用数 k 乘第 i 行记为 $k\times r_i$)；

(3) 把某一行所有元素的 k 倍分别加到另一行对应的元素上去(第 j 行 k 倍加到第 i 行上去，记为 r_i+kr_j).

把上述定义中的“行”换成“列”，即得矩阵的**初等列变换**的定义. 相应地将“r”换成“c”即为矩阵初等列变换的记号.

矩阵的初等行变换与初等列变换统称为矩阵的**初等变换**. 显然矩阵的初等变换是可逆的. 且

变换 $r_i\leftrightarrow r_j$ 的逆变换是 $r_i\leftrightarrow r_j$；变换 $k\times r_i$ 的逆变换是$\dfrac{1}{k}\times r_i$，$k\neq 0$；变换 r_i+kr_j 的逆变换是 $r_i+(-k)r_j$.

如果矩阵 $\boldsymbol{A}$ 经过有限次初等行(列)变换变成矩阵 $\boldsymbol{B}$，则称**矩阵 $\boldsymbol{A}$ 与 $\boldsymbol{B}$ 行(列)等价**，记作 $\boldsymbol{A}\xrightarrow{r}\boldsymbol{B}(\boldsymbol{A}\xrightarrow{c}\boldsymbol{B})$；如果矩阵 $\boldsymbol{A}$ 经过有限次初等变换变成矩阵 $\boldsymbol{B}$，就称矩阵 $\boldsymbol{A}$ 与 $\boldsymbol{B}$ 等价，记作 $\boldsymbol{A}\rightarrow\boldsymbol{B}$.

显然，矩阵之间的等价关系具有下列性质：

(1) 反身性：$\boldsymbol{A}\rightarrow\boldsymbol{A}$；

(2) 对称性：若 $\boldsymbol{A}\to\boldsymbol{B}$，则 $\boldsymbol{B}\to\boldsymbol{A}$；

(3) 传递性：若 $\boldsymbol{A}\to\boldsymbol{B}$，$\boldsymbol{B}\to\boldsymbol{C}$，则 $\boldsymbol{A}\to\boldsymbol{C}$.

例 2.19　已知矩阵 $\boldsymbol{A}=\begin{bmatrix}2&-1&-1&1&2\\1&1&-2&1&4\\4&-6&2&-2&4\\3&6&-9&7&9\end{bmatrix}$，对其作初等行变换：

$$\boldsymbol{A}\xrightarrow[\frac{1}{2}r_3]{r_1\leftrightarrow r_2}\begin{bmatrix}1&1&-2&1&4\\2&-1&-1&1&2\\2&-3&1&-1&2\\3&6&-9&7&9\end{bmatrix}\xrightarrow[r_4-3r_1]{\substack{r_2-r_3\\r_3-2r_1}}\begin{bmatrix}1&1&-2&1&4\\0&2&-2&2&0\\0&-5&5&-3&-6\\0&3&-3&4&-3\end{bmatrix}$$

$$\xrightarrow[r_4-3r_2]{\substack{\frac{1}{2}r_2\\r_3+5r_2}}\begin{bmatrix}1&1&-2&1&4\\0&1&-1&1&0\\0&0&0&2&-6\\0&0&0&1&-3\end{bmatrix}\xrightarrow[r_4-2r_3]{r_3\leftrightarrow r_4}\begin{bmatrix}1&1&-2&1&4\\0&1&-1&1&0\\0&0&0&1&-3\\0&0&0&0&0\end{bmatrix}=\boldsymbol{B}.$$

对于矩阵 $\boldsymbol{B}$ 可画出一条阶梯线，使得线的下方全为 0，每个台阶高度为一行，台阶数为非零行的行数，因此称为**行阶梯矩阵**. 一般地，行阶梯矩阵具有以下两个特点：(1)若有零行，零行都在非零行下方；(2)各非零行左起的第一个非零元素的列序数由上到下严格递增. 行阶梯矩阵的转置矩阵称为**列阶梯矩阵**.

对矩阵 $\boldsymbol{B}$ 再作初等行变换：

$$\boldsymbol{B}=\begin{bmatrix}1&1&-2&1&4\\0&1&-1&1&0\\0&0&0&1&-3\\0&0&0&0&0\end{bmatrix}\xrightarrow[r_2-r_3]{r_1-r_2}\begin{bmatrix}1&0&-1&0&4\\0&1&-1&0&3\\0&0&0&1&-3\\0&0&0&0&0\end{bmatrix}=\boldsymbol{C}.$$

矩阵 $\boldsymbol{C}$ 仍是行阶梯矩阵，另外还有特点(3)非零行的左起第一个非零元素都是 1，且这些 1 所在的列的其他元素都是 0.

一般地，把满足特点(3)的行阶梯矩阵称为**行最简矩阵**.

对矩阵 $\boldsymbol{C}$ 再作初等列变换，可变成一种形状更简单的矩阵，如

$$\boldsymbol{C}=\begin{bmatrix}1&0&-1&0&4\\0&1&-1&0&3\\0&0&0&1&-3\\0&0&0&0&0\end{bmatrix}\xrightarrow[c_5-4c_1]{\substack{c_5+3c_4\\c_5-3c_2}}\begin{bmatrix}1&0&-1&0&0\\0&1&-1&0&0\\0&0&0&1&0\\0&0&0&0&0\end{bmatrix}$$

$$\xrightarrow[c_3\leftrightarrow c_4]{\substack{c_3+c_1\\c_3+c_2}}\begin{bmatrix}1&0&0&0&0\\0&1&0&0&0\\0&0&1&0&0\\0&0&0&0&0\end{bmatrix}=\boldsymbol{D}.$$

矩阵 $\boldsymbol{D}$ 的特点是左上角为一个 3 阶单位阵，其他元素都为零，称矩阵 $\boldsymbol{D}$ 为矩阵 $\boldsymbol{A}$ 的标准形矩阵.

一般地，$m\times n$ 型矩阵 $\boldsymbol{A}$ 的标准形矩阵为

$$\begin{bmatrix}\boldsymbol{E}_r & \boldsymbol{O}\\ \boldsymbol{O} & \boldsymbol{O}\end{bmatrix}_{m\times n}.$$

它由 m,n,r 三个数完全确定，其中 $\boldsymbol{E}_r$ 是一个 r 阶单位阵，r 为 $\boldsymbol{A}$ 的行阶梯矩阵中非零行的行数.

综上所述，并用归纳法不难证明(这里不证)如下结果.

定理 2.2 (1) 任一矩阵都可经过初等行(列)变换化成行(列)阶梯矩阵，即任一矩阵与它的行(列)阶梯矩阵行(列)等价；

(2) 任一矩阵都可经过初等行(列)变换化成行(列)最简矩阵，即任一矩阵与它的行(列)最简矩阵行(列)等价；

(3) 任一矩阵都可经初等变换化成标准形矩阵，即任一矩阵与它的标准形矩阵等价.

例 2.20 利用初等行变换将矩阵

$$\boldsymbol{A}=\begin{bmatrix}2 & 4 & -1 & 3 & 9\\ 1 & 2 & 1 & 0 & 6\\ 1 & 2 & 2 & -1 & 7\\ 2 & 5 & 1 & 1 & 12\end{bmatrix}$$

化为行阶梯矩阵及行最简矩阵.

解 $$\boldsymbol{A}=\begin{bmatrix}2 & 4 & -1 & 3 & 9\\ 1 & 2 & 1 & 0 & 6\\ 1 & 2 & 2 & -1 & 7\\ 2 & 5 & 1 & 1 & 12\end{bmatrix}\xrightarrow[r_4-r_1]{r_3-r_2}\begin{bmatrix}2 & 4 & -1 & 3 & 9\\ 1 & 2 & 1 & 0 & 6\\ 0 & 0 & 1 & -1 & 1\\ 0 & 1 & 2 & -2 & 3\end{bmatrix}$$

$$\xrightarrow[r_4-2r_3]{\substack{r_1\leftrightarrow r_2\\ r_2-2r_1}}\begin{bmatrix}1 & 2 & 1 & 0 & 6\\ 0 & 0 & -3 & 3 & -3\\ 0 & 0 & 1 & -1 & 1\\ 0 & 1 & 0 & 0 & 1\end{bmatrix}\xrightarrow[r_2\leftrightarrow r_4]{r_2+3r_3}\begin{bmatrix}1 & 2 & 1 & 0 & 6\\ 0 & 1 & 0 & 0 & 1\\ 0 & 0 & 1 & -1 & 1\\ 0 & 0 & 0 & 0 & 0\end{bmatrix}=\boldsymbol{B}$$

$$\xrightarrow{r_1-2r_2}\begin{bmatrix}1 & 0 & 1 & 0 & 4\\ 0 & 1 & 0 & 0 & 1\\ 0 & 0 & 1 & -1 & 1\\ 0 & 0 & 0 & 0 & 0\end{bmatrix}\xrightarrow{r_1-r_3}\begin{bmatrix}1 & 0 & 0 & 1 & 3\\ 0 & 1 & 0 & 0 & 1\\ 0 & 0 & 1 & -1 & 1\\ 0 & 0 & 0 & 0 & 0\end{bmatrix}=\boldsymbol{C}.$$

所以矩阵 $\boldsymbol{A}$ 的行阶梯矩阵为 $\boldsymbol{B}$，行最简矩阵为 $\boldsymbol{C}$.

2.5.2　初等矩阵

1. 初等矩阵及性质

定义 2.9　由单位矩阵经一次初等变换而得到的矩阵称为**初等矩阵**.

初等矩阵共有三类.

(1) 单位阵中第 i,j 行(列)对调而得到的矩阵,称为第 1 类初等矩阵,记为 $\boldsymbol{E}_{ij}$,即

$$
\begin{matrix} & & & \text{第 } i \text{ 列} & & & & \text{第 } j \text{ 列} \\ & & & \downarrow & & & & \downarrow \end{matrix}
$$

$$
\boldsymbol{E}_{ij}=\begin{bmatrix}
1 &&&&&&&&&& \\
& \ddots &&&&&&&&& \\
&& 1 &&&&&&&& \\
&&& 0 && \cdots && 1 &&& \\
&&&& 1 &&&&&& \\
&&& \vdots && \ddots && \vdots &&& \\
&&&&&& 1 &&&& \\
&&& 1 && \cdots && 0 &&& \\
&&&&&&&& 1 && \\
&&&&&&&&& \ddots & \\
&&&&&&&&&& 1
\end{bmatrix}
\begin{matrix} \\ \\ \\ \leftarrow \text{第 } i \text{ 行} \\ \\ \\ \\ \leftarrow \text{第 } j \text{ 行} \\ \\ \\ \\ \end{matrix}
$$

(2) 数 $k\neq 0$ 乘单位阵的第 i 行(列)而得到的矩阵,称为第 2 类初等矩阵,记为 $\boldsymbol{E}_i(k)$,即

$$
\begin{matrix} \text{第 } i \text{ 列} \\ \downarrow \end{matrix}
$$

$$
\boldsymbol{E}_i(k)=\begin{bmatrix}
1 &&&&&& \\
& \ddots &&&&& \\
&& 1 &&&& \\
&&& k &&& \\
&&&& 1 && \\
&&&&& \ddots & \\
&&&&&& 1
\end{bmatrix}
\begin{matrix} \\ \\ \\ \leftarrow \text{第 } i \text{ 行} \\ \\ \\ \\ \end{matrix}
$$

(3) 以数 k 乘单位阵的第 j 行(i 列)加到第 i 行(j 列)上去而得到的矩阵,称为第 3 类初等矩阵,记为 $\boldsymbol{E}_{ij}(k)$,即

$$
\begin{array}{c} \\ \\ \boldsymbol{E}_{ij}(k)= \end{array}
\begin{array}{c}
\quad\quad\quad\text{第 } i \text{ 列}\quad \text{第 } j \text{ 列} \\
\quad\quad\quad\quad\downarrow \quad\quad\quad \downarrow \\
\begin{bmatrix}
1 & & & & & & \\
 & \ddots & & & & & \\
 & & 1 & \cdots & k & & \\
 & & & \ddots & \vdots & & \\
 & & & & 1 & & \\
 & & & & & \ddots & \\
 & & & & & & 1
\end{bmatrix}
\begin{array}{l} \\ \\ \leftarrow \text{第 } i \text{ 行} \\ \\ \leftarrow \text{第 } j \text{ 行} \\ \\ \\ \end{array}
\end{array}
$$

由定义 2.9 不难验证初等矩阵有以下性质.

性质 2.8 (1) 初等矩阵都是可逆矩阵,并且初等矩阵的逆矩阵还是初等矩阵,即

$$
\boldsymbol{E}_{ij}^{-1}=\boldsymbol{E}_{ij};\quad \boldsymbol{E}_{i}^{-1}(k)=\boldsymbol{E}_{i}\left(\frac{1}{k}\right),k\neq 0;\quad \boldsymbol{E}_{ij}^{-1}(k)=\boldsymbol{E}_{ij}(-k).
$$

(2) 设矩阵 $\boldsymbol{A}=(a_{ij})_{m\times n}$,对 $\boldsymbol{A}$ 施行一次第 s 类初等行(列)变换,相当于在 $\boldsymbol{A}$ 的左(右)边乘以相应的第 s 类的 $m(n)$ 阶初等矩阵($s=1,2,3$).

例如,设矩阵

$$
\boldsymbol{A}=\begin{bmatrix} a_{11} & a_{12} & a_{13} & a_{14} \\ a_{21} & a_{22} & a_{23} & a_{24} \\ a_{31} & a_{32} & a_{33} & a_{34} \end{bmatrix},
$$

在 $\boldsymbol{A}$ 的左边乘以初等矩阵 $\boldsymbol{E}_3(k)$ 得

$$
\boldsymbol{E}_3(k)\boldsymbol{A}=\begin{bmatrix} 1 & 0 & 0 \\ 0 & 1 & 0 \\ 0 & 0 & k \end{bmatrix}\begin{bmatrix} a_{11} & a_{12} & a_{13} & a_{14} \\ a_{21} & a_{22} & a_{23} & a_{24} \\ a_{31} & a_{32} & a_{33} & a_{34} \end{bmatrix}=\begin{bmatrix} a_{11} & a_{12} & a_{13} & a_{14} \\ a_{21} & a_{22} & a_{23} & a_{24} \\ ka_{31} & ka_{32} & ka_{33} & ka_{34} \end{bmatrix}=\boldsymbol{B},
$$

显然对矩阵 $\boldsymbol{A}$ 施行一次第 2 类初等行变换 $k\times r_3$ 所得矩阵就是矩阵 $\boldsymbol{B}$.

在 $\boldsymbol{A}$ 的右边乘以初等矩阵 $\boldsymbol{E}_{23}(k)$ 得

$$
\begin{aligned}
\boldsymbol{A}\boldsymbol{E}_{23}(k)&=\begin{bmatrix} a_{11} & a_{12} & a_{13} & a_{14} \\ a_{21} & a_{22} & a_{23} & a_{24} \\ a_{31} & a_{32} & a_{33} & a_{34} \end{bmatrix}\begin{bmatrix} 1 & 0 & 0 & 0 \\ 0 & 1 & k & 0 \\ 0 & 0 & 1 & 0 \\ 0 & 0 & 0 & 1 \end{bmatrix} \\
&=\begin{bmatrix} a_{11} & a_{12} & a_{13}+ka_{12} & a_{14} \\ a_{21} & a_{22} & a_{23}+ka_{22} & a_{24} \\ a_{31} & a_{32} & a_{33}+ka_{32} & a_{34} \end{bmatrix}=\boldsymbol{C}.
\end{aligned}
$$

显然对矩阵 $\boldsymbol{A}$ 施行一次第 3 类初等列变换 c_3+kc_2 所得矩阵就是矩阵 $\boldsymbol{C}$.

由性质 2.8 可得到矩阵可逆的另一个充要条件.

定理 2.3　矩阵 $\boldsymbol{A}$ 可逆的充要条件是存在有限个初等矩阵 $\boldsymbol{P}_1,\boldsymbol{P}_2,\cdots,\boldsymbol{P}_k$，使 $\boldsymbol{A}=\boldsymbol{P}_1\boldsymbol{P}_2\cdots\boldsymbol{P}_k$.

证　充分性. 设有初等矩阵 $\boldsymbol{P}_1,\boldsymbol{P}_2,\cdots,\boldsymbol{P}_k$ 使

$$\boldsymbol{A}=\boldsymbol{P}_1\boldsymbol{P}_2\cdots\boldsymbol{P}_k.$$

因初等矩阵是可逆矩阵，且可逆矩阵的乘积还是可逆矩阵，所以 $\boldsymbol{A}$ 可逆.

必要性. 设 n 阶方阵 $\boldsymbol{A}$ 可逆，$\boldsymbol{A}$ 的标准形为 $\boldsymbol{F}=\begin{bmatrix}\boldsymbol{E}_r & \boldsymbol{O}\\ \boldsymbol{O} & \boldsymbol{O}\end{bmatrix}_{n\times n}$，由定理 2.2(3)知 $\boldsymbol{A}$ 经有限次初等变换可化为 $\boldsymbol{F}$，根据性质 2.8 即有有限个初等矩阵 $\boldsymbol{P}_1^{-1},\boldsymbol{P}_2^{-1},\cdots,\boldsymbol{P}_s^{-1},\boldsymbol{P}_{s+1}^{-1},\cdots,\boldsymbol{P}_k^{-1}$ 使

$$\boldsymbol{P}_s^{-1}\cdots\boldsymbol{P}_2^{-1}\boldsymbol{P}_1^{-1}\boldsymbol{A}\boldsymbol{P}_k^{-1}\cdots\boldsymbol{P}_{s+1}^{-1}=\boldsymbol{F},$$

因为 $\boldsymbol{A}$ 可逆，故标准形矩阵 $\boldsymbol{F}$ 可逆，即 $\boldsymbol{F}=\boldsymbol{E}$，从而

$$\boldsymbol{A}=\boldsymbol{P}_1\boldsymbol{P}_2\cdots\boldsymbol{P}_s\boldsymbol{E}\boldsymbol{P}_{s+1}\cdots\boldsymbol{P}_k=\boldsymbol{P}_1\boldsymbol{P}_2\cdots\boldsymbol{P}_k.$$

证毕

推论 1　设 $\boldsymbol{A}$ 与 $\boldsymbol{B}$ 均为 $m\times n$ 型矩阵，那么

(1) $\boldsymbol{A}$ 与 $\boldsymbol{B}$ 行等价的充分必要条件是存在 m 阶可逆矩阵 $\boldsymbol{P}$，使 $\boldsymbol{PA}=\boldsymbol{B}$；

(2) $\boldsymbol{A}$ 与 $\boldsymbol{B}$ 列等价的充分必要条件是存在 n 阶可逆矩阵 $\boldsymbol{Q}$，使 $\boldsymbol{AQ}=\boldsymbol{B}$；

(3) $\boldsymbol{A}$ 与 $\boldsymbol{B}$ 等价的充分必要条件是存在 m 阶可逆矩阵 $\boldsymbol{P}$ 及 n 阶可逆矩阵 $\boldsymbol{Q}$，使 $\boldsymbol{PAQ}=\boldsymbol{B}$.

推论 1 把矩阵的初等变换与矩阵的乘法联系起来了，从而可由矩阵乘法的运算规律得到初等变换的运算规律，也可以利用矩阵的初等变换研究矩阵乘法.

推论 2　矩阵 $\boldsymbol{A}$ 可逆的充分必要条件是 $\boldsymbol{A}$ 与单位矩阵 $\boldsymbol{E}$ 行等价.

证　$\boldsymbol{A}$ 可逆 $\Leftrightarrow\boldsymbol{A}^{-1}$ 可逆 $\Leftrightarrow$ 存在初等矩阵 $\boldsymbol{P}_1,\boldsymbol{P}_2,\cdots,\boldsymbol{P}_s$，使 $\boldsymbol{A}^{-1}=\boldsymbol{P}_1\boldsymbol{P}_2\cdots\boldsymbol{P}_s\Leftrightarrow\boldsymbol{A}^{-1}\boldsymbol{A}=\boldsymbol{P}_1\boldsymbol{P}_2\cdots\boldsymbol{P}_s\boldsymbol{A}=\boldsymbol{E}$，即 $\boldsymbol{A}$ 与单位矩阵 $\boldsymbol{E}$ 行等价.　　**证毕.**

2. 求逆矩阵的初等变换法

由定理 2.3 的推论 2 知，矩阵 $\boldsymbol{A}$ 可逆当且仅当存在初等矩阵 $\boldsymbol{P}_1,\boldsymbol{P}_2,\cdots,\boldsymbol{P}_s$ 使

$$\boldsymbol{P}_1\boldsymbol{P}_2\cdots\boldsymbol{P}_s\boldsymbol{A}=\boldsymbol{E}, \tag{2.10}$$

由 $\boldsymbol{A}$ 可逆，式(2.10)两边同右乘 $\boldsymbol{A}^{-1}$ 得

$$\boldsymbol{P}_1\boldsymbol{P}_2\cdots\boldsymbol{P}_s\boldsymbol{E}=\boldsymbol{A}^{-1}. \tag{2.11}$$

式(2.10)及式(2.11)表明，若经过一系列初等行变换能将 $\boldsymbol{A}$ 化成单位矩阵 $\boldsymbol{E}$，则 $\boldsymbol{A}$ 可逆，且对 $\boldsymbol{E}$ 同时施行同样的一系列的初等行变换，就将 $\boldsymbol{E}$ 化成了 $\boldsymbol{A}$ 的逆矩阵 $\boldsymbol{A}^{-1}$. 于是我们可构造矩阵 $(\boldsymbol{A}\mid\boldsymbol{E})$，对其施行初等行变换，若当其中的 $\boldsymbol{A}$ 化成了单位矩阵 $\boldsymbol{E}$，单位矩阵 $\boldsymbol{E}$ 化成了矩阵 $\boldsymbol{P}$ 时，就表明 $\boldsymbol{A}$ 可逆，且 $\boldsymbol{P}$ 就是 $\boldsymbol{A}$ 的逆矩阵.

例 2.21　设 $\boldsymbol{A}=\begin{bmatrix}1 & 2 & 1\\ 2 & -1 & 2\\ 1 & 1 & 2\end{bmatrix}$，证明 $\boldsymbol{A}$ 可逆，并求 $\boldsymbol{A}^{-1}$.

解 $(\boldsymbol{A}|\boldsymbol{E})=\left[\begin{array}{ccc|ccc}1&2&1&1&0&0\\2&-1&2&0&1&0\\1&1&2&0&0&1\end{array}\right]\xrightarrow[r_3-r_1]{r_2-2r_1}\left[\begin{array}{ccc|ccc}1&2&1&1&0&0\\0&-5&0&-2&1&0\\0&-1&1&-1&0&1\end{array}\right]$

$$\xrightarrow[r_3+r_2]{-\frac{1}{5}r_2,\ r_1-2r_2}\left[\begin{array}{ccc|ccc}1&0&1&\frac{1}{5}&\frac{2}{5}&0\\0&1&0&\frac{2}{5}&-\frac{1}{5}&0\\0&0&1&-\frac{3}{5}&-\frac{1}{5}&1\end{array}\right]\xrightarrow{r_1-r_3}\left[\begin{array}{ccc|ccc}1&0&0&\frac{4}{5}&\frac{3}{5}&-1\\0&1&0&\frac{2}{5}&-\frac{1}{5}&0\\0&0&1&-\frac{3}{5}&-\frac{1}{5}&1\end{array}\right],$$

所以 $\boldsymbol{A}$ 可逆,且 $\boldsymbol{A}^{-1}=\begin{bmatrix}\frac{4}{5}&\frac{3}{5}&-1\\\frac{2}{5}&-\frac{1}{5}&0\\-\frac{3}{5}&-\frac{1}{5}&1\end{bmatrix}$.

用类似初等行变换求可逆矩阵的逆阵的方法又可解矩阵方程 $\boldsymbol{AX}=\boldsymbol{B}$,其中 $\boldsymbol{A}$ 可逆. 因 $\boldsymbol{A}$ 可逆,则矩阵方程 $\boldsymbol{AX}=\boldsymbol{B}$ 的解为 $\boldsymbol{X}=\boldsymbol{A}^{-1}\boldsymbol{B}$,且存在初等矩阵 $\boldsymbol{P}_1,\boldsymbol{P}_2,\cdots,\boldsymbol{P}_s$ 使 $\boldsymbol{A}^{-1}=\boldsymbol{P}_1\boldsymbol{P}_2\cdots\boldsymbol{P}_s$,于是有

$$\boldsymbol{P}_1\boldsymbol{P}_2\cdots\boldsymbol{P}_s\boldsymbol{A}=\boldsymbol{E},\quad \boldsymbol{P}_1\boldsymbol{P}_2\cdots\boldsymbol{P}_s\boldsymbol{B}=\boldsymbol{X}.$$

上两式表明,构造矩阵 $(\boldsymbol{A}|\boldsymbol{B})$,对其施行一系列初等行变换,当 $\boldsymbol{A}$ 化成单位矩阵 $\boldsymbol{E}$ 时,$\boldsymbol{B}$ 即化成 $\boldsymbol{X}=\boldsymbol{A}^{-1}\boldsymbol{B}$,即若

$$(\boldsymbol{A}|\boldsymbol{B})\xrightarrow{r}(\boldsymbol{E}|\boldsymbol{X}),\text{则 }\boldsymbol{X}=\boldsymbol{A}^{-1}\boldsymbol{B}.$$

例 2.22 求解矩阵方程 $\boldsymbol{AX}=\boldsymbol{B}$,其中 $\boldsymbol{A}=\begin{bmatrix}0&3&2\\1&1&0\\-1&3&3\end{bmatrix}$,$\boldsymbol{B}=\begin{bmatrix}2&5\\3&1\\4&3\end{bmatrix}$.

解 $(\boldsymbol{A}|\boldsymbol{B})=\left[\begin{array}{ccc|cc}0&3&2&2&5\\1&1&0&3&1\\-1&3&3&4&3\end{array}\right]\xrightarrow[r_2\leftrightarrow r_1]{r_3+r_2}\left[\begin{array}{ccc|cc}1&1&0&3&1\\0&3&2&2&5\\0&4&3&7&4\end{array}\right]$

$$\xrightarrow{r_2-r_3}\left[\begin{array}{ccc|cc}1&1&0&3&1\\0&-1&-1&-5&1\\0&4&3&7&4\end{array}\right]\xrightarrow{r_3+4r_2}\left[\begin{array}{ccc|cc}1&1&0&3&1\\0&-1&-1&-5&1\\0&0&-1&-13&8\end{array}\right]$$

$$\xrightarrow[(-1)\times r_3]{r_2-r_3,\ (-1)\times r_2}\left[\begin{array}{ccc|cc}1&1&0&3&1\\0&1&0&-8&7\\0&0&1&13&-8\end{array}\right]\xrightarrow{r_1-r_2}\left[\begin{array}{ccc|cc}1&0&0&11&-6\\0&1&0&-8&7\\0&0&1&13&-8\end{array}\right],$$

于是得

$$X=\begin{bmatrix}11 & -6\\ -8 & 7\\ 13 & -8\end{bmatrix}.$$

2.6 矩阵的秩

2.6.1 矩阵的秩的概念

矩阵的秩的概念是讨论向量组的线性相关性、线性方程组解的存在性及解的结构等问题的重要工具，在 2.5 节已看到，矩阵可经过初等行变换化为行阶梯矩阵，且行阶梯矩阵所含非零行的行数是唯一的，这个数便是矩阵的秩，但鉴于这个数的唯一性尚未证明，因此下面用行列式给出矩阵的秩的定义，为此先给出矩阵的子式的概念.

定义 2.10 在 $m\times n$ 矩阵 $\boldsymbol{A}$ 中，任取 k 行与 k 列，位于这些行列交叉处的 k^2 个元素，不改变它们在 $\boldsymbol{A}$ 中所处的位置次序而得的 k 阶行列式，称为矩阵 $\boldsymbol{A}$ 的 k 阶子式.

如矩阵

$$\boldsymbol{A}=\begin{bmatrix}1 & 2 & 3 & 4\\ 0 & 0 & 5 & 6\\ 0 & 0 & 0 & 0\end{bmatrix}$$

中，可选出 C_4^3 个三阶子式，若取 $\boldsymbol{A}$ 中 1,2,3 行与 1,2,4 列，则构成 $\boldsymbol{A}$ 的三阶子式为 $\begin{vmatrix}1 & 2 & 4\\ 0 & 0 & 6\\ 0 & 0 & 0\end{vmatrix}=0$；$\boldsymbol{A}$ 中可选出 $C_3^2C_4^2$ 个二阶子式，如由 $\boldsymbol{A}$ 的 1,2 行和 1,3 列构成的二阶子式为 $\begin{vmatrix}1 & 3\\ 0 & 5\end{vmatrix}=5$.

设 $\boldsymbol{A}$ 是 $m\times n$ 矩阵，当 $\boldsymbol{A}=\boldsymbol{O}$ 时，它的任何子式都为零，当 $\boldsymbol{A}\neq\boldsymbol{O}$ 时，它至少有一个元素不为零，即它至少有一个一阶子式不为零，再考察二阶子式，若 $\boldsymbol{A}$ 中有一个二阶子式不为零，则往下考察三阶子式，如此下去，最后必达到 $\boldsymbol{A}$ 中有 r 阶子式不为零，而再没有比 r 更高阶的不为零的子式，这个 r 就是不为零的子式的最高阶数，它反映了矩阵 $\boldsymbol{A}$ 内在的重要特征.

定义 2.11 矩阵 $\boldsymbol{A}$ 中非零子式的最高阶数称为**矩阵 $\boldsymbol{A}$ 的秩**. 记为 $R(\boldsymbol{A})$. 如果 $\boldsymbol{A}$ 是零矩阵，规定 $R(\boldsymbol{A})=0$.

由定义 2.11 可知，若矩阵 $\boldsymbol{A}$ 的秩 $R(\boldsymbol{A})=r$，则 $\boldsymbol{A}$ 中至少有一个 r 阶非零子式，且所有的 $r+1$ 阶及以上阶子式均为零. 若 $\boldsymbol{A}$ 中有某个 s 阶子式不为零，则 $R(\boldsymbol{A})\geqslant s$；若 $\boldsymbol{A}$ 中所有 t 阶子式全为零，则 $R(\boldsymbol{A})<t$.

对于 n 阶矩阵 $\boldsymbol{A}$，由于 $\boldsymbol{A}$ 的 n 阶子式只有一个 $|\boldsymbol{A}|$，故当 $|\boldsymbol{A}|\neq 0$ 时，$R(\boldsymbol{A})=n$，当 $|\boldsymbol{A}|=0$ 时 $R(\boldsymbol{A})<n$. 可见可逆矩阵的秩等于矩阵的阶数，不可逆矩阵的秩小于矩阵的阶数，因此可逆矩阵又称**满秩矩阵**，不可逆矩阵又称**降秩矩阵**. 对于 $m\times n$ 型矩阵 $\boldsymbol{A}$，若 $R(\boldsymbol{A})=m$，则称 $\boldsymbol{A}$ 为**行满秩矩阵**；若 $R(\boldsymbol{A})=n$，则称 $\boldsymbol{A}$ 为**列满秩矩阵**.

例 2.23 求矩阵 $\boldsymbol{A}$ 与 $\boldsymbol{B}$ 的秩，其中

$$\boldsymbol{A}=\begin{bmatrix}1&2&3&1\\2&3&-5&1\\4&7&1&1\end{bmatrix},\quad \boldsymbol{B}=\begin{bmatrix}1&2&3&1&-2\\0&3&-5&1&4\\0&0&0&1&6\\0&0&0&0&0\end{bmatrix}.$$

解 在 $\boldsymbol{A}$ 中，容易看出一个 2 阶子式 $\begin{vmatrix}1&2\\2&3\end{vmatrix}\neq 0$，$\boldsymbol{A}$ 的一个 3 阶子式 $\begin{vmatrix}1&2&3\\2&3&-5\\4&7&1\end{vmatrix}=0$，但另一个 3 阶子式 $\begin{vmatrix}1&2&1\\2&3&1\\4&7&1\end{vmatrix}\neq 0$，因此 $R(\boldsymbol{A})=3$.

$\boldsymbol{B}$ 是一个行阶梯矩阵，其非零行只有 3 行，因此 $\boldsymbol{B}$ 的所有 4 阶子式全为零. 而以三个非零行的第一个非零元为对角元的 3 阶子式

$$\begin{vmatrix}1&2&1\\0&3&1\\0&0&1\end{vmatrix}$$

是一个上三角形行列式，它显然不等于 0，因此 $R(\boldsymbol{B})=3$.

从本例可知，对于一般的矩阵 $\boldsymbol{A}_{m\times n}$，当 $\min(m,n)\geqslant 3$ 时，按定义求秩是很麻烦的，然而对于行阶梯矩阵，它的秩就等于非零行的行数，一看便知，不需计算. 因此自然想到利用初等变换把矩阵化为行阶梯矩阵来求其秩，但两个等价的矩阵的秩是否一定相等呢？定理 2.4 给出肯定的回答.

定理 2.4 等价矩阵有相同的秩.

证 现仅就初等行变换来证明，至于初等列变换，可类似地证明.

对于第 1 类初等行变换，变换前后的矩阵的子式，要么相同，要么仅差一负号，因此这种变换不改变矩阵的秩.

对于第 2 类初等行变换，变换前后，各阶子式至多相差 k 倍($k\neq 0$)，因此，这种变换也不改变矩阵的秩.

对于第 3 类初等行变换，设 $\boldsymbol{A}\xrightarrow{r_i+k\times r_j}\boldsymbol{A}_1$，$R(\boldsymbol{A})=r$，$R(\boldsymbol{A}_1)=r_1$，则必有 $r_1\leqslant r$. 事实上，对于 $\boldsymbol{A}_1$ 的任意一个 $r+1$ 阶子式(如果存在)，或者它就是 $\boldsymbol{A}$ 的某 $r+1$ 阶子式(即它不含第 i 行)，其值为零；或者它包含变动的第 i 行，由行列式性质，可将它分解为 $\boldsymbol{A}$ 的一个 $r+1$ 阶子式与另一个 $r+1$ 阶行列式的 k 倍之和. 前者的值当

然为 0. 后一行列式又有两种可能：一种是它含有 $\boldsymbol{A}$ 的第 j 行，此时它有两行相同，其值为 0；另一种是不含 $\boldsymbol{A}$ 的第 j 行，此时它是 $\boldsymbol{A}$ 的一个 $r+1$ 阶子式，或经交换某两行后它等于 $\boldsymbol{A}$ 的一个 $r+1$ 阶子式，其值为 0. 总之，无论何时，其值都等于零. 因此，$\boldsymbol{A}_1$ 中所有 $r+1$ 阶子式都是零. 故 $r_1 \leqslant r$. 另一方面 $\boldsymbol{A}_1 \xrightarrow{r_i+(-k)\times r_j} \boldsymbol{A}$，所以 $r \leqslant r_1$，从而 $r=r_1$.　　**证毕**

注意 1　定理 2.4 说明矩阵 $\boldsymbol{A}$ 的所有行阶梯矩阵的非零行的行数均相等，就是矩阵 $\boldsymbol{A}$ 的秩. 矩阵 $\boldsymbol{A}$ 的标准形矩阵中位于左上角的单位矩阵的阶数也是 $\boldsymbol{A}$ 的秩，因此 $\boldsymbol{A}$ 的标准形唯一.

注意 2　定理 2.4 为我们提供了求矩阵秩的一个途径：利用矩阵的初等变换求矩阵的秩. 即在求矩阵秩时，只需将 $\boldsymbol{A}$ 用初等变换化成行阶梯矩阵，其非零行的个数就是 $\boldsymbol{A}$ 的秩.

例 2.24　已知

$$\boldsymbol{A}=\begin{bmatrix}1 & -2 & 1 & 0 & -4\\ 2 & 4 & 6 & 2 & 5\\ -1 & 2 & 9 & 4 & 7\\ 3 & 2 & 7 & 2 & 1\end{bmatrix},\quad \boldsymbol{b}=\begin{bmatrix}1\\2\\3\\4\end{bmatrix}.$$

求矩阵 $\boldsymbol{A}$ 及矩阵 $\boldsymbol{B}=(\boldsymbol{A}\mid\boldsymbol{b})$ 的秩.

解　对 $\boldsymbol{B}$ 作初等行变换将其变为行阶梯矩阵为 $\bar{\boldsymbol{B}}=(\bar{\boldsymbol{A}}\mid\bar{\boldsymbol{b}})$，则 $\bar{\boldsymbol{A}}$ 就是 $\boldsymbol{A}$ 的行阶梯形矩阵，故从 $\bar{\boldsymbol{B}}=(\bar{\boldsymbol{A}}\mid\bar{\boldsymbol{b}})$ 中可同时求出 $R(\boldsymbol{A})$ 及 $R(\boldsymbol{B})$.

$$\boldsymbol{B}=\left[\begin{array}{ccccc|c}1 & -2 & 1 & 0 & -4 & 1\\ 2 & 4 & 6 & 2 & 5 & 2\\ -1 & 2 & 9 & 4 & 7 & 3\\ 3 & 2 & 7 & 2 & 1 & 4\end{array}\right]\xrightarrow[r_4-3r_1]{\substack{r_2-2r_1\\ r_3+r_1}}\left[\begin{array}{ccccc|c}1 & -2 & 1 & 0 & -4 & 1\\ 0 & 8 & 4 & 2 & 13 & 0\\ 0 & 0 & 10 & 4 & 3 & 4\\ 0 & 8 & 4 & 2 & 13 & 1\end{array}\right]$$

$$\xrightarrow{r_4-r_2}\left[\begin{array}{ccccc|c}1 & -2 & 1 & 0 & -4 & 1\\ 0 & 8 & 4 & 2 & 13 & 0\\ 0 & 0 & 10 & 4 & 3 & 4\\ 0 & 0 & 0 & 0 & 0 & 1\end{array}\right].$$

$\boldsymbol{A}$ 的行阶梯矩阵有 3 个非零行，$\boldsymbol{B}$ 的行阶梯矩阵有 4 个非零行，所以 $R(\boldsymbol{A})=3$，$R(\boldsymbol{B})=4$.

例 2.25　已知 $R(\boldsymbol{A})=3$，求 a,b 的值，其中

$$\boldsymbol{A}=\begin{bmatrix}1 & 1 & 1 & 1\\ 0 & 1 & -1 & b\\ 2 & 3 & a & 4\\ 3 & 5 & 1 & 7\end{bmatrix}.$$

解 对 $\boldsymbol{A}$ 作初等变换化成行阶梯矩阵，

$$\boldsymbol{A}\longrightarrow\begin{bmatrix}1&1&1&1\\0&1&-1&b\\0&1&a-2&2\\0&2&-2&4\end{bmatrix}\longrightarrow\begin{bmatrix}1&1&1&1\\0&1&-1&b\\0&0&a-1&2-b\\0&0&0&4-2b\end{bmatrix}=\boldsymbol{B}.$$

因为 $R(\boldsymbol{A})=3$，故 $a\neq1,b=2$ 或 $a=1,b\neq2$.

2.6.2 矩阵的秩的性质

性质 2.9 设 $\boldsymbol{A}$ 是 $m\times n$ 型矩阵，则(设矩阵运算都是可行的)

(1) $0\leqslant R(\boldsymbol{A})\leqslant\min(m,n)$；

(2) $R(\boldsymbol{A}^{\mathrm{T}})=R(\boldsymbol{A})$；

(3) $R(k\boldsymbol{A})=\begin{cases}0, & k=0,\\ R(\boldsymbol{A}), & k\neq0;\end{cases}$

(4) $R(\boldsymbol{A}_1)\leqslant R(\boldsymbol{A})$，其中 $\boldsymbol{A}_1$ 为 $\boldsymbol{A}$ 的任一子阵；

(5) $\max\{R(\boldsymbol{A}),R(\boldsymbol{B})\}\leqslant R(\boldsymbol{A}\mid\boldsymbol{B})\leqslant R(\boldsymbol{A})+R(\boldsymbol{B})$；

(6) $R(\boldsymbol{A}+\boldsymbol{B})\leqslant R(\boldsymbol{A})+R(\boldsymbol{B})$

(7) 若矩阵 $\boldsymbol{P},\boldsymbol{Q}$ 可逆，则 $R(\boldsymbol{PAQ})=R(\boldsymbol{A})$；

(8) $R(\boldsymbol{AB})\leqslant\min\{R(\boldsymbol{A}),R(\boldsymbol{B})\}$；

(9) $R(\boldsymbol{AB})\geqslant R(\boldsymbol{A})+R(\boldsymbol{B})-n$.

证 性质(1)至(4)由矩阵秩的概念直接证明得出，由定理 2.3 的推论 1 及定理 2.4 可得性质(7)，现只证明性质(5)，(6)，(8)和(9).

(5) 因为 $\boldsymbol{A}$ 的最高阶非零子式一定是$(\boldsymbol{A}\mid\boldsymbol{B})$的非零子式，所以 $R(\boldsymbol{A})\leqslant R(\boldsymbol{A}\mid\boldsymbol{B})$；同理 $R(\boldsymbol{B})\leqslant R(\boldsymbol{A}\mid\boldsymbol{B})$，两式合起来，即为

$$\max\{R(\boldsymbol{A}),R(\boldsymbol{B})\}\leqslant R(\boldsymbol{A}\mid\boldsymbol{B}).$$

设 $R(\boldsymbol{A})=s,R(\boldsymbol{B})=t$，对 $\boldsymbol{A}$ 和 $\boldsymbol{B}$ 分别施行初等列变换化为列阶梯形矩阵 $\bar{\boldsymbol{A}}$ 和 $\bar{\boldsymbol{B}}$，则 $\bar{\boldsymbol{A}}$ 和 $\bar{\boldsymbol{B}}$ 中分别含 s 个和 t 个非零列，故可设

$$\boldsymbol{A}\xrightarrow{c}\bar{\boldsymbol{A}}=(\bar{\boldsymbol{\alpha}}_1,\bar{\boldsymbol{\alpha}}_2,\cdots,\bar{\boldsymbol{\alpha}}_s,\boldsymbol{0},\cdots,\boldsymbol{0}),\quad \boldsymbol{B}\xrightarrow{c}\bar{\boldsymbol{B}}=(\bar{\boldsymbol{\beta}}_1,\bar{\boldsymbol{\beta}}_2,\cdots,\bar{\boldsymbol{\beta}}_s,\boldsymbol{0},\cdots,\boldsymbol{0}).$$

从而

$$(\boldsymbol{A}\mid\boldsymbol{B})\xrightarrow{c}(\bar{\boldsymbol{A}}\mid\bar{\boldsymbol{B}}).$$

由于$(\bar{\boldsymbol{A}}\mid\bar{\boldsymbol{B}})$中只含有 $s+t$ 个非零列，因此 $R(\bar{\boldsymbol{A}}\mid\bar{\boldsymbol{B}})\leqslant s+t$，而 $R(\boldsymbol{A}\mid\boldsymbol{B})=R(\bar{\boldsymbol{A}}\mid\bar{\boldsymbol{B}})$，故

$$R(\boldsymbol{A}\mid\boldsymbol{B})\leqslant s+t=R(\boldsymbol{A})+R(\boldsymbol{B}).$$

综上可得

$$\max\{R(\boldsymbol{A}),R(\boldsymbol{B})\}\leqslant R(\boldsymbol{A}\mid\boldsymbol{B})\leqslant R(\boldsymbol{A})+R(\boldsymbol{B}).$$

(6) 对矩阵$(\boldsymbol{A}+\boldsymbol{B},\boldsymbol{B})$施行初等列变换如下：

$$(\boldsymbol{A}+\boldsymbol{B}\mid\boldsymbol{B})\xrightarrow[i=1,2,\cdots,n]{c_i-c_{n+i}}(\boldsymbol{A}\mid\boldsymbol{B})$$

于是 $R(\boldsymbol{A}+\boldsymbol{B})\leqslant R(\boldsymbol{A}+\boldsymbol{B}\mid\boldsymbol{B})=R(\boldsymbol{A}\mid\boldsymbol{B})\leqslant R(\boldsymbol{A})+R(\boldsymbol{B})$.

(8) 设 $R(\boldsymbol{A})=s$，对 $\boldsymbol{A}$ 施行初等行变换化为行阶梯形矩阵 $\bar{\boldsymbol{A}}$，则 $\bar{\boldsymbol{A}}$ 中含 s 个非零行，不妨设 $\bar{\boldsymbol{A}}=\begin{bmatrix}\bar{\boldsymbol{A}}_1\\ \boldsymbol{O}\end{bmatrix}$，其中 $\bar{\boldsymbol{A}}_1$ 的行数为 s，即存在可逆矩阵 $\boldsymbol{P}$，使

$$\boldsymbol{PA}=\begin{bmatrix}\bar{\boldsymbol{A}}_1\\ \boldsymbol{O}\end{bmatrix},$$

上式两边右乘 $\boldsymbol{B}$，得

$$\boldsymbol{P}(\boldsymbol{AB})=(\boldsymbol{PA})\boldsymbol{B}=\begin{bmatrix}\bar{\boldsymbol{A}}_1\\ \boldsymbol{O}\end{bmatrix}\boldsymbol{B}=\begin{bmatrix}\bar{\boldsymbol{A}}_1\boldsymbol{B}\\ \boldsymbol{O}\end{bmatrix}.$$

注意因 $\bar{\boldsymbol{A}}_1\boldsymbol{B}$ 只有 s 行，故

$$R(\boldsymbol{AB})=R(\boldsymbol{PAB})=R\begin{bmatrix}\bar{\boldsymbol{A}}_1\boldsymbol{B}\\ \boldsymbol{O}\end{bmatrix}\leqslant s=R(\boldsymbol{A}).$$

另一方面

$$R(\boldsymbol{AB})=R((\boldsymbol{AB})^{\mathrm{T}})=R(\boldsymbol{B}^{\mathrm{T}}\boldsymbol{A}^{\mathrm{T}})\leqslant R(\boldsymbol{B}^{\mathrm{T}})=R(\boldsymbol{B}).$$

故

$$R(\boldsymbol{AB})\leqslant\min\{R(\boldsymbol{A}),R(\boldsymbol{B})\}.$$

(9) 设 $\boldsymbol{A}$ 是 $m\times n$ 型矩阵，$\boldsymbol{B}$ 是 $n\times p$ 型矩阵，$R(\boldsymbol{A})=s$，$R(\boldsymbol{B})=t$，易见在矩阵 $\begin{bmatrix}\boldsymbol{A}&\boldsymbol{O}\\ \boldsymbol{E}_n&\boldsymbol{B}\end{bmatrix}$中存在 $s+t$ 阶非零子式，因此

$$R\begin{bmatrix}\boldsymbol{A}&\boldsymbol{O}\\ \boldsymbol{E}_n&\boldsymbol{B}\end{bmatrix}\geqslant s+t,\tag{2.12}$$

又

$$\begin{bmatrix}\boldsymbol{E}_m&-\boldsymbol{A}\\ \boldsymbol{O}&\boldsymbol{E}_n\end{bmatrix}\begin{bmatrix}\boldsymbol{A}&\boldsymbol{O}\\ \boldsymbol{E}_n&\boldsymbol{B}\end{bmatrix}\begin{bmatrix}\boldsymbol{E}_n&-\boldsymbol{B}\\ \boldsymbol{O}&\boldsymbol{E}_p\end{bmatrix}=\begin{bmatrix}\boldsymbol{O}&-\boldsymbol{AB}\\ \boldsymbol{E}_n&\boldsymbol{B}\end{bmatrix}\begin{bmatrix}\boldsymbol{E}_n&-\boldsymbol{B}\\ \boldsymbol{O}&\boldsymbol{E}_p\end{bmatrix}=\begin{bmatrix}\boldsymbol{O}&-\boldsymbol{AB}\\ \boldsymbol{E}_n&\boldsymbol{O}\end{bmatrix}.$$

由于$\begin{bmatrix}\boldsymbol{E}_m&-\boldsymbol{A}\\ \boldsymbol{O}&\boldsymbol{E}_n\end{bmatrix}$，$\begin{bmatrix}\boldsymbol{E}_n&-\boldsymbol{B}\\ \boldsymbol{O}&\boldsymbol{E}_p\end{bmatrix}$都是可逆矩阵，所以

$$R\begin{bmatrix}\boldsymbol{A}&\boldsymbol{O}\\ \boldsymbol{E}_n&\boldsymbol{B}\end{bmatrix}=R\begin{bmatrix}\boldsymbol{O}&-\boldsymbol{AB}\\ \boldsymbol{E}_n&\boldsymbol{O}\end{bmatrix}=R(-\boldsymbol{AB})+R(\boldsymbol{E}_n)=R(\boldsymbol{AB})+n.$$

综合式(2.12)有

$$R(\boldsymbol{AB})+n\geqslant R(\boldsymbol{A})+R(\boldsymbol{B}),$$

即

$$R(\boldsymbol{AB})\geqslant R(\boldsymbol{A})+R(\boldsymbol{B})-n.$$

特别地，若 $\boldsymbol{AB}=\boldsymbol{O}$，有

$$R(\boldsymbol{A})+R(\boldsymbol{B})\leqslant n.$$

例 2.26　设 $\boldsymbol{A}$ 为 n 阶矩阵，且满足 $\boldsymbol{A}^2=\boldsymbol{E}$，证明 $R(\boldsymbol{A}+\boldsymbol{E})+R(\boldsymbol{A}-\boldsymbol{E})=n$.

证　因为 $\boldsymbol{A}^2=\boldsymbol{E}$，即 $(\boldsymbol{A}+\boldsymbol{E})(\boldsymbol{A}-\boldsymbol{E})=\boldsymbol{O}$，由性质 2.9(9)得

$$R(\boldsymbol{A}+\boldsymbol{E})+R(\boldsymbol{A}-\boldsymbol{E})\leqslant n.$$

又因为 $(\boldsymbol{A}+\boldsymbol{E})+(\boldsymbol{E}-\boldsymbol{A})=2\boldsymbol{E}$，由性质 2.9(6)得

$$R(\boldsymbol{A}+\boldsymbol{E})+R(\boldsymbol{E}-\boldsymbol{A})\geqslant R(2\boldsymbol{E})=n.$$

而 $R(\boldsymbol{E}-\boldsymbol{A})=R(\boldsymbol{A}-\boldsymbol{E})$，所以

$$R(\boldsymbol{A}+\boldsymbol{E})+R(\boldsymbol{A}-\boldsymbol{E})\geqslant n.$$

故

$$R(\boldsymbol{A}+\boldsymbol{E})+R(\boldsymbol{A}-\boldsymbol{E})=n.$$

习　题　2

1. 选择题：

(1) 设 $\boldsymbol{A},\boldsymbol{B}$ 为 n 阶方阵，则____.

(A) $(\boldsymbol{AB})^k=\boldsymbol{A}^k\boldsymbol{B}^k$；　　(B) $\left||\boldsymbol{B}|\boldsymbol{A}\right|=|\boldsymbol{B}|\,|\boldsymbol{A}|$；

(C) $\boldsymbol{B}^2-\boldsymbol{A}^2=(\boldsymbol{B}-\boldsymbol{A})(\boldsymbol{B}+\boldsymbol{A})$；　　(D) 若 $\boldsymbol{A},\boldsymbol{B}$ 为可逆阵，$k\neq0$，$(k\boldsymbol{AB})^{-1}=\frac{1}{k}\boldsymbol{B}^{-1}\boldsymbol{A}^{-1}$.

(2) 设 $\boldsymbol{A}$ 是 $m\times n$ 矩阵，$m<n$，则____.

(A) $|\boldsymbol{A}^{\mathrm{T}}\boldsymbol{A}|\neq0$；　(B) $|\boldsymbol{A}^{\mathrm{T}}\boldsymbol{A}|=0$；　(C) $|\boldsymbol{A}^{\mathrm{T}}\boldsymbol{A}|>0$；　(D) $|\boldsymbol{A}^{\mathrm{T}}\boldsymbol{A}|<0$.

(3) 矩阵 $\boldsymbol{A},\boldsymbol{B},\boldsymbol{C}$ 满足 $\boldsymbol{A}=\boldsymbol{BC}$，则____.

(A) $R(\boldsymbol{A})=R(\boldsymbol{B})$；　　(B) $R(\boldsymbol{A})=R(\boldsymbol{C})$；

(C) $R(\boldsymbol{A})\leqslant R(\boldsymbol{B})$；　　(D) $R(\boldsymbol{A})\geqslant\max\{R(\boldsymbol{B}),R(\boldsymbol{C})\}$.

(4) 设 $\boldsymbol{A}$ 为 n 阶可逆矩阵， 下列各式正确的是____.

(A) $(2\boldsymbol{A})^{-1}=2\boldsymbol{A}^{-1}$；　　(B) $\boldsymbol{AA}^*\neq\boldsymbol{O}$;

(C) $(\boldsymbol{A}^*)^{-1}=\dfrac{\boldsymbol{A}^{-1}}{|\boldsymbol{A}|}$；　　(D) $[(\boldsymbol{A}^{-1})^{\mathrm{T}}]^{-1}=[(\boldsymbol{A}^{\mathrm{T}})^{-1}]^{\mathrm{T}}$.

(5) 设 $\boldsymbol{A}$ 是 $m\times n$ 矩阵，$R(\boldsymbol{A})=r<m<n$，则____成立.

(A) $\boldsymbol{A}$ 的所有 r 阶子式都不为 0；　　(B) $\boldsymbol{A}$ 的所有 $r-1$ 阶子式都不为 0；

(C) $\boldsymbol{A}$ 经过初等行变换可以化为 $\begin{bmatrix}\boldsymbol{E}_r & \boldsymbol{O}\\ \boldsymbol{O} & \boldsymbol{O}\end{bmatrix}$；　　(D) $\boldsymbol{A}$ 不可能是满秩矩阵.

2. 计算下列矩阵乘积：

(1) $\begin{bmatrix}1&2&3\\2&0&1\\1&0&0\end{bmatrix}\begin{bmatrix}1\\0\\1\end{bmatrix}$；　　(2) $\begin{bmatrix}1&0&5\end{bmatrix}\begin{bmatrix}1\\0\\1\end{bmatrix}$；　　(3) $\begin{bmatrix}1\\0\\1\end{bmatrix}\begin{bmatrix}1&0&5\end{bmatrix}$；

(4) $\begin{bmatrix}1&-1\\2&3\\4&0\end{bmatrix}\begin{bmatrix}1&0&3\\2&-1&0\end{bmatrix}$；　(5) $\begin{bmatrix}2&1&4&0\\1&-1&3&4\end{bmatrix}\begin{bmatrix}1&3&1\\0&-1&2\\1&-3&1\\4&0&-2\end{bmatrix}$；

(6) $\begin{bmatrix}x_1&x_2&x_3\end{bmatrix}\begin{bmatrix}2&1&3\\1&-2&0\\3&2&1\end{bmatrix}\begin{bmatrix}x_1\\x_2\\x_3\end{bmatrix}$.

3. 设 $\boldsymbol{A}=\begin{bmatrix}1&0&0\\2&2&4\\3&1&3\end{bmatrix}$，$\boldsymbol{B}=\begin{bmatrix}0&0&2\\0&1&0\\1&0&0\end{bmatrix}$，求 $(\boldsymbol{A}+\boldsymbol{B})^{\mathrm{T}}$，$\boldsymbol{A}^2\boldsymbol{B}^2$，$(\boldsymbol{AB})^2$，$\left|\frac{1}{4}(\boldsymbol{AB})^5\right|$.

4. 已知 $\boldsymbol{A}=\begin{bmatrix}5&-2&1\\3&4&-1\end{bmatrix}$，$\boldsymbol{B}=\begin{bmatrix}-3&2&0\\-2&0&1\end{bmatrix}$，求 $2\boldsymbol{A}-5\boldsymbol{B}$，$\boldsymbol{AB}^{\mathrm{T}}$，$|\boldsymbol{BA}^{\mathrm{T}}|$.

5. 设 $\boldsymbol{A}$ 为三阶方阵，且 $|\boldsymbol{A}|=2$，求 $|2\boldsymbol{A}^{-1}|$，$|\boldsymbol{A}^*|$，$|(\boldsymbol{A}^*)^{-1}|$，$|3\boldsymbol{A}^{-1}-2\boldsymbol{A}^*|$.

6. 设 $\boldsymbol{A}=\begin{bmatrix}1&2&1&2\\2&1&2&1\\1&2&3&4\end{bmatrix}$，$\boldsymbol{B}=\begin{bmatrix}4&3&2&1\\-2&1&-2&1\\0&-1&0&-1\end{bmatrix}$，且 $(2\boldsymbol{A}-\boldsymbol{X})+2(\boldsymbol{B}-\boldsymbol{X})=\boldsymbol{O}$，求 $\boldsymbol{X}$.

7. 计算下列方阵的幂(其中 n 为正整数)：

(1) $\begin{bmatrix}1&3\\0&1\end{bmatrix}^n$；　(2) $\left[\begin{bmatrix}1\\2\\3\end{bmatrix}\begin{bmatrix}1&\frac{1}{2}&\frac{1}{3}\end{bmatrix}\right]^n$.

8. 证明：对任意 $m\times n$ 矩阵 $\boldsymbol{A}$，证明 $\boldsymbol{A}^{\mathrm{T}}\boldsymbol{A}$ 及 $\boldsymbol{AA}^{\mathrm{T}}$ 都是对称矩阵.

9. 求下列矩阵的逆矩阵

(1) $\begin{bmatrix}3&4\\5&6\end{bmatrix}$；　(2) $\begin{bmatrix}0&2&-1\\1&1&2\\-1&-1&-1\end{bmatrix}$；　(3) $\begin{bmatrix}0&0&2\\1&2&0\\3&4&0\end{bmatrix}$.

10. 设 $\boldsymbol{A}$ 为 n 阶方阵且满足条件 $\boldsymbol{A}^2+\boldsymbol{A}-6\boldsymbol{E}=\boldsymbol{O}$，求证：$\boldsymbol{A}$，$\boldsymbol{A}+\boldsymbol{E}$ 及 $\boldsymbol{A}+4\boldsymbol{E}$ 均可逆，并求 $\boldsymbol{A}^{-1}$，$(\boldsymbol{A}+\boldsymbol{E})^{-1}$ 及 $(\boldsymbol{A}+4\boldsymbol{E})^{-1}$.

11. 解下列矩阵方程：

(1) $\begin{bmatrix}3&5\\1&2\end{bmatrix}\boldsymbol{X}=\begin{bmatrix}4&-1&2\\3&0&-1\end{bmatrix}$；　(2) $\boldsymbol{X}\begin{bmatrix}1&0&0\\0&2&0\\0&0&3\end{bmatrix}=\begin{bmatrix}1&2&3\end{bmatrix}$；

(3) $\begin{bmatrix}0&1&0\\1&0&0\\0&0&1\end{bmatrix}\boldsymbol{X}\begin{bmatrix}1&0&0\\0&0&1\\0&1&0\end{bmatrix}=\begin{bmatrix}1&-4&3\\2&0&-1\\1&-2&0\end{bmatrix}$.

12. 设 n 阶方阵 $\boldsymbol{A}$ 的伴随矩阵为 $\boldsymbol{A}^*$，证明：

(1) 若 $|\boldsymbol{A}|=0$，则 $|\boldsymbol{A}^*|=0$；　(2) $|\boldsymbol{A}^*|=|\boldsymbol{A}|^{n-1}$.

13. 设矩阵 $\boldsymbol{A}=\begin{bmatrix}2&1&0\\1&2&0\\0&0&1\end{bmatrix}$，矩阵 $\boldsymbol{B}$ 满足 $\boldsymbol{ABA}^*=2\boldsymbol{BA}^*+\boldsymbol{E}$，求 $|\boldsymbol{B}|$.

14. (1) 设 $A=\begin{bmatrix}1&1&0&0&0\\-1&3&0&0&0\\0&0&-2&0&0\\0&0&0&1&2\\0&0&0&0&1\end{bmatrix}$,求 $|A^4|$,A^3 及 A^{-1}.

(2) 设 $A=\begin{bmatrix}0&0&1&2\\0&0&-1&3\\2&2&0&0\\3&4&0&0\end{bmatrix}$,求 A^{-1}.

15. 利用初等行变换把下列矩阵化为行阶梯矩阵及行最简矩阵：

(1) $\begin{bmatrix}1&-1&2&1\\3&2&6&3\\1&-2&0&1\end{bmatrix}$；　　(2) $\begin{bmatrix}2&2&0&0&4\\0&6&2&4&5\\1&2&2&4&1\\3&3&2&4&5\end{bmatrix}$.

16. 设 $A=\begin{bmatrix}-5&3&1\\2&-1&1\end{bmatrix}$.

(1) 求可逆矩阵 P,使 PA 为行最简矩阵；

(2) 求可逆矩阵 P,Q,使 PAQ 为标准形矩阵.

17. 设 $A=\begin{bmatrix}1&2&8\\4&-7&1\\0&8&-5\end{bmatrix}$,$P=\begin{bmatrix}0&0&1\\0&1&0\\1&0&0\end{bmatrix}$,$Q=\begin{bmatrix}1&0&0\\0&0&1\\0&1&0\end{bmatrix}$,求 $P^{20}AQ^{21}$.

18. 利用初等变换求下列方阵的逆矩阵：

(1) $A=\begin{bmatrix}1&0&0\\2&-1&0\\2&1&1\end{bmatrix}$；　(2) $A=\begin{bmatrix}1&1&-1\\2&1&0\\1&-1&0\end{bmatrix}$；　(3) $A=\begin{bmatrix}1&3&-5&7\\0&1&2&3\\0&0&1&2\\0&0&0&1\end{bmatrix}$.

19. 利用初等变换求解矩阵方程：

(1) $\begin{bmatrix}1&0&1\\1&-1&0\\0&1&2\end{bmatrix}X=\begin{bmatrix}3&0&1\\1&1&0\\0&1&4\end{bmatrix}$；　(2) $\begin{bmatrix}1&2&3&4\\2&3&1&2\\1&1&1&-1\\1&0&-2&-6\end{bmatrix}X=\begin{bmatrix}1&2\\0&-1\\2&1\\-3&2\end{bmatrix}$.

20. 设矩阵 A,B 满足：$A^{-1}X=X+A^{-1}B$,其中 $A=\begin{bmatrix}0&1&0\\-1&1&1\\1&0&1\end{bmatrix}$,$B=\begin{bmatrix}1&-1\\2&0\\5&-3\end{bmatrix}$,求 X.

21. 设矩阵 A,B 满足：$A^*BA=2BA-8E$,其中 $A=\begin{bmatrix}1&0&0\\0&-1&0\\3&2&1\end{bmatrix}$,求 B.

22. 设 $\boldsymbol{AP}=\boldsymbol{P\Lambda}$，其中 $\boldsymbol{P}=\begin{bmatrix}1&0&0\\2&-1&0\\2&1&1\end{bmatrix}$，$\boldsymbol{\Lambda}=\begin{bmatrix}-1&&\\&1&\\&&1\end{bmatrix}$，求：

(1) $\boldsymbol{A}^3$；　　(2) $\varphi(\boldsymbol{A})=\boldsymbol{A}^8(5\boldsymbol{E}-6\boldsymbol{A}+\boldsymbol{A}^2)$.

23. 求下列矩阵的秩，并求一个最高阶非零子式：

(1) $\begin{bmatrix}3&2&-1&-3&-1\\2&-1&3&1&-3\\7&0&5&-1&-7\end{bmatrix}$；　　(2) $\begin{bmatrix}1&3&-1&-2\\2&-1&2&3\\3&2&1&1\\1&-4&3&5\end{bmatrix}$；

(3) $\begin{bmatrix}1&-2&2&-1&1\\2&-4&8&0&2\\-2&4&-2&3&3\\3&-6&0&-6&4\end{bmatrix}$.

24. 设 $\boldsymbol{A}=\begin{bmatrix}1&-1&1&2\\3&a&-1&2\\5&3&b&6\end{bmatrix}$，已知 $R(\boldsymbol{A})=2$，求 a,b.

25. 设矩阵 $\boldsymbol{A}=\begin{bmatrix}2&-1&3\\1&-3&4\\-1&2&\lambda\end{bmatrix}$，其中 λ 为参数，求矩阵 $\boldsymbol{A}$ 的秩.

26. 设 $\boldsymbol{A}$ 是 n 阶方阵，证明：$R(\boldsymbol{A}^*)=\begin{cases}n, & R(\boldsymbol{A})=n,\\1, & R(\boldsymbol{A})=n-1,\\0, & R(\boldsymbol{A})<n-1.\end{cases}$

27. 设 $\boldsymbol{A},\boldsymbol{B}$ 均为四阶方阵，$R(\boldsymbol{A})=3$，$R(\boldsymbol{B})=4$，$\boldsymbol{A}^*$，$\boldsymbol{B}^*$ 分别是它们的伴随矩阵，求 $R(\boldsymbol{A}^*\boldsymbol{B}^*)$.

28. 设 $\boldsymbol{A}$ 为 $m\times n$ 矩阵，$\boldsymbol{B}$ 为 $n\times m$ 矩阵，证明当 $m>n$ 时，方阵 $\boldsymbol{C}=\boldsymbol{AB}$ 不可逆.

29. 设 $\boldsymbol{A}$ 是 n 阶方阵，证明：若 $\boldsymbol{A}^2=\boldsymbol{A}$，则 $R(\boldsymbol{A})+R(\boldsymbol{A}-\boldsymbol{E})=n$.

第3章　n 维 向 量

n 维向量有着广泛的数学背景和实际意义. 例如,对于 n 元线性方程组 $\boldsymbol{Ax}=\boldsymbol{b}$,$x_1=c_1,x_2=c_2,\cdots,x_n=c_n$ 是否是其解? 某个 x_i 的取值是次要的,重要的是作为整体的这 n 个数,即 n 维向量$(c_1,c_2,\cdots,c_n)$. 又如,在分析某地区煤炭、石油、电力、钢铁、运输等各行业的经济活动时,常常需要分析它们的产出之间的关系,这时不只是考虑单一行业的产出,而是要将所有行业的产出作为一个整体进行研究. 若要考虑 n 个行业的经济活动,而第 i 个行业的产出是 x_i,那么研究的对象就是 n 维向量$(x_1,x_2,\cdots,x_n)$.

本章主要介绍向量组的线性相关性、最大无关组和向量组的秩;向量空间及向量空间的基、维数等内容.

3.1　n 维向量及其线性运算

定义 3.1　n 个数 $a_1,a_2,\cdots,a_n$ 所组成的有序数组称为 **n 维向量**,记作

$$(a_1,a_2,\cdots,a_n) \text{ 或 } \begin{bmatrix} a_1 \\ a_2 \\ \vdots \\ a_n \end{bmatrix},$$

这 n 个数称为该向量的 n 个分量,其中第 i 个数 a_i 称为**第 i 个分量**,该向量所含分量的个数称为该**向量的维数**. 前一个表示式称为**行向量**,后者称为**列向量**.

由定义 3.1 及行、列矩阵的定义知,行向量即为行矩阵,列向量即为列矩阵. 在本书中,列向量用黑体小写字母 $\boldsymbol{a},\boldsymbol{b},\boldsymbol{\alpha},\boldsymbol{\beta}$ 等表示,利用矩阵转置的记号,行向量则用 $\boldsymbol{a}^{\mathrm{T}},\boldsymbol{b}^{\mathrm{T}},\boldsymbol{\alpha}^{\mathrm{T}},\boldsymbol{\beta}^{\mathrm{T}}$ 等表示. 所讨论的向量在没有指明是行向量还是列向量时,都当作列向量.

分量为实数的向量称为**实向量**,分量为复数的向量称为**复向量**. 本书中除特别指明外,一般只讨论实向量.

设 $\boldsymbol{\alpha}=(a_1,a_2,\cdots,a_n)^{\mathrm{T}},\boldsymbol{\beta}=(b_1,b_2,\cdots,b_n)^{\mathrm{T}}$ 都是 n 维向量,当且仅当 $a_i=b_i(i=1,2,\cdots,n)$时,称**向量 $\boldsymbol{\alpha}$ 与 $\boldsymbol{\beta}$ 相等**,记作 $\boldsymbol{\alpha}=\boldsymbol{\beta}$.

分量都是 0 的向量,称为**零向量**,记作 $\mathbf{0}$. 即 $\mathbf{0}=(0,0,\cdots,0)^{\mathrm{T}}$.

称向量$(-a_1,-a_2,\cdots,-a_n)^{\mathrm{T}}$ 为向量 $\boldsymbol{\alpha}=(a_1,a_2,\cdots,a_n)^{\mathrm{T}}$ 的负向量,记作 $-\boldsymbol{\alpha}$.

因为 n 维列(行)向量实际就是列(行)矩阵,因此可用矩阵的和与数乘运算定义向量相应的运算.

定义 3.2　设 $\boldsymbol{\alpha}=(a_1,a_2,\cdots,a_n)^{\mathrm{T}}$,$\boldsymbol{\beta}=(b_1,b_2,\cdots,b_n)^{\mathrm{T}}$ 都是 n 维向量,那么,向量$(a_1+b_1,a_2+b_2,\cdots,a_n+b_n)^{\mathrm{T}}$ 称为**向量 $\boldsymbol{\alpha}$ 与 $\boldsymbol{\beta}$ 的和**,记作 $\boldsymbol{\alpha}+\boldsymbol{\beta}$,即

$$\boldsymbol{\alpha}+\boldsymbol{\beta}=(a_1+b_1,a_2+b_2,\cdots,a_n+b_n)^{\mathrm{T}},$$

这一运算称为向量的加法.

利用负向量,可规定向量的减法:

$$\boldsymbol{\alpha}-\boldsymbol{\beta}=\boldsymbol{\alpha}+(-\boldsymbol{\beta})=(a_1-b_1,a_2-b_2,\cdots,a_n-b_n)^{\mathrm{T}},$$

$\boldsymbol{\alpha}-\boldsymbol{\beta}$ 称为**向量 $\boldsymbol{\alpha}$ 与 $\boldsymbol{\beta}$ 的差**.

定义 3.3　设 $\boldsymbol{\alpha}=(a_1,a_2,\cdots,a_n)^{\mathrm{T}}$,$k$ 为实数,那么向量$(ka_1,ka_2,\cdots,ka_n)^{\mathrm{T}}$ 称为**数 k 与向量 $\boldsymbol{\alpha}$ 的乘积**,记作 $k\boldsymbol{\alpha}$,即

$$k\boldsymbol{\alpha}=(ka_1,ka_2,\cdots,ka_n)^{\mathrm{T}}.$$

这一运算称为向量的数乘.

向量的加法与向量的数乘统称为向量的**线性运算**. 由向量线性运算的定义不难验证,向量的线性运算满足下述八条性质:对任意 n 维向量 $\boldsymbol{\alpha}$,$\boldsymbol{\beta}$,$\boldsymbol{\gamma}$ 和数 k,l 有

(1) $\boldsymbol{\alpha}+\boldsymbol{\beta}=\boldsymbol{\beta}+\boldsymbol{\alpha}$;

(2) $(\boldsymbol{\alpha}+\boldsymbol{\beta})+\boldsymbol{\gamma}=\boldsymbol{\alpha}+(\boldsymbol{\beta}+\boldsymbol{\gamma})$;

(3) $\boldsymbol{\alpha}+\mathbf{0}=\boldsymbol{\alpha}$;

(4) $\boldsymbol{\alpha}+(-\boldsymbol{\alpha})=\mathbf{0}$;

(5) $1\boldsymbol{\alpha}=\boldsymbol{\alpha}$,$(-1)\boldsymbol{\alpha}=-\boldsymbol{\alpha}$,$0\boldsymbol{\alpha}=\mathbf{0}$;

(6) $k(l\boldsymbol{\alpha})=(kl)\boldsymbol{\alpha}$;

(7) $k(\boldsymbol{\alpha}+\boldsymbol{\beta})=k\boldsymbol{\alpha}+k\boldsymbol{\beta}$;

(8) $(k+l)\boldsymbol{\alpha}=k\boldsymbol{\alpha}+l\boldsymbol{\alpha}$.

3.2　向量组的线性相关性

3.2.1　向量组及其线性组合

若干个同维数的列向量(或同维数的行向量)所组成的集合称为**向量组**. 例如,给定一个 $n\times m$ 型矩阵:

$$\boldsymbol{A}=\begin{bmatrix} a_{11} & a_{12} & \cdots & a_{1m} \\ a_{21} & a_{22} & \cdots & a_{2m} \\ \vdots & \vdots & & \vdots \\ a_{n1} & a_{n2} & \cdots & a_{nm} \end{bmatrix},$$

它的每一列是一个 n 维列向量,从而其全体列向量是一个含有 m 个 n 维列向量的向量组;又该矩阵的每一行是一个 m 维行向量,因此它的全体行向量是一个含有 n 个 m 维行向量的向量组. 反之,给出一个含有 m 个 n 维列向量的向量组

$$\boldsymbol{\alpha}_1=\begin{bmatrix}a_{11}\\a_{21}\\\vdots\\a_{n1}\end{bmatrix},\boldsymbol{\alpha}_2=\begin{bmatrix}a_{12}\\a_{22}\\\vdots\\a_{n2}\end{bmatrix},\cdots,\boldsymbol{\alpha}_m=\begin{bmatrix}a_{1m}\\a_{2m}\\\vdots\\a_{nm}\end{bmatrix}$$

可构成一个 $n\times m$ 型矩阵：

$$\boldsymbol{A}=\begin{bmatrix}a_{11}&a_{12}&\cdots&a_{1m}\\a_{21}&a_{22}&\cdots&a_{2m}\\\vdots&\vdots&&\vdots\\a_{n1}&a_{n2}&\cdots&a_{nm}\end{bmatrix}=(\boldsymbol{\alpha}_1,\boldsymbol{\alpha}_2,\cdots,\boldsymbol{\alpha}_m),$$

类似地，含有 m 个 n 维行向量的向量组 $\boldsymbol{\beta}_1^{\mathrm{T}}=(a_{11},a_{12},\cdots,a_{1n})$，$\boldsymbol{\beta}_2^{\mathrm{T}}=(a_{21},a_{22},\cdots,a_{2n})$，$\cdots$，$\boldsymbol{\beta}_m^{\mathrm{T}}=(a_{m1},a_{m2},\cdots,a_{mn})$也可构成一个 $m\times n$ 型的矩阵：

$$\boldsymbol{A}=\begin{bmatrix}a_{11}&a_{12}&\cdots&a_{1n}\\a_{21}&a_{22}&\cdots&a_{2n}\\\vdots&\vdots&&\vdots\\a_{m1}&a_{m2}&\cdots&a_{mn}\end{bmatrix}=\begin{bmatrix}\boldsymbol{\beta}_1^{\mathrm{T}}\\\boldsymbol{\beta}_2^{\mathrm{T}}\\\vdots\\\boldsymbol{\beta}_m^{\mathrm{T}}\end{bmatrix}.$$

总之，**含有有限个向量的有序向量组与矩阵一一对应.**

定义 3.4 给定向量组 A：$\boldsymbol{\alpha}_1,\boldsymbol{\alpha}_2,\cdots,\boldsymbol{\alpha}_m$ 与向量 $\boldsymbol{\beta}$，如果存在一组数 $k_1,k_2,\cdots,k_m$，使

$$\boldsymbol{\beta}=k_1\boldsymbol{\alpha}_1+k_2\boldsymbol{\alpha}_2+\cdots+k_m\boldsymbol{\alpha}_m,$$

则称向量 $\boldsymbol{\beta}$ 是向量组 $\boldsymbol{\alpha}_1,\boldsymbol{\alpha}_2,\cdots,\boldsymbol{\alpha}_m$ 的**线性组合**，或者说向量 $\boldsymbol{\beta}$ 可由向量组 $\boldsymbol{\alpha}_1,\boldsymbol{\alpha}_2,\cdots,\boldsymbol{\alpha}_m$ **线性表示**，$k_1,k_2,\cdots,k_m$ 称为 $\boldsymbol{\beta}$ 由向量组 $\boldsymbol{\alpha}_1,\boldsymbol{\alpha}_2,\cdots,\boldsymbol{\alpha}_m$ 线性表示的**系数**.

定义 3.5 设有两个向量组

$$A:\ \boldsymbol{\alpha}_1,\boldsymbol{\alpha}_2,\cdots,\boldsymbol{\alpha}_s,\quad B:\ \boldsymbol{\beta}_1,\boldsymbol{\beta}_2,\cdots,\boldsymbol{\beta}_t,$$

如果向量组 A 中的每一个向量都可由向量组 B 线性表示，则称**向量组 A 可由向量组 B 线性表示**. 如果向量组 A 和 B 可以相互线性表示，则称这**两个向量组等价**.

例如，向量组 $\boldsymbol{e}_1=(1,0,0)^{\mathrm{T}}$，$\boldsymbol{e}_2=(0,1,0)^{\mathrm{T}}$，$\boldsymbol{e}_3=(0,0,1)^{\mathrm{T}}$ 和向量组 $\boldsymbol{\beta}_1=(1,1,1)^{\mathrm{T}}$，$\boldsymbol{\beta}_2=(1,1,0)^{\mathrm{T}}$，$\boldsymbol{\beta}_3=(1,0,0)^{\mathrm{T}}$. 显然

$$\boldsymbol{\beta}_1=\boldsymbol{e}_1+\boldsymbol{e}_2+\boldsymbol{e}_3,\quad \boldsymbol{\beta}_2=\boldsymbol{e}_1+\boldsymbol{e}_2,\quad \boldsymbol{\beta}_3=\boldsymbol{e}_1.$$

也容易解出

$$\boldsymbol{e}_1=\boldsymbol{\beta}_3,\quad \boldsymbol{e}_2=\boldsymbol{\beta}_2-\boldsymbol{\beta}_3,\quad \boldsymbol{e}_3=\boldsymbol{\beta}_1-\boldsymbol{\beta}_2.$$

可见这两个向量组可以相互线性表示，因此它们是等价的向量组.

又如，向量组 $\boldsymbol{\alpha}_1=(0,0)^{\mathrm{T}}$，$\boldsymbol{\alpha}_2=(0,3)^{\mathrm{T}}$ 和向量组 $\boldsymbol{\beta}_1=(1,2)^{\mathrm{T}}$，$\boldsymbol{\beta}_2=(1,3)^{\mathrm{T}}$. 由于

$$\boldsymbol{\alpha}_1=0\boldsymbol{\beta}_1+0\boldsymbol{\beta}_2,\quad \boldsymbol{\alpha}_2=3\boldsymbol{\beta}_2-3\boldsymbol{\beta}_1,$$

所以向量组 $\boldsymbol{\alpha}_1,\boldsymbol{\alpha}_2$ 可由向量组 $\boldsymbol{\beta}_1,\boldsymbol{\beta}_2$ 线性表示. 但 $\boldsymbol{\beta}_1$ 的第一个分量是 1, 而 $\boldsymbol{\alpha}_1,\boldsymbol{\alpha}_2$ 的第一个分量全都是零, 所以它们的任何线性组合其第一个分量总是零, 故 $\boldsymbol{\beta}_1$ 不能由 $\boldsymbol{\alpha}_1,\boldsymbol{\alpha}_2$ 线性表示, 因此向量组 $\boldsymbol{\beta}_1,\boldsymbol{\beta}_2$ 不能由向量组 $\boldsymbol{\alpha}_1,\boldsymbol{\alpha}_2$ 线性表示, 即向量组 $\boldsymbol{\beta}_1,\boldsymbol{\beta}_2$ 与向量组 $\boldsymbol{\alpha}_1,\boldsymbol{\alpha}_2$ 不等价.

关于向量组的等价, 显然有下面三条性质.

性质 3.1　(1) **自反性**: 向量组 A 与其本身等价;

(2) **对称性**: 若向量组 A 与向量组 B 等价, 则向量组 B 与向量组 A 也等价;

(3) **传递性**: 若向量组 A 与向量组 B 等价, 向量组 B 与向量组 C 等价, 则向量组 A 与向量组 C 等价.

若把向量组 $A:\boldsymbol{\alpha}_1,\boldsymbol{\alpha}_2,\cdots,\boldsymbol{\alpha}_s$ 与向量组 $B:\boldsymbol{\beta}_1,\boldsymbol{\beta}_2,\cdots,\boldsymbol{\beta}_t$ 所构成的矩阵依次记作 $\boldsymbol{A}=(\boldsymbol{\alpha}_1,\boldsymbol{\alpha}_2,\cdots,\boldsymbol{\alpha}_s)$ 和 $\boldsymbol{B}=(\boldsymbol{\beta}_1,\boldsymbol{\beta}_2,\cdots,\boldsymbol{\beta}_t)$, A 组能由 B 组线性表示, 即对每个向量 $\boldsymbol{\alpha}_j$ 存在数 $k_{1j},k_{2j},\cdots,k_{tj}$, 使

$$\boldsymbol{\alpha}_j=k_{1j}\boldsymbol{\beta}_1+k_{2j}\boldsymbol{\beta}_2+\cdots+k_{tj}\boldsymbol{\beta}_t=(\boldsymbol{\beta}_1,\boldsymbol{\beta}_2,\cdots,\boldsymbol{\beta}_t)\begin{bmatrix}k_{1j}\\k_{2j}\\\vdots\\k_{tj}\end{bmatrix},\quad j=1,2,\cdots,s.$$

按矩阵的分块运算, 有

$$(\boldsymbol{\alpha}_1,\boldsymbol{\alpha}_2,\cdots,\boldsymbol{\alpha}_s)=(\boldsymbol{\beta}_1,\boldsymbol{\beta}_2,\cdots,\boldsymbol{\beta}_t)\begin{bmatrix}k_{11}&k_{12}&\cdots&k_{1s}\\k_{21}&k_{22}&\cdots&k_{2s}\\\vdots&\vdots&&\vdots\\k_{t1}&k_{t2}&\cdots&k_{ts}\end{bmatrix},\tag{3.1}$$

即

$$\boldsymbol{A}=\boldsymbol{BK}.\tag{3.2}$$

这里, 矩阵 $\boldsymbol{K}=(k_{ij})_{t\times s}$ 称为向量组 A 由向量组 B 线性表示的**系数矩阵**. 反之, 若存在矩阵 $\boldsymbol{K}=(k_{ij})_{t\times s}$ 使式(3.1)成立, 则向量组 A 能由向量组 B 线性表示. 综上所述得下面的结论.

定理 3.1　向量组 $A:\boldsymbol{\alpha}_1,\boldsymbol{\alpha}_2,\cdots,\boldsymbol{\alpha}_s$ 能由向量组 $B:\boldsymbol{\beta}_1,\boldsymbol{\beta}_2,\cdots,\boldsymbol{\beta}_t$ 线性表示的充分必要条件是存在矩阵 $\boldsymbol{K}=(k_{ij})_{t\times s}$ 使 $\boldsymbol{A}=\boldsymbol{BK}$, 这里矩阵 $\boldsymbol{A},\boldsymbol{B}$ 分别是由向量组 A 和向量组 B 构成的矩阵.

推论 1　行向量组 $A:\boldsymbol{\alpha}_1^{\mathrm{T}},\boldsymbol{\alpha}_2^{\mathrm{T}},\cdots,\boldsymbol{\alpha}_s^{\mathrm{T}}$ 能由行向量组 $B:\boldsymbol{\beta}_1^{\mathrm{T}},\boldsymbol{\beta}_2^{\mathrm{T}},\cdots,\boldsymbol{\beta}_t^{\mathrm{T}}$ 线性表示的充分必要条件是存在矩阵 $\boldsymbol{K}=(k_{ij})_{s\times t}$ 使 $\boldsymbol{A}=\boldsymbol{KB}$, 这里矩阵 $\boldsymbol{A},\boldsymbol{B}$ 分别是由行向量组 A 和行向量组 B 构成的矩阵.

定理 3.1 及推论 1 把向量组之间的线性关系与矩阵的乘法联系起来, 从而可由矩阵乘法去研究两向量组之间的线性关系. 特别地, 当式(3.2)中的矩阵 $\boldsymbol{K}$ 可逆时, 结合定理 2.3 推论 1, 又可得到矩阵等价与向量组等价之间及矩阵乘法的关

系，即下面的推论.

推论 2 若矩阵 $\boldsymbol{A}$ 与矩阵 $\boldsymbol{B}$ 列(行)等价，则矩阵 $\boldsymbol{A}$ 的列(行)向量组与矩阵 $\boldsymbol{B}$ 的列(行)向量组等价.

证 若矩阵 $\boldsymbol{A}$ 与矩阵 $\boldsymbol{B}$ 列等价，由定理 2.3 推论 1 知，存在可逆矩阵 $\boldsymbol{P}$，使

$$\boldsymbol{B}=\boldsymbol{AP}, \tag{3.3}$$

于是再由定理 3.1 得，矩阵 $\boldsymbol{B}$ 的列向量组可由矩阵 $\boldsymbol{A}$ 的列向量组线性表示. 由于矩阵 $\boldsymbol{P}$ 可逆，由式(3.3)可得

$$\boldsymbol{A}=\boldsymbol{BP}^{-1},$$

即矩阵 $\boldsymbol{A}$ 的列向量组也可由矩阵 $\boldsymbol{B}$ 的列向量组线性表示. 于是若矩阵 $\boldsymbol{A}$ 与矩阵 $\boldsymbol{B}$ 列等价，则矩阵 $\boldsymbol{A}$ 的列向量组与矩阵 $\boldsymbol{B}$ 的列向量组等价.

同理可证，即矩阵 $\boldsymbol{A}$ 与矩阵 $\boldsymbol{B}$ 行等价，则矩阵 $\boldsymbol{A}$ 的行向量组与矩阵 $\boldsymbol{B}$ 的行向量组等价.

证毕

注意 推论 2 的逆命题不一定成立. 也就是说即使矩阵 $\boldsymbol{A}$ 的列(行)向量组与矩阵 $\boldsymbol{B}$ 的列(行)向量组等价，矩阵 $\boldsymbol{A}$ 与 $\boldsymbol{B}$ 也不一定等价.

3.2.2 线性相关与线性无关的概念

定义 3.6 设有向量组 $\boldsymbol{\alpha}_1,\boldsymbol{\alpha}_2,\cdots,\boldsymbol{\alpha}_m$，如果存在一组不全为零的数 $k_1,k_2,\cdots,k_m$ 使

$$k_1\boldsymbol{\alpha}_1+k_2\boldsymbol{\alpha}_2+\cdots+k_m\boldsymbol{\alpha}_m=\boldsymbol{0},$$

则称向量组 $\boldsymbol{\alpha}_1,\boldsymbol{\alpha}_2,\cdots,\boldsymbol{\alpha}_m$ **线性相关**，反之，仅当 $k_1=k_2=\cdots=k_m=0$ 时，才有

$$k_1\boldsymbol{\alpha}_1+k_2\boldsymbol{\alpha}_2+\cdots+k_m\boldsymbol{\alpha}_m=\boldsymbol{0}$$

成立，则称这个向量组**线性无关**.

例 3.1 讨论向量组 $\boldsymbol{\alpha}_1=(2,-1,1)^{\mathrm{T}},\boldsymbol{\alpha}_2=(1,0,1)^{\mathrm{T}},\boldsymbol{\alpha}_3=(1,-2,-1)^{\mathrm{T}}$ 的线性相关性.

解 设有一组数 k_1,k_2,k_3，使 $k_1\boldsymbol{\alpha}_1+k_2\boldsymbol{\alpha}_2+k_3\boldsymbol{\alpha}_3=\boldsymbol{0}$，即

$$\begin{cases}2k_1+k_2+k_3=0,\\-k_1-2k_3=0,\\k_1+k_2-k_3=0.\end{cases}$$

解此方程组得 $k_1=-2k_3,k_2=3k_3$，令 $k_3=1$，于是有

$$-2\boldsymbol{\alpha}_1+3\boldsymbol{\alpha}_2+\boldsymbol{\alpha}_3=\boldsymbol{0}.$$

所以 $\boldsymbol{\alpha}_1,\boldsymbol{\alpha}_2,\boldsymbol{\alpha}_3$ 线性相关.

例 3.2 讨论 n 维向量 $\boldsymbol{e}_1=(1,0,\cdots,0)^{\mathrm{T}},\boldsymbol{e}_2=(0,1,\cdots,0)^{\mathrm{T}},\cdots,\boldsymbol{e}_n=(0,0,\cdots,1)^{\mathrm{T}}$ 组成的向量组的线性相关性.

解 设有一组数 $k_1,k_2,\cdots,k_n$，使

$$k_1\boldsymbol{e}_1+k_2\boldsymbol{e}_2+\cdots+k_n\boldsymbol{e}_n=\boldsymbol{0},$$

即$(k_1,k_2,\cdots,k_n)=(0,0,\cdots,0)$. 于是仅当$k_1=k_2=\cdots=k_n=0$时,才有$k_1\boldsymbol{e}_1+k_2\boldsymbol{e}_2+\cdots+k_n\boldsymbol{e}_n=\boldsymbol{0}$,从而$\boldsymbol{e}_1,\boldsymbol{e}_2,\cdots,\boldsymbol{e}_n$线性无关.

向量组$\boldsymbol{e}_1=(1,0,\cdots,0)^{\mathrm{T}},\boldsymbol{e}_2=(0,1,\cdots,0)^{\mathrm{T}},\cdots,\boldsymbol{e}_n=(0,0,\cdots,1)^{\mathrm{T}}$称为$n$**维单位坐标向量组**.

例 3.3　若矩阵$\boldsymbol{A}=(\boldsymbol{\alpha}_1,\boldsymbol{\alpha}_2,\cdots,\boldsymbol{\alpha}_n)$经过初等行变换化为矩阵$\boldsymbol{B}=(\boldsymbol{\beta}_1,\boldsymbol{\beta}_2,\cdots,\boldsymbol{\beta}_n)$,证明矩阵$\boldsymbol{A}$的列向量组$\boldsymbol{\alpha}_1,\boldsymbol{\alpha}_2,\cdots,\boldsymbol{\alpha}_n$与矩阵$\boldsymbol{B}$的列向量组$\boldsymbol{\beta}_1,\boldsymbol{\beta}_2,\cdots,\boldsymbol{\beta}_n$有相同的线性相关性.

证　因矩阵$\boldsymbol{A}$经过初等行变换化为矩阵$\boldsymbol{B}$,由定理2.3推论1知,存在可逆矩阵$\boldsymbol{P}$,使得$\boldsymbol{PA}=\boldsymbol{B}$,即$\boldsymbol{P\alpha}_i=\boldsymbol{\beta}_i(i=1,2,\cdots,n)$.

若矩阵$\boldsymbol{A}$的列向量组$\boldsymbol{\alpha}_1,\boldsymbol{\alpha}_2,\cdots,\boldsymbol{\alpha}_n$线性相关,则有一组不全为零的数$k_1,k_2,\cdots,k_n$,使

$$k_1\boldsymbol{\alpha}_1+k_2\boldsymbol{\alpha}_2+\cdots+k_n\boldsymbol{\alpha}_n=\boldsymbol{0},\tag{3.4}$$

在式(3.4)两边同左乘矩阵$\boldsymbol{P}$得

$$k_1(\boldsymbol{P\alpha}_1)+k_2(\boldsymbol{P\alpha}_2)+\cdots+k_n(\boldsymbol{P\alpha}_n)=\boldsymbol{0},$$

即

$$k_1\boldsymbol{\beta}_1+k_2\boldsymbol{\beta}_2+\cdots+k_n\boldsymbol{\beta}_n=\boldsymbol{0},$$

所以$\boldsymbol{\beta}_1,\boldsymbol{\beta}_2,\cdots,\boldsymbol{\beta}_n$线性相关.

反之,若矩阵$\boldsymbol{B}$的列向量组$\boldsymbol{\beta}_1,\boldsymbol{\beta}_2,\cdots,\boldsymbol{\beta}_n$线性相关,则有一组不全为零的数$l_1,l_2,\cdots,l_n$,使

$$l_1\boldsymbol{\beta}_1+l_2\boldsymbol{\beta}_2+\cdots+l_n\boldsymbol{\beta}_n=\boldsymbol{0},\tag{3.5}$$

在式(3.5)两边同左乘矩阵$\boldsymbol{P}^{-1}$得

$$l_1(\boldsymbol{P}^{-1}\boldsymbol{\beta}_1)+l_2(\boldsymbol{P}^{-1}\boldsymbol{\beta}_2)+\cdots+l_n(\boldsymbol{P}^{-1}\boldsymbol{\beta}_n)=\boldsymbol{0},$$

亦

$$l_1\boldsymbol{\alpha}_1+l_2\boldsymbol{\alpha}_2+\cdots+l_n\boldsymbol{\alpha}_n=\boldsymbol{0}.$$

故$\boldsymbol{\alpha}_1,\boldsymbol{\alpha}_2,\cdots,\boldsymbol{\alpha}_n$也线性相关.

于是矩阵$\boldsymbol{A}$的列向量组$\boldsymbol{\alpha}_1,\boldsymbol{\alpha}_2,\cdots,\boldsymbol{\alpha}_n$与矩阵$\boldsymbol{B}$的列向量组$\boldsymbol{\beta}_1,\boldsymbol{\beta}_2,\cdots,\boldsymbol{\beta}_n$有相同的线性相关性. 进而得$\boldsymbol{\alpha}_1,\boldsymbol{\alpha}_2,\cdots,\boldsymbol{\alpha}_n$与$\boldsymbol{\beta}_1,\boldsymbol{\beta}_2,\cdots,\boldsymbol{\beta}_n$之间及它们相对应的部分组之间均有相同的线性关系.

3.2.3　线性相关性的判定

定理 3.2　向量组$\boldsymbol{\alpha}_1,\boldsymbol{\alpha}_2,\cdots,\boldsymbol{\alpha}_m(m\geqslant 2)$线性相关的充要条件是$\boldsymbol{\alpha}_1,\boldsymbol{\alpha}_2,\cdots,\boldsymbol{\alpha}_m$中至少有一个向量可由其余$m-1$个向量线性表示.

证　充分性. 不妨设$\boldsymbol{\alpha}_m$可由$\boldsymbol{\alpha}_1,\boldsymbol{\alpha}_2,\cdots,\boldsymbol{\alpha}_{m-1}$线性表示,即存在一组数$k_1,k_2,\cdots,k_{m-1}$,使

$$\boldsymbol{\alpha}_m=k_1\boldsymbol{\alpha}_1+k_2\boldsymbol{\alpha}_2+\cdots+k_{m-1}\boldsymbol{\alpha}_{m-1},$$

即

$$k_1\boldsymbol{\alpha}_1+k_2\boldsymbol{\alpha}_2+\cdots+k_{m-1}\boldsymbol{\alpha}_{m-1}+(-1)\boldsymbol{\alpha}_m=\mathbf{0}.$$

因 $k_1,k_2,\cdots,k_{m-1},-1$ 中至少-1不为零,所以 $\boldsymbol{\alpha}_1,\boldsymbol{\alpha}_2,\cdots,\boldsymbol{\alpha}_m$ 线性相关.

必要性. 设 $\boldsymbol{\alpha}_1,\boldsymbol{\alpha}_2,\cdots,\boldsymbol{\alpha}_m$ 线性相关,即存在一组不全为零的数 $k_1,k_2,\cdots,k_m$,使

$$k_1\boldsymbol{\alpha}_1+k_2\boldsymbol{\alpha}_2+\cdots+k_m\boldsymbol{\alpha}_m=\mathbf{0}.$$

不妨设 $k_1\neq0$,则有

$$\boldsymbol{\alpha}_1=\left(-\frac{k_2}{k_1}\right)\boldsymbol{\alpha}_2+\cdots+\left(-\frac{k_m}{k_1}\right)\boldsymbol{\alpha}_m,$$

即 $\boldsymbol{\alpha}_1$ 可由其余 $m-1$ 个向量线性表示. **证毕**

定理 3.2 揭示了线性相关与线性表示之间的联系,用线性表示从另一个侧面刻画线性相关.

由定理 3.2 知向量组 $\boldsymbol{\alpha}_1,\boldsymbol{\alpha}_2$ 线性相关的充要条件是至少有一个向量可由另一个向量线性表示,不妨设存在数 k,使 $\boldsymbol{\alpha}_1=k\boldsymbol{\alpha}_2$,即 $\boldsymbol{\alpha}_1$ 与 $\boldsymbol{\alpha}_2$ 的对应分量成比例. 由此可知,两个几何向量线性相关的几何意义是它们共线. 类似地,三个几何向量构成的向量组线性相关的几何意义是它们共面.

定理 3.3 设有 $n\times m$ 型矩阵:

$$\boldsymbol{A}=\begin{bmatrix}a_{11}&a_{12}&\cdots&a_{1m}\\a_{21}&a_{22}&\cdots&a_{2m}\\\vdots&\vdots&&\vdots\\a_{n1}&a_{n2}&\cdots&a_{nm}\end{bmatrix},$$

则 $\boldsymbol{A}$ 的列向量组

$$\boldsymbol{\alpha}_1=\begin{bmatrix}a_{11}\\a_{21}\\\vdots\\a_{n1}\end{bmatrix},\quad\boldsymbol{\alpha}_2=\begin{bmatrix}a_{12}\\a_{22}\\\vdots\\a_{n2}\end{bmatrix},\quad\cdots,\quad\boldsymbol{\alpha}_m=\begin{bmatrix}a_{1m}\\a_{2m}\\\vdots\\a_{nm}\end{bmatrix}$$

线性相关的充分必要条件是 $R(\boldsymbol{A})<m$,即 $\boldsymbol{A}$ 的秩小于 $\boldsymbol{A}$ 的列数.

其等价命题是矩阵 $\boldsymbol{A}$ 的列向量组线性无关的充分必要条件是 $R(\boldsymbol{A})=m$,即 $\boldsymbol{A}$ 的秩等于 $\boldsymbol{A}$ 的列数.

证 必要性. 若 $\boldsymbol{\alpha}_1,\boldsymbol{\alpha}_2,\cdots,\boldsymbol{\alpha}_m$ 线性相关. 当 $m=1$ 时,由线性相关定义得,存在数 $k_1\neq0$,$k_1\boldsymbol{\alpha}_1=\mathbf{0}$,由此得 $\boldsymbol{\alpha}_1=\mathbf{0}$,故 $R(\boldsymbol{A})=0<1$ 结论成立.

当 $m>1$ 时,由定理 3.2,向量组 $\boldsymbol{\alpha}_1,\boldsymbol{\alpha}_2,\cdots,\boldsymbol{\alpha}_m$ 内至少有一个向量可由其余 $m-1$个向量线性表示. 不妨设

$$\boldsymbol{\alpha}_m=k_1\boldsymbol{\alpha}_1+k_2\boldsymbol{\alpha}_2+\cdots+k_{m-1}\boldsymbol{\alpha}_{m-1},$$

对 $\boldsymbol{A}$ 施行初等列变换:

$$\boldsymbol{A}=(\boldsymbol{\alpha}_1,\boldsymbol{\alpha}_2,\cdots,\boldsymbol{\alpha}_m)\xrightarrow{c_m+(-k_1)c_1+(-k_2)c_2+\cdots+(-k_{m-1})c_{m-1}}(\boldsymbol{\alpha}_1,\boldsymbol{\alpha}_2,\cdots,\boldsymbol{\alpha}_{m-1},\mathbf{0})=\boldsymbol{B},$$

由定理2.4知$R(\boldsymbol{A})=R(\boldsymbol{B})\leqslant m-1<m$.

充分性. 设$R(\boldsymbol{A})=r<m$,由定理2.2,矩阵$\boldsymbol{A}$与其列阶梯形矩阵$(\boldsymbol{A}_1,\boldsymbol{O})$列等价,其中$\boldsymbol{A}_1$的列数为$r$. 再由定理2.3推论1知,存在可逆矩阵$\boldsymbol{P}$使

$$\boldsymbol{AP}=(\boldsymbol{A}_1,\boldsymbol{O}).$$

根据定理3.1,矩阵$(\boldsymbol{A}_1,\boldsymbol{O})$中的第$r+1$列,即零向量$\boldsymbol{0}$可由$\boldsymbol{A}$的列向量组线性表示,其表示系数为矩阵$\boldsymbol{P}$的第$r+1$列$\boldsymbol{p}_{r+1}=(p_{1,r+1},p_{2,r+1},\cdots,p_{m,r+1})^{\mathrm{T}}$,亦即

$$p_{1,r+1}\boldsymbol{\alpha}_1+p_{2,r+1}\boldsymbol{\alpha}_2+\cdots+p_{m,r+1}\boldsymbol{\alpha}_m=\boldsymbol{0}. \tag{3.6}$$

因$\boldsymbol{P}$可逆,所以$\boldsymbol{p}_{r+1}\neq\boldsymbol{0}$,也就是$p_{1,r+1},p_{2,r+1},\cdots,p_{m,r+1}$不全为零,使式(3.6)成立,故$\boldsymbol{\alpha}_1,\boldsymbol{\alpha}_2,\cdots,\boldsymbol{\alpha}_m$线性相关.　　**证毕**

定理3.3刻画了向量组线性无关与列满秩矩阵之间的联系,使得我们能把关于向量组$\boldsymbol{\alpha}_1,\boldsymbol{\alpha}_2,\cdots,\boldsymbol{\alpha}_m$的线性相关性的讨论转化成关于该向量组构成的矩阵的秩是否等于其列数的讨论.

同理可证,$\boldsymbol{A}$的行向量组线性相关的充分必要条件为$R(\boldsymbol{A})$小于$\boldsymbol{A}$的行数.

特别地,当$\boldsymbol{A}$为m阶方阵时,$\boldsymbol{\alpha}_1,\boldsymbol{\alpha}_2,\cdots,\boldsymbol{\alpha}_m$线性相关的充分必要条件是$|\boldsymbol{A}|=0$.

推论1　若向量组的某一个部分组线性相关,则此向量组一定线性相关.

其等价命题是:若向量组线性无关,则它的任何部分组都线性无关.

证　设向量组$\boldsymbol{\alpha}_1,\boldsymbol{\alpha}_2,\cdots,\boldsymbol{\alpha}_s$中有$r(r\leqslant s)$个向量组成的部分组线性相关,不妨设$\boldsymbol{\alpha}_1,\boldsymbol{\alpha}_2,\cdots,\boldsymbol{\alpha}_r$线性相关,记矩阵

$$\boldsymbol{A}=(\boldsymbol{\alpha}_1,\boldsymbol{\alpha}_2,\cdots,\boldsymbol{\alpha}_r,\cdots,\boldsymbol{\alpha}_s),\quad \boldsymbol{A}_1=(\boldsymbol{\alpha}_1,\boldsymbol{\alpha}_2,\cdots,\boldsymbol{\alpha}_r),$$

则$R(\boldsymbol{A}_1)<r$. 又根据性质2.9(5)有

$$R(\boldsymbol{A})\leqslant R(\boldsymbol{A}_1)+(s-r)<r+(s-r)=s.$$

故由定理3.3知,向量组$\boldsymbol{\alpha}_1,\boldsymbol{\alpha}_2,\cdots,\boldsymbol{\alpha}_s$线性相关.　　**证毕**

推论2　给定向量组$\boldsymbol{\alpha}_1,\boldsymbol{\alpha}_2,\cdots,\boldsymbol{\alpha}_m$,若将其每个向量都添加若干个具有相同序号的分量,形成向量组$\boldsymbol{\beta}_1,\boldsymbol{\beta}_2,\cdots,\boldsymbol{\beta}_m$,则当$\boldsymbol{\alpha}_1,\boldsymbol{\alpha}_2,\cdots,\boldsymbol{\alpha}_m$线性无关时,向量组$\boldsymbol{\beta}_1,\boldsymbol{\beta}_2,\cdots,\boldsymbol{\beta}_m$也线性无关.

证　设向量$\boldsymbol{\alpha}_j$是r维的,且$\boldsymbol{\alpha}_j=(a_{1j},a_{2j},\cdots,a_{rj})^{\mathrm{T}}$,不妨在每个$\boldsymbol{\alpha}_j$中添加$s$个分量,形成的$r+s$维向量记作$\boldsymbol{\beta}_j=(a_{1j},a_{2j},\cdots,a_{rj},a_{r+1,j},\cdots,a_{r+s,j})^{\mathrm{T}}$,$j=1,2,\cdots,m$. 令

$$\boldsymbol{B}=(\boldsymbol{\beta}_1,\boldsymbol{\beta}_2,\cdots,\boldsymbol{\beta}_m)=\begin{bmatrix} a_{11} & a_{12} & \cdots & a_{1m}\\ a_{21} & a_{22} & \cdots & a_{2m}\\ \vdots & \vdots & & \vdots\\ a_{r1} & a_{r2} & \cdots & a_{rm}\\ a_{r+1,1} & a_{r+1,2} & \cdots & a_{r+1,m}\\ \vdots & \vdots & & \vdots\\ a_{r+s,1} & a_{r+s,2} & \cdots & a_{r+s,m}\end{bmatrix},$$

$$\boldsymbol{A}=(\boldsymbol{\alpha}_1,\boldsymbol{\alpha}_2,\cdots,\boldsymbol{\alpha}_m)=\begin{bmatrix} a_{11} & a_{12} & \cdots & a_{1m} \\ a_{21} & a_{22} & \cdots & a_{2m} \\ \vdots & \vdots & & \vdots \\ a_{r1} & a_{r2} & \cdots & a_{rm} \end{bmatrix}.$$

因 $\boldsymbol{\alpha}_1,\boldsymbol{\alpha}_2,\cdots,\boldsymbol{\alpha}_m$ 线性无关，由定理 3.3 得 $R(\boldsymbol{A})=m$，于是

$$m\geqslant R(\boldsymbol{B})\geqslant R(\boldsymbol{A})=m.$$

故 $R(\boldsymbol{B})=m$. 再由定理 3.3 知 $\boldsymbol{\beta}_1,\boldsymbol{\beta}_2,\cdots,\boldsymbol{\beta}_m$ 线性无关.　　**证毕**

推论 2 的等价说法即为：若一个由 r 维的向量构成的向量组线性无关，那么在这个向量组的每个向量上添加具有相同序号的 s 个分量，形成的 $r+s$ 维的向量构成的向量组也线性无关.

推论 3　设 $\boldsymbol{\alpha}_1,\boldsymbol{\alpha}_2,\cdots,\boldsymbol{\alpha}_m$ 是 m 个 n 维向量，如果 $m>n$，那么向量组 $\boldsymbol{\alpha}_1,\boldsymbol{\alpha}_2,\cdots,\boldsymbol{\alpha}_m$ 必定线性相关.

其等价说法为：若一向量组所含向量的个数大于其向量的维数，则此向量组一定线性相关.

证　设矩阵 $\boldsymbol{A}=(\boldsymbol{\alpha}_1,\boldsymbol{\alpha}_2,\cdots,\boldsymbol{\alpha}_m)$，因为 $\boldsymbol{\alpha}_1,\boldsymbol{\alpha}_2,\cdots,\boldsymbol{\alpha}_m$ 均是 n 维向量，所以 $\boldsymbol{A}$ 是 $n\times m$ 矩阵，于是 $R(\boldsymbol{A})\leqslant n<m$. 由定理 3.3 知 $\boldsymbol{\alpha}_1,\boldsymbol{\alpha}_2,\cdots,\boldsymbol{\alpha}_m$ 线性相关.　　**证毕**

例 3.4　讨论下列矩阵的列向量组的线性相关性.

$$\boldsymbol{A}=\begin{bmatrix} 1 & -1 & 5 & 2 \\ 0 & 2 & 6 & 4 \\ -1 & 1 & -3 & 0 \\ 2 & 0 & 4 & -4 \\ 0 & 0 & 1 & 1 \end{bmatrix},\quad \boldsymbol{B}=\begin{bmatrix} 1 & 0 & 0 \\ 0 & 1 & 0 \\ 0 & 0 & 1 \\ 2 & -3 & 5 \\ -1 & 0 & 8 \end{bmatrix},\quad \boldsymbol{C}=\begin{bmatrix} 1 & 2 & 3 & 7 \\ 3 & 2 & 1 & 2 \\ 3 & 4 & 5 & 8 \end{bmatrix},$$

$$\boldsymbol{P}=\begin{bmatrix} 1 & 2 & 3 \\ 2 & 2 & 1 \\ 3 & 4 & 3 \end{bmatrix},\quad \boldsymbol{Q}=\begin{bmatrix} 1 & 2 & 0 & -5 \\ 2 & 4 & 1 & 7 \\ 3 & 6 & -2 & 0 \\ 4 & 8 & 4 & 3 \end{bmatrix}.$$

解

$$\boldsymbol{A}\xrightarrow[\frac{1}{2}r_4]{\frac{1}{2}r_2}\begin{bmatrix} 1 & -1 & 5 & 2 \\ 0 & 1 & 3 & 2 \\ -1 & 1 & -3 & 0 \\ 1 & 0 & 2 & -2 \\ 0 & 0 & 1 & 1 \end{bmatrix}\xrightarrow[r_4-r_1]{r_3+r_1}\begin{bmatrix} 1 & -1 & 5 & 2 \\ 0 & 1 & 3 & 2 \\ 0 & 0 & 2 & 2 \\ 0 & 1 & -3 & -4 \\ 0 & 0 & 1 & 1 \end{bmatrix}$$

$$\xrightarrow[r_3\leftrightarrow r_5]{r_4-r_2}\begin{bmatrix}1&-1&5&2\\0&1&3&2\\0&0&1&1\\0&0&-6&-6\\0&0&2&2\end{bmatrix}\xrightarrow[r_5-2r_3]{r_4+6r_3}\begin{bmatrix}1&-1&5&2\\0&1&3&2\\0&0&1&1\\0&0&0&0\\0&0&0&0\end{bmatrix}.$$

因为$R(\boldsymbol{A})=3<4$,由定理 3.3 得:矩阵$\boldsymbol{A}$的列向量组线性相关.

矩阵$\boldsymbol{B}$的列向量组是在线性无关的向量组$\boldsymbol{e}_1=(1,0,0)^{\mathrm{T}},\boldsymbol{e}_2=(0,1,0)^{\mathrm{T}},\boldsymbol{e}_3=(0,0,1)^{\mathrm{T}}$的每个向量上添加序号分别为 4,5 的 2 个分量而构成的向量组,由定理 3.3 的推论 2 知,矩阵$\boldsymbol{B}$的列向量组线性无关.

矩阵$\boldsymbol{C}$的列向量组所含向量的个数 4 大于其向量的维数 3,由定理 3.3 的推论 3 知,$\boldsymbol{C}$的列向量组线性相关.

因为矩阵$\boldsymbol{P}$的行列式$|\boldsymbol{P}|=2\neq0$,由定理 3.3 得,$\boldsymbol{P}$的列向量组线性无关.

因为矩阵$\boldsymbol{Q}$的列向量组的部分组$\boldsymbol{\alpha}_1=(1,2,3,4)^{\mathrm{T}},\boldsymbol{\alpha}_2=(2,4,6,8)^{\mathrm{T}}$线性相关,由定理 3.3 的推论 1 知,$\boldsymbol{Q}$的列向量组线性相关.

例 3.5 已知向量组$\boldsymbol{\alpha}_1,\boldsymbol{\alpha}_2,\boldsymbol{\alpha}_3,\boldsymbol{\alpha}_4$线性无关,且$\boldsymbol{\beta}_1=\boldsymbol{\alpha}_1-\boldsymbol{\alpha}_2,\boldsymbol{\beta}_2=\boldsymbol{\alpha}_2-\boldsymbol{\alpha}_3+\boldsymbol{\alpha}_4,\boldsymbol{\beta}_3=\boldsymbol{\alpha}_3+2\boldsymbol{\alpha}_4,\boldsymbol{\beta}_4=3\boldsymbol{\alpha}_3-\boldsymbol{\alpha}_4$,试讨论$\boldsymbol{\beta}_1,\boldsymbol{\beta}_2,\boldsymbol{\beta}_3,\boldsymbol{\beta}_4$的线性相关性.

解 由条件知

$$(\boldsymbol{\beta}_1,\boldsymbol{\beta}_2,\boldsymbol{\beta}_3,\boldsymbol{\beta}_4)=(\boldsymbol{\alpha}_1,\boldsymbol{\alpha}_2,\boldsymbol{\alpha}_3,\boldsymbol{\alpha}_4)\begin{bmatrix}1&0&0&0\\-1&1&0&0\\0&-1&1&3\\0&1&2&-1\end{bmatrix},$$

记作$\boldsymbol{B}=\boldsymbol{AK}$. 由$|\boldsymbol{K}|=-7\neq0$,知矩阵$\boldsymbol{K}$可逆,根据性质 2.9(7)知$R(\boldsymbol{B})=R(\boldsymbol{A})$. 因为矩阵$\boldsymbol{A}$的列向量组线性无关,由定理 3.3 知$R(\boldsymbol{A})=4$,从而$R(\boldsymbol{B})=4$,再由定理 3.3 知矩阵$\boldsymbol{B}$的列向量组$\boldsymbol{\beta}_1,\boldsymbol{\beta}_2,\boldsymbol{\beta}_3,\boldsymbol{\beta}_4$线性无关.

定理 3.4 设向量组$\boldsymbol{\alpha}_1,\boldsymbol{\alpha}_2,\cdots,\boldsymbol{\alpha}_m$线性无关,而向量组$\boldsymbol{\alpha}_1,\boldsymbol{\alpha}_2,\cdots,\boldsymbol{\alpha}_m,\boldsymbol{\beta}$线性相关,则$\boldsymbol{\beta}$可由$\boldsymbol{\alpha}_1,\boldsymbol{\alpha}_2,\cdots,\boldsymbol{\alpha}_m$线性表示,且表示方法唯一.

证 因$\boldsymbol{\alpha}_1,\boldsymbol{\alpha}_2,\cdots,\boldsymbol{\alpha}_m,\boldsymbol{\beta}$线性相关,故存在不全为零的数$k_1,k_2,\cdots,k_m,k$,使

$$k_1\boldsymbol{\alpha}_1+k_2\boldsymbol{\alpha}_2+\cdots+k_m\boldsymbol{\alpha}_m+k\boldsymbol{\beta}=\mathbf{0}.$$

如果$k=0$,则有不全为零的数$k_1,k_2,\cdots,k_m$,使

$$k_1\boldsymbol{\alpha}_1+k_2\boldsymbol{\alpha}_2+\cdots+k_m\boldsymbol{\alpha}_m=\mathbf{0},$$

这与$\boldsymbol{\alpha}_1,\boldsymbol{\alpha}_2,\cdots,\boldsymbol{\alpha}_m$线性无关矛盾,故$k\neq0$,从而有

$$\boldsymbol{\beta}=-\frac{k_1}{k}\boldsymbol{\alpha}_1-\frac{k_2}{k}\boldsymbol{\alpha}_2-\cdots-\frac{k_m}{k}\boldsymbol{\alpha}_m,$$

即$\boldsymbol{\beta}$可由$\boldsymbol{\alpha}_1,\boldsymbol{\alpha}_2,\cdots,\boldsymbol{\alpha}_m$线性表示.

再证表示法唯一. 如有两种表示法

$$\boldsymbol{\beta}=k_1\boldsymbol{\alpha}_1+k_2\boldsymbol{\alpha}_2+\cdots+k_m\boldsymbol{\alpha}_m,$$
$$\boldsymbol{\beta}=k_1'\boldsymbol{\alpha}_1+k_2'\boldsymbol{\alpha}_2+\cdots+k_m'\boldsymbol{\alpha}_m.$$

两式相减得

$$(k_1-k_1')\boldsymbol{\alpha}_1+(k_2-k_2')\boldsymbol{\alpha}_2+\cdots+(k_m-k_m')\boldsymbol{\alpha}_m=\boldsymbol{0}.$$

因为 $\boldsymbol{\alpha}_1,\boldsymbol{\alpha}_2,\cdots,\boldsymbol{\alpha}_m$ 线性无关,所以 $k_i=k_i'(i=1,2,\cdots,m)$. **证毕**

例 3.6 设向量组 $\boldsymbol{\alpha}_1,\boldsymbol{\alpha}_2,\boldsymbol{\alpha}_3$ 线性相关,$\boldsymbol{\alpha}_2,\boldsymbol{\alpha}_3,\boldsymbol{\alpha}_4$ 线性无关. 证明 $\boldsymbol{\alpha}_1$ 能由 $\boldsymbol{\alpha}_2$,$\boldsymbol{\alpha}_3$ 线性表示.

解 因为 $\boldsymbol{\alpha}_2,\boldsymbol{\alpha}_3,\boldsymbol{\alpha}_4$ 线性无关,所以由定理 3.3 的推论 1 得 $\boldsymbol{\alpha}_2,\boldsymbol{\alpha}_3$ 线性无关,而 $\boldsymbol{\alpha}_1,\boldsymbol{\alpha}_2,\boldsymbol{\alpha}_3$ 线性相关,故由定理 3.4 得 $\boldsymbol{\alpha}_1$ 能由 $\boldsymbol{\alpha}_2,\boldsymbol{\alpha}_3$ 线性表示(且表示法唯一).

3.3 向量组的秩

本节将引入向量组秩的概念及向量组的秩与矩阵秩的关系,它们是后面全面地讨论线性方程组解的理论之基础.

3.3.1 向量组的最大线性无关组和秩

由定理 3.3 的推论 1 知对于一个线性相关的向量组,其部分向量组可能线性相关也可能线性无关. 考察下面例子.

例 3.7 设有向量组

$$\boldsymbol{\alpha}_1=\begin{bmatrix}2\\3\\-5\end{bmatrix},\quad \boldsymbol{\alpha}_2=\begin{bmatrix}0\\1\\3\end{bmatrix},\quad \boldsymbol{\alpha}_3=\begin{bmatrix}2\\2\\-8\end{bmatrix},$$

容易验证 $\boldsymbol{\alpha}_1,\boldsymbol{\alpha}_2,\boldsymbol{\alpha}_3$ 线性相关,而由此向量组中任何两个向量构成的部分向量组都是线性无关的,所以该向量组的线性无关向量组中所含向量的个数最多为 2.

定义 3.7 在向量组 A 中选取 r 个向量 $\boldsymbol{\alpha}_1,\boldsymbol{\alpha}_2,\cdots,\boldsymbol{\alpha}_r$,如果满足

(1) 向量组 $A_0:\boldsymbol{\alpha}_1,\boldsymbol{\alpha}_2,\cdots,\boldsymbol{\alpha}_r$ 线性无关;

(2) 向量组 A 中的任意 $r+1$ 个向量(如果 A 中有 $r+1$ 个向量)都线性相关.

则称向量组 $\boldsymbol{\alpha}_1,\boldsymbol{\alpha}_2,\cdots,\boldsymbol{\alpha}_r$ 为向量组 A 的一个**最大线性无关向量组**(简称**最大无关组**).

若 $A_0:\boldsymbol{\alpha}_1,\boldsymbol{\alpha}_2,\cdots,\boldsymbol{\alpha}_r$ 是向量组 A 的最大线性无关组,由定义 3.7 及定理 3.4 知向量组 A 的任意向量均可由 $\boldsymbol{\alpha}_1,\boldsymbol{\alpha}_2,\cdots,\boldsymbol{\alpha}_r$ 线性表示;另外,若 $A_0:\boldsymbol{\alpha}_1,\boldsymbol{\alpha}_2,\cdots,\boldsymbol{\alpha}_r$ 是向量组 A 的线性无关组,向量组 A 的任意向量均可由 $\boldsymbol{\alpha}_1,\boldsymbol{\alpha}_2,\cdots,\boldsymbol{\alpha}_r$ 线性表示,可以证明向量组 A 中的任意 $r+1$ 个向量 $\boldsymbol{\beta}_1,\boldsymbol{\beta}_2,\cdots,\boldsymbol{\beta}_{r+1}$(如果 A 中的有 $r+1$ 个向量)都线性相关. 事实上,记 $\boldsymbol{\beta}_1,\boldsymbol{\beta}_2,\cdots,\boldsymbol{\beta}_{r+1}$ 构成的矩阵为 $\boldsymbol{B}$,向量组 A_0 构成的矩阵

为 $\boldsymbol{A}_0$，由定理 3.1，存在矩阵 $\boldsymbol{K}$ 使 $\boldsymbol{B}=\boldsymbol{A}_0\boldsymbol{K}$. 根据性质 2.9 及定理 3.3 有$R(\boldsymbol{B})\leqslant R(\boldsymbol{A}_0)=r<r+1$，再由定理 3.3 得 $\boldsymbol{\beta}_1,\boldsymbol{\beta}_2,\cdots,\boldsymbol{\beta}_{r+1}$ 线性相关. 由此得最大无关组的等价定义.

定义 3.7′　在向量组 A 中选取 r 个向量 $\boldsymbol{\alpha}_1,\boldsymbol{\alpha}_2,\cdots,\boldsymbol{\alpha}_r$ 组成的向量组 A_0 称为 A 的一个最大无关组，若 A_0 满足：

(1) 向量组 A_0 线性无关；

(2) 向量组 A 中任一向量都可由向量组 A_0 线性表示.

由最大无关组定义可知，例 3.7 中由其中任何两个向量构成的部分组都是该向量组的最大无关组.

由此可知，一个向量组若线性相关，其最大无关组一般是不唯一的；一个向量组若线性无关，则其最大无关组就是它本身，此时最大无关组是唯一的.

由定义 3.7′知，一个向量组与它自己的任一最大无关组总是等价的. 进而**一个向量组的任意两个最大无关组也是等价的.**

例 3.7 中的向量组的最大无关组是不唯一的，但向量组的任一最大无关组所含向量的个数是相同的，均为 2. 这并不是偶然的，可以证明，任意向量组它的所有最大无关组所含向量个数肯定相同. 为证明此结论，先证明下面定理 3.5.

定理 3.5　设有两个向量组

$$A:\boldsymbol{\alpha}_1,\boldsymbol{\alpha}_2,\cdots,\boldsymbol{\alpha}_s;\quad B:\boldsymbol{\beta}_1,\boldsymbol{\beta}_2,\cdots,\boldsymbol{\beta}_t.$$

如果向量组 A 线性无关，且可由向量组 B 线性表示，则 $s\leqslant t$.

证　设矩阵 $\boldsymbol{A}=(\boldsymbol{\alpha}_1,\boldsymbol{\alpha}_2,\cdots,\boldsymbol{\alpha}_s)$，矩阵 $\boldsymbol{B}=(\boldsymbol{\beta}_1,\boldsymbol{\beta}_2,\cdots,\boldsymbol{\beta}_t)$，因为向量组 A 可由向量组 B 线性表示，所以存在矩阵 $\boldsymbol{K}=(k_{ij})$，使 $\boldsymbol{A}=\boldsymbol{B}\boldsymbol{K}$. 因为向量组 A 线性无关，由定理 3.3 及性质 2.9 得

$$s=R(\boldsymbol{A})\leqslant R(\boldsymbol{B})\leqslant t.$$

证毕

由定理 3.5 可知，若向量组 $A:\boldsymbol{\alpha}_1,\boldsymbol{\alpha}_2,\cdots,\boldsymbol{\alpha}_s$ 和 $B:\boldsymbol{\beta}_1,\boldsymbol{\beta}_2,\cdots,\boldsymbol{\beta}_t$ 都线性无关，且向量组 A 和向量组 B 等价，则 $s=t$. 进而，同一个向量组的任意两个最大无关组所含向量的个数相同，即向量组的最大无关组所含向量的个数由这个向量组唯一确定.

定义 3.8　向量组的最大无关组所含向量的个数称为这个**向量组的秩**.

由向量组的秩的定义可知，向量组 $\boldsymbol{\alpha}_1,\boldsymbol{\alpha}_2,\cdots,\boldsymbol{\alpha}_m$ 线性无关的充要条件是这个向量组的秩等于它所含向量的个数 m.

推论　设向量组 $A:\boldsymbol{\alpha}_1,\boldsymbol{\alpha}_2,\cdots,\boldsymbol{\alpha}_s$ 的秩为 r_1，向量组 $B:\boldsymbol{\beta}_1,\boldsymbol{\beta}_2,\cdots,\boldsymbol{\beta}_t$ 的秩为 r_2，若向量组 A 可由向量组 B 线性表示，则 $r_1\leqslant r_2$. 进而，等价的向量组有相同的秩.

3.3.2　矩阵的秩与向量组的秩的关系

定理 3.6　矩阵 $\boldsymbol{A}$ 的秩等于 $\boldsymbol{A}$ 的列向量组的秩，也等于 $\boldsymbol{A}$ 的行向量组的秩.

证 设$\boldsymbol{A}$为$n\times m$型矩阵，其列向量组为$\boldsymbol{\alpha}_1,\boldsymbol{\alpha}_2,\cdots,\boldsymbol{\alpha}_m$，$R(\boldsymbol{A})=r$，则$\boldsymbol{A}$至少含一个$r$阶子式$D_r\neq 0$. 若$D_r$位于$\boldsymbol{A}$中的第$l_1,l_2,\cdots,l_r$列上，这里$l_1<l_2<\cdots<l_r$，则由$\boldsymbol{A}$的这$r$个列向量$\boldsymbol{\alpha}_{l_1},\boldsymbol{\alpha}_{l_2},\cdots,\boldsymbol{\alpha}_{l_r}$构成的矩阵

$$\boldsymbol{A}_1=(\boldsymbol{\alpha}_{l_1},\boldsymbol{\alpha}_{l_2},\cdots,\boldsymbol{\alpha}_{l_r}),$$

其秩$R(\boldsymbol{A}_1)=r$. 根据定理3.3知，$\boldsymbol{\alpha}_{l_1},\boldsymbol{\alpha}_{l_2},\cdots,\boldsymbol{\alpha}_{l_r}$线性无关.

现再从矩阵$\boldsymbol{A}$的列向量中任取$r+1$个，记这$r+1$个列向量构成的矩阵为$\boldsymbol{A}_2$，显然$\boldsymbol{A}_2$是$\boldsymbol{A}$的子矩阵，故

$$R(\boldsymbol{A}_2)\leqslant R(\boldsymbol{A})=r<r+1.$$

由定理3.3知，$\boldsymbol{A}$的列向量组中任意$r+1$个向量都线性相关.

于是$\boldsymbol{\alpha}_{l_1},\boldsymbol{\alpha}_{l_2},\cdots,\boldsymbol{\alpha}_{l_r}$是$\boldsymbol{\alpha}_1,\boldsymbol{\alpha}_2,\cdots,\boldsymbol{\alpha}_m$的一个最大无关组，故$\boldsymbol{A}$的列向量组$\boldsymbol{\alpha}_1,\boldsymbol{\alpha}_2,\cdots,\boldsymbol{\alpha}_m$的秩为$r$.

由于$R(\boldsymbol{A})=R(\boldsymbol{A}^{\mathrm{T}})$，而$\boldsymbol{A}$的行向量组的秩就是$\boldsymbol{A}^{\mathrm{T}}$的列向量组的秩，故$\boldsymbol{A}$的行向量组的秩也等于$\boldsymbol{A}$的秩. 所以

$$R(\boldsymbol{A})=\boldsymbol{A}\text{ 的行向量组的秩}=\boldsymbol{A}\text{ 的列向量组的秩}.$$

证毕

注意1 若矩阵$\boldsymbol{A}=(\boldsymbol{\alpha}_1,\boldsymbol{\alpha}_2,\cdots,\boldsymbol{\alpha}_m)$，今后用记号$R(\boldsymbol{\alpha}_1,\boldsymbol{\alpha}_2,\cdots,\boldsymbol{\alpha}_m)$既表示矩阵$\boldsymbol{A}$的秩，也表示向量组$\boldsymbol{\alpha}_1,\boldsymbol{\alpha}_2,\cdots,\boldsymbol{\alpha}_m$的秩.

注意2 由定理3.6的证明可知，若$R(\boldsymbol{A})=r$，D_r是$\boldsymbol{A}$的一个r阶非零子式，则D_r所在的r个列(行)向量就是$\boldsymbol{A}$的列(行)向量组的一个最大无关组.

例3.8 求向量组$\boldsymbol{\alpha}_1=(1,-1,2,3)^{\mathrm{T}}$，$\boldsymbol{\alpha}_2=(0,2,5,8)^{\mathrm{T}}$，$\boldsymbol{\alpha}_3=(2,2,0,-1)^{\mathrm{T}}$，$\boldsymbol{\alpha}_4=(-1,7,-1,-2)^{\mathrm{T}}$的秩及一个最大无关组，并把不属于最大无关组的列向量用最大无关组线性表示.

解 设

$$\boldsymbol{A}=(\boldsymbol{\alpha}_1,\boldsymbol{\alpha}_2,\boldsymbol{\alpha}_3,\boldsymbol{\alpha}_4)=\begin{bmatrix}1&0&2&-1\\-1&2&2&7\\2&5&0&-1\\3&8&-1&-2\end{bmatrix},$$

对矩阵$\boldsymbol{A}$施行初等行变换，使之化为行阶梯矩阵：

$$\boldsymbol{A}\to\begin{bmatrix}1&0&2&-1\\0&2&4&6\\0&5&-4&1\\0&8&-7&1\end{bmatrix}\to\begin{bmatrix}1&0&2&-1\\0&1&2&3\\0&0&-14&-14\\0&0&-23&-23\end{bmatrix}\to\begin{bmatrix}1&0&2&-1\\0&1&2&3\\0&0&1&1\\0&0&0&0\end{bmatrix}=\boldsymbol{B},$$

显然$R(\boldsymbol{A})=3$，即向量组$\boldsymbol{\alpha}_1,\boldsymbol{\alpha}_2,\boldsymbol{\alpha}_3,\boldsymbol{\alpha}_4$的秩是3. 又矩阵$\boldsymbol{B}$的三个非零行的第一个非零元为对角元的三阶行列式$\begin{vmatrix}1&0&2\\0&1&2\\0&0&1\end{vmatrix}=1\neq 0$，故矩阵$\boldsymbol{B}$的非零行的第一个非

零元所在的列 $\boldsymbol{\beta}_1,\boldsymbol{\beta}_2,\boldsymbol{\beta}_3$ 是矩阵 $\boldsymbol{B}$ 的列向量组的最大无关组. 再由例 3.3 可得 $\boldsymbol{\alpha}_1,\boldsymbol{\alpha}_2,\boldsymbol{\alpha}_3$ 是 $\boldsymbol{\alpha}_1,\boldsymbol{\alpha}_2,\boldsymbol{\alpha}_3,\boldsymbol{\alpha}_4$ 的一个最大无关组.

为把 $\boldsymbol{\alpha}_4$ 用 $\boldsymbol{\alpha}_1,\boldsymbol{\alpha}_2,\boldsymbol{\alpha}_3$ 线性表示,把矩阵 $\boldsymbol{A}$ 再进行初等行变换化为行最简形矩阵

$$\boldsymbol{A}\to\begin{bmatrix}1&0&0&-3\\0&1&0&1\\0&0&1&1\\0&0&0&0\end{bmatrix}=\boldsymbol{C},$$

记 $\boldsymbol{C}=(\boldsymbol{\gamma}_1,\boldsymbol{\gamma}_2,\boldsymbol{\gamma}_3,\boldsymbol{\gamma}_4)$,由例 3.3 知向量组 $\boldsymbol{\alpha}_1,\boldsymbol{\alpha}_2,\boldsymbol{\alpha}_3,\boldsymbol{\alpha}_4$ 与向量组 $\boldsymbol{\gamma}_1,\boldsymbol{\gamma}_2,\boldsymbol{\gamma}_3,\boldsymbol{\gamma}_4$ 之间有相同的线性关系. 现在

$$\boldsymbol{\gamma}_4=\begin{bmatrix}-3\\1\\1\\0\end{bmatrix}=-3\begin{bmatrix}1\\0\\0\\0\end{bmatrix}+\begin{bmatrix}0\\1\\0\\0\end{bmatrix}+\begin{bmatrix}0\\0\\1\\0\end{bmatrix}=-3\boldsymbol{\gamma}_1+\boldsymbol{\gamma}_2+\boldsymbol{\gamma}_3,$$

因此

$$\boldsymbol{\alpha}_4=-3\boldsymbol{\alpha}_1+\boldsymbol{\alpha}_2+\boldsymbol{\alpha}_3.$$

例 3.9 证明矩阵性质 2.9(8):对矩阵 $\boldsymbol{A},\boldsymbol{B}$ 有

$$R(\boldsymbol{AB})\leqslant\min\{R(\boldsymbol{A}),R(\boldsymbol{B})\}.$$

证 设 $\boldsymbol{C}=\boldsymbol{AB}$,由定理 3.1 知,矩阵 $\boldsymbol{C}$ 的列向量组可由矩阵 $\boldsymbol{A}$ 的列向量组线性表示. 由定理 3.5 的推论及定理 3.6 得 $R(\boldsymbol{AB})\leqslant R(\boldsymbol{A})$.

因 $\boldsymbol{C}^{\mathrm{T}}=\boldsymbol{B}^{\mathrm{T}}\boldsymbol{A}^{\mathrm{T}}$,由上面的证明知 $R(\boldsymbol{C}^{\mathrm{T}})\leqslant R(\boldsymbol{B}^{\mathrm{T}})$,即 $R(\boldsymbol{AB})\leqslant R(\boldsymbol{B})$. 故

$$R(\boldsymbol{AB})\leqslant\min\{R(\boldsymbol{A}),R(\boldsymbol{B})\}.$$

定理 3.5 的推论与矩阵性质 2.9(8)是同一原理的两种表现形式,前者以向量组的形式表现之,后者则以矩阵的形式表现之.

例 3.10 设向量组 A 可由向量组 B 线性表示,且它们的秩相等,证明向量组 A 与向量组 B 等价.

证明 只要证向量组 B 可由向量组 A 线性表示即可.

设两个向量组的秩都为 r,并设向量组 A 和向量组 B 的最大无关组依次为 $A_0:\boldsymbol{\alpha}_1,\boldsymbol{\alpha}_2,\cdots,\boldsymbol{\alpha}_r$ 和 $B_0:\boldsymbol{\beta}_1,\boldsymbol{\beta}_2,\cdots,\boldsymbol{\beta}_r$. 因向量组 A 可由向量组 B 线性表示,故向量组 A_0 也可由向量组 B_0 线性表示,即有 r 阶方阵 $\boldsymbol{K}_r$ 使

$$(\boldsymbol{\alpha}_1,\boldsymbol{\alpha}_2,\cdots,\boldsymbol{\alpha}_r)=(\boldsymbol{\beta}_1,\boldsymbol{\beta}_2,\cdots,\boldsymbol{\beta}_r)\boldsymbol{K}_r.$$

因向量组 A_0 线性无关,故 $R(\boldsymbol{\alpha}_1,\boldsymbol{\alpha}_2,\cdots,\boldsymbol{\alpha}_r)=r$. 根据性质 2.9(8),有

$$R(\boldsymbol{K}_r)\geqslant R(\boldsymbol{\alpha}_1,\boldsymbol{\alpha}_2,\cdots,\boldsymbol{\alpha}_r)=r.$$

但 $R(\boldsymbol{K}_r)\leqslant r$,因此 $R(\boldsymbol{K}_r)=r$. 于是矩阵 $\boldsymbol{K}_r$ 可逆,并有

$$(\boldsymbol{\beta}_1,\boldsymbol{\beta}_2,\cdots,\boldsymbol{\beta}_r)=(\boldsymbol{\alpha}_1,\boldsymbol{\alpha}_2,\cdots,\boldsymbol{\alpha}_r)\boldsymbol{K}_r^{-1},$$

即向量组 B_0 可由向量组 A_0 线性表示,故向量组 B 可由向量组 A 线性表示.

由例 3.10 可得,若向量组 A 是向量组 B 的部分组,且它们的秩相等,则向量组 A 与向量组 B 等价.

3.4 向量空间

3.4.1 向量空间

定义 3.9 设 V 是 n 维向量构成的非空集合,如果 V 对于向量的加法及数与向量的乘法这两种运算封闭,即 V 满足:

(1) 若 $\boldsymbol{\alpha}\in V,\boldsymbol{\beta}\in V$,有 $\boldsymbol{\alpha}+\boldsymbol{\beta}\in V$,

(2) 若 $\boldsymbol{\alpha}\in V,k\in\mathbf{R}$,有 $k\boldsymbol{\alpha}\in V$,

则称集合 V 是一个**向量空间**.

例如,n 维实向量的全体 $\mathbf{R}^n$ 构成一个向量空间. 只含一个 n 维零向量的集合 $\{\mathbf{0}\}$也是一个向量空间.

例 3.11 设 $\boldsymbol{\alpha},\boldsymbol{\beta}$ 为两个已知的 n 维向量,则集合

$$V=\{\boldsymbol{\gamma}\mid\boldsymbol{\gamma}=k\boldsymbol{\alpha}+l\boldsymbol{\beta},k,l\in\mathbf{R}\}$$

是一个向量空间.

解 因为若 $\boldsymbol{\gamma}_1=k_1\boldsymbol{\alpha}+l_1\boldsymbol{\beta},\boldsymbol{\gamma}_2=k_2\boldsymbol{\alpha}+l_2\boldsymbol{\beta}$,则有

$$\boldsymbol{\gamma}_1+\boldsymbol{\gamma}_2=(k_1+k_2)\boldsymbol{\alpha}+(l_1+l_2)\boldsymbol{\beta}\in V,\quad k_1\boldsymbol{\gamma}_1=(kk_1)\boldsymbol{\alpha}+(kl_1)\boldsymbol{\beta}\in V.$$

称这个向量空间为由**向量 $\boldsymbol{\alpha},\boldsymbol{\beta}$ 生成的向量空间**.

一般地,由向量组 $\boldsymbol{\alpha}_1,\boldsymbol{\alpha}_2,\cdots,\boldsymbol{\alpha}_m$ 生成的向量空间为

$$V=\{\boldsymbol{\gamma}\mid\boldsymbol{\gamma}=k_1\boldsymbol{\alpha}_1+k_2\boldsymbol{\alpha}_2+\cdots+k_m\boldsymbol{\alpha}_m,k_1,k_2,\cdots,k_m\in\mathbf{R}\}.$$

例 3.12 集合

$$V_1=\{\boldsymbol{\alpha}=(1,x_2,\cdots,x_n)^{\mathrm{T}}\mid x_2,\cdots,x_n\in\mathbf{R}\}$$

不是一个向量空间. 这是因为 $\boldsymbol{\alpha}=(1,a_2,\cdots,a_n)\in V_1$,但 $2\boldsymbol{\alpha}=(2,2a_2,\cdots,2a_n)\notin V_1$.

定义 3.10 设 V_1 及 V_2 都是向量空间,若 $V_1\subseteq V_2$,则称 V_1 是 V_2 的**子空间**.

例如,任何由 n 维向量组成的向量空间 V 都包含 n 维零向量,且$\{\mathbf{0}\}$是一个向量空间,所以$\{\mathbf{0}\}$是 V 的子空间. 又 $V\subseteq\mathbf{R}^n$,所以**任意 n 维向量组成的向量空间 V 都是 $\mathbf{R}^n$ 的子空间**. 显然由 n 维向量组 $\boldsymbol{\alpha}_1,\boldsymbol{\alpha}_2,\cdots,\boldsymbol{\alpha}_m$ 生成的向量空间是 $\mathbf{R}^n$ 的子空间.

定义 3.11 设 V 为向量空间,如果 r 个向量 $\boldsymbol{\alpha}_1,\boldsymbol{\alpha}_2,\cdots,\boldsymbol{\alpha}_r\in V$,且满足:

(1) $\boldsymbol{\alpha}_1,\boldsymbol{\alpha}_2,\cdots,\boldsymbol{\alpha}_r$ 线性无关;

(2) V 中任一向量都可由 $\boldsymbol{\alpha}_1,\boldsymbol{\alpha}_2,\cdots,\boldsymbol{\alpha}_r$ 线性表示.

那么,向量组 $\boldsymbol{\alpha}_1,\boldsymbol{\alpha}_2,\cdots,\boldsymbol{\alpha}_r$ 就称为向量空间 V 的一个**基**,r 称为向量空间 V 的**维数**,并称 V 为 r **维向量空间**.

规定向量空间$\{\mathbf{0}\}$的维数是0，r维与0维的向量空间统称为有限维向量空间.

由例3.2知n维单位坐标向量组$\boldsymbol{e}_1,\boldsymbol{e}_2,\cdots,\boldsymbol{e}_n$是向量空间$\mathbf{R}^n$中的线性无关组，且任取向量$\boldsymbol{\alpha}\in\mathbf{R}^n$，$\boldsymbol{\alpha}$都可由$\boldsymbol{e}_1,\boldsymbol{e}_2,\cdots,\boldsymbol{e}_n$线性表示，从而$\boldsymbol{e}_1,\boldsymbol{e}_2,\cdots,\boldsymbol{e}_n$是$\mathbf{R}^n$的一个基，称为**自然基**. 并且$\mathbf{R}^n$的维数是$n$，称$\mathbf{R}^n$为$n$**维向量空间**.

根据定义3.11及定义3.7知，若把向量空间V看作向量组，则V的基就是向量组的最大线性无关组，V的维数就是向量组的秩. 因此**一个r维向量空间中的任意r个线性无关的向量都构成该向量空间的一个基**.

显然，由向量组$\boldsymbol{\alpha}_1,\boldsymbol{\alpha}_2,\cdots,\boldsymbol{\alpha}_m$生成的向量空间

$$V=\{\boldsymbol{\gamma}\mid\boldsymbol{\gamma}=k_1\boldsymbol{\alpha}_1+k_2\boldsymbol{\alpha}_2+\cdots+k_m\boldsymbol{\alpha}_m,k_1,k_2,\cdots,k_m\in\mathbf{R}\}$$

的基为向量组$\boldsymbol{\alpha}_1,\boldsymbol{\alpha}_2,\cdots,\boldsymbol{\alpha}_m$的最大无关组，$V$的维数为向量组$\boldsymbol{\alpha}_1,\boldsymbol{\alpha}_2,\cdots,\boldsymbol{\alpha}_m$的秩.

例3.13　求由向量组$\boldsymbol{\alpha}_1=(1,2,1,0)^{\mathrm{T}},\boldsymbol{\alpha}_2=(1,1,1,2)^{\mathrm{T}},\boldsymbol{\alpha}_3=(3,4,3,4)^{\mathrm{T}},\boldsymbol{\alpha}_4=(1,1,2,1)^{\mathrm{T}},\boldsymbol{\alpha}_5=(4,5,6,4)^{\mathrm{T}}$所生成的向量空间的一个基及其维数.

解　先对以$\boldsymbol{\alpha}_1,\boldsymbol{\alpha}_2,\boldsymbol{\alpha}_3,\boldsymbol{\alpha}_4,\boldsymbol{\alpha}_5$为列向量构成的矩阵施行初等行变换，将其化为行阶梯矩阵：

$$\boldsymbol{A}=\begin{bmatrix}1&1&3&1&4\\2&1&4&1&5\\1&1&3&2&6\\0&2&4&1&4\end{bmatrix}\to\begin{bmatrix}1&1&3&1&4\\0&1&2&1&3\\0&0&0&1&2\\0&0&0&0&0\end{bmatrix},$$

可见$\boldsymbol{\alpha}_1,\boldsymbol{\alpha}_2,\boldsymbol{\alpha}_4$为一最大无关组，因此由$\boldsymbol{\alpha}_1,\boldsymbol{\alpha}_2,\boldsymbol{\alpha}_3,\boldsymbol{\alpha}_4,\boldsymbol{\alpha}_5$所生成的向量空间以$\boldsymbol{\alpha}_1,\boldsymbol{\alpha}_2,\boldsymbol{\alpha}_4$为一组基，其维数为3.

3.4.2　坐标及坐标变换

定义3.12　设V是r维向量空间，$\boldsymbol{\alpha}_1,\boldsymbol{\alpha}_2,\cdots,\boldsymbol{\alpha}_r$是$V$的一个基，对任意$\boldsymbol{\alpha}\in V$，有$x_i\in\mathbf{R},i=1,2,\cdots,r$，使

$$\boldsymbol{\alpha}=x_1\boldsymbol{\alpha}_1+x_2\boldsymbol{\alpha}_2+\cdots+x_r\boldsymbol{\alpha}_r,$$

称这组数$x_1,x_2,\cdots,x_r$为$\boldsymbol{\alpha}$在基$\boldsymbol{\alpha}_1,\boldsymbol{\alpha}_2,\cdots,\boldsymbol{\alpha}_r$下的**坐标**，记为$(x_1,x_2,\cdots,x_r)$.

由定理3.4知，向量$\boldsymbol{\alpha}$关于给定基$\boldsymbol{\alpha}_1,\boldsymbol{\alpha}_2,\cdots,\boldsymbol{\alpha}_r$下的坐标，被$\boldsymbol{\alpha}$和基$\boldsymbol{\alpha}_1,\boldsymbol{\alpha}_2,\cdots,\boldsymbol{\alpha}_r$唯一地确定. 特别地，$\mathbf{R}^n$中任一向量$\boldsymbol{\alpha}=(a_1,a_2,\cdots,a_n)^{\mathrm{T}}$在自然基$\boldsymbol{e}_1,\boldsymbol{e}_2,\cdots,\boldsymbol{e}_n$下的坐标即为它的分量.

例3.14　给定向量组$\boldsymbol{\alpha}_1=(1,0,1)^{\mathrm{T}},\boldsymbol{\alpha}_2=(0,1,0)^{\mathrm{T}},\boldsymbol{\alpha}_3=(1,2,2)^{\mathrm{T}}$及向量$\boldsymbol{\beta}_1=(1,3,0)^{\mathrm{T}},\boldsymbol{\beta}_2=(1,4,6)^{\mathrm{T}}$. 验证$\boldsymbol{\alpha}_1,\boldsymbol{\alpha}_2,\boldsymbol{\alpha}_3$是$\mathbf{R}^3$的一个基，并求$\boldsymbol{\beta}_1,\boldsymbol{\beta}_2$关于这个基下的坐标.

解　由于$\begin{vmatrix}1&0&1\\0&1&2\\1&0&2\end{vmatrix}=1\neq0$，知$\boldsymbol{\alpha}_1,\boldsymbol{\alpha}_2,\boldsymbol{\alpha}_3$是$\mathbf{R}^3$的一个基. 设

$$\boldsymbol{\beta}_1=x_{11}\boldsymbol{\alpha}_1+x_{21}\boldsymbol{\alpha}_2+x_{31}\boldsymbol{\alpha}_3,\quad \boldsymbol{\beta}_2=x_{12}\boldsymbol{\alpha}_1+x_{22}\boldsymbol{\alpha}_2+x_{32}\boldsymbol{\alpha}_3,$$

即

$$(\boldsymbol{\beta}_1,\boldsymbol{\beta}_2)=(\boldsymbol{\alpha}_1,\boldsymbol{\alpha}_2,\boldsymbol{\alpha}_3)\begin{bmatrix}x_{11}&x_{12}\\x_{21}&x_{22}\\x_{31}&x_{32}\end{bmatrix},$$

记为 $\boldsymbol{B}=\boldsymbol{AX}$. 因 $\boldsymbol{A}$ 可逆,故 $\boldsymbol{X}=\boldsymbol{A}^{-1}\boldsymbol{B}$,即 $\boldsymbol{X}$ 是矩阵方程 $\boldsymbol{AX}=\boldsymbol{B}$ 的解. 构造矩阵 $(\boldsymbol{A}|\boldsymbol{B})$,并对其施行初等行变换,将 $\boldsymbol{A}$ 变为 $\boldsymbol{E}$:

$$(\boldsymbol{A}|\boldsymbol{B})=\left[\begin{array}{ccc|cc}1&0&1&1&1\\0&1&2&3&4\\1&0&2&0&6\end{array}\right]\to\left[\begin{array}{ccc|cc}1&0&1&1&1\\0&1&2&3&4\\0&0&1&-1&5\end{array}\right]\to\left[\begin{array}{ccc|cc}1&0&0&2&-4\\0&1&0&5&-6\\0&0&1&-1&5\end{array}\right],$$

于是向量 $\boldsymbol{\beta}_1,\boldsymbol{\beta}_2$ 在基 $\boldsymbol{\alpha}_1,\boldsymbol{\alpha}_2,\boldsymbol{\alpha}_3$ 下的坐标依次为$(2,5,-1)$,$(-4,-6,5)$.

在 r 维向量空间 V 中,任意 r 个线性无关的向量都可以取作向量空间 V 的基. 对不同的基,同一向量的坐标一般是不同的,但它们毕竟是同一向量在不同基下的坐标,应该有内在的联系.

设 $\boldsymbol{\alpha}_1,\boldsymbol{\alpha}_2,\cdots,\boldsymbol{\alpha}_r$ 及 $\boldsymbol{\beta}_1,\boldsymbol{\beta}_2,\cdots,\boldsymbol{\beta}_r$ 是向量空间 V 的两个基,且

$$\begin{cases}\boldsymbol{\beta}_1=p_{11}\boldsymbol{\alpha}_1+p_{21}\boldsymbol{\alpha}_2+\cdots+p_{r1}\boldsymbol{\alpha}_r,\\ \boldsymbol{\beta}_2=p_{12}\boldsymbol{\alpha}_1+p_{22}\boldsymbol{\alpha}_2+\cdots+p_{r2}\boldsymbol{\alpha}_r,\\ \qquad\cdots\cdots\\ \boldsymbol{\beta}_r=p_{1r}\boldsymbol{\alpha}_1+p_{2r}\boldsymbol{\alpha}_2+\cdots+p_{rr}\boldsymbol{\alpha}_r,\end{cases}$$

即

$$(\boldsymbol{\beta}_1,\boldsymbol{\beta}_2,\cdots,\boldsymbol{\beta}_r)=(\boldsymbol{\alpha}_1,\boldsymbol{\alpha}_2,\cdots,\boldsymbol{\alpha}_r)\begin{bmatrix}p_{11}&p_{12}&\cdots&p_{1r}\\p_{21}&p_{22}&\cdots&p_{2r}\\\vdots&\vdots&&\vdots\\p_{r1}&p_{r2}&\cdots&p_{rr}\end{bmatrix},\tag{3.7}$$

式(3.7)称为基变换公式. 矩阵

$$\boldsymbol{P}=\begin{bmatrix}p_{11}&p_{12}&\cdots&p_{1r}\\p_{21}&p_{22}&\cdots&p_{2r}\\\vdots&\vdots&&\vdots\\p_{r1}&p_{r2}&\cdots&p_{rr}\end{bmatrix}$$

称为由基 $\boldsymbol{\alpha}_1,\boldsymbol{\alpha}_2,\cdots,\boldsymbol{\alpha}_r$ 到基 $\boldsymbol{\beta}_1,\boldsymbol{\beta}_2,\cdots,\boldsymbol{\beta}_r$ 的**过渡矩阵**. 由 $\boldsymbol{\beta}_1,\boldsymbol{\beta}_2,\cdots,\boldsymbol{\beta}_r$ 线性无关可知,**过渡矩阵 $\boldsymbol{P}$ 可逆**.

设向量空间 V 中向量 $\boldsymbol{\alpha}$ 在基 $\boldsymbol{\alpha}_1,\boldsymbol{\alpha}_2,\cdots,\boldsymbol{\alpha}_r$ 与基 $\boldsymbol{\beta}_1,\boldsymbol{\beta}_2,\cdots,\boldsymbol{\beta}_r$ 下的坐标分别是 $(x_1,x_2,\cdots,x_r)$ 与 $(x_1',x_2',\cdots,x_r')$,因为

$$\boldsymbol{\alpha}=(\boldsymbol{\alpha}_1,\boldsymbol{\alpha}_2,\cdots,\boldsymbol{\alpha}_r)\begin{bmatrix}x_1\\x_2\\\vdots\\x_r\end{bmatrix}=(\boldsymbol{\beta}_1,\boldsymbol{\beta}_2,\cdots,\boldsymbol{\beta}_r)\begin{bmatrix}x_1'\\x_2'\\\vdots\\x_r'\end{bmatrix},$$

利用式(3.7)得

$$(\boldsymbol{\alpha}_1,\boldsymbol{\alpha}_2,\cdots,\boldsymbol{\alpha}_r)\begin{bmatrix}x_1\\x_2\\\vdots\\x_r\end{bmatrix}=(\boldsymbol{\alpha}_1,\boldsymbol{\alpha}_2,\cdots,\boldsymbol{\alpha}_r)\boldsymbol{P}\begin{bmatrix}x_1'\\x_2'\\\vdots\\x_r'\end{bmatrix}.$$

由于 $\boldsymbol{\alpha}$ 在基 $\boldsymbol{\alpha}_1,\boldsymbol{\alpha}_2,\cdots,\boldsymbol{\alpha}_r$ 下的坐标是唯一的，所以

$$\begin{bmatrix}x_1\\x_2\\\vdots\\x_r\end{bmatrix}=\boldsymbol{P}\begin{bmatrix}x_1'\\x_2'\\\vdots\\x_r'\end{bmatrix},\tag{3.8}$$

又因为过渡矩阵 $\boldsymbol{P}$ 可逆，由式(3.8)可得

$$\begin{bmatrix}x_1'\\x_2'\\\vdots\\x_r'\end{bmatrix}=\boldsymbol{P}^{-1}\begin{bmatrix}x_1\\x_2\\\vdots\\x_r\end{bmatrix}.\tag{3.9}$$

式(3.8)称为由基 $\boldsymbol{\beta}_1,\boldsymbol{\beta}_2,\cdots,\boldsymbol{\beta}_r$ 到基 $\boldsymbol{\alpha}_1,\boldsymbol{\alpha}_2,\cdots,\boldsymbol{\alpha}_r$ 的坐标变换公式，式(3.9)称为由基 $\boldsymbol{\alpha}_1,\boldsymbol{\alpha}_2,\cdots,\boldsymbol{\alpha}_r$ 到基 $\boldsymbol{\beta}_1,\boldsymbol{\beta}_2,\cdots,\boldsymbol{\beta}_r$ 的坐标变换公式.

3.5　向量的内积

3.5.1　n 维向量的内积

在解析几何中，若几何向量 $\boldsymbol{x},\boldsymbol{y}$ 在直角坐标系 $\{\boldsymbol{O},\boldsymbol{i},\boldsymbol{j},\boldsymbol{k}\}$ 下的坐标分别为 (x_1,x_2,x_3)，(y_1,y_2,y_3)，则 x,y 的内积为

$$\boldsymbol{x}\cdot\boldsymbol{y}=x_1y_1+x_2y_2+x_3y_3.$$

本节我们要将几何向量的内积的概念推广到 n 维向量，进而给出 n 维向量的长度、夹角等度量性质.

定义 3.13　设 $\boldsymbol{\alpha}=(a_1,a_2,\cdots,a_n)^{\mathrm{T}}$，$\boldsymbol{\beta}=(b_1,b_2,\cdots,b_n)^{\mathrm{T}}$ 是 n 维实向量，记

$$\langle\boldsymbol{\alpha},\boldsymbol{\beta}\rangle=a_1b_1+a_2b_2+\cdots+a_nb_n=\sum_{k=1}^{n}a_kb_k,$$

称 $\langle\boldsymbol{\alpha},\boldsymbol{\beta}\rangle$ 为向量 $\boldsymbol{\alpha}$ 与 $\boldsymbol{\beta}$ 的**内积**，或**数量积**. 内积也可记作 $\boldsymbol{\alpha}\cdot\boldsymbol{\beta}$.

由矩阵乘法的定义,显然有$\langle \boldsymbol{\alpha},\boldsymbol{\beta}\rangle=\boldsymbol{\alpha}^{\mathrm{T}}\boldsymbol{\beta}$.

容易验证,内积满足下列运算性质.

性质 3.2 设$\boldsymbol{\alpha},\boldsymbol{\beta},\boldsymbol{\gamma}\in\mathbf{R}^n,k,l\in\mathbf{R}$,则

(1) $\langle \boldsymbol{\alpha},\boldsymbol{\beta}\rangle=\langle \boldsymbol{\beta},\boldsymbol{\alpha}\rangle$;

(2) $\langle k\boldsymbol{\alpha},\boldsymbol{\beta}\rangle=k\langle \boldsymbol{\alpha},\boldsymbol{\beta}\rangle$;

(3) $\langle \boldsymbol{\alpha}+\boldsymbol{\beta},\boldsymbol{\gamma}\rangle=\langle \boldsymbol{\alpha},\boldsymbol{\gamma}\rangle+\langle \boldsymbol{\beta},\boldsymbol{\gamma}\rangle$;

(4) $\langle \boldsymbol{\alpha},\boldsymbol{\alpha}\rangle\geqslant 0$,且$\langle \boldsymbol{\alpha},\boldsymbol{\alpha}\rangle=0\Leftrightarrow\boldsymbol{\alpha}=\mathbf{0}$.

由于向量$\boldsymbol{\alpha}$与自身的内积是非负数,于是用内积定义n维向量的长度.

定义 3.14 设$\boldsymbol{\alpha}=(a_1,a_2,\cdots,a_n)^{\mathrm{T}}$为$n$维向量,令

$$\|\boldsymbol{\alpha}\|=\sqrt{\langle \boldsymbol{\alpha},\boldsymbol{\alpha}\rangle}=\sqrt{a_1^2+a_2^2+\cdots+a_n^2},$$

称$\|\boldsymbol{\alpha}\|$为向量$\boldsymbol{\alpha}$的**长度(或模)**,称长度为 1 的向量为**单位向量**.

当$\boldsymbol{\alpha}\neq\mathbf{0}$时,$\dfrac{\boldsymbol{\alpha}}{\|\boldsymbol{\alpha}\|}$为与$\boldsymbol{\alpha}$同方向的单位向量,称为$\boldsymbol{\alpha}$的单位化. 记为$\boldsymbol{\alpha}^0$.

定理 3.7 任意向量$\boldsymbol{\alpha},\boldsymbol{\beta}$内积满足

$$\langle \boldsymbol{\alpha},\boldsymbol{\beta}\rangle^2\leqslant\langle \boldsymbol{\alpha},\boldsymbol{\alpha}\rangle\langle \boldsymbol{\beta},\boldsymbol{\beta}\rangle, \tag{3.10}$$

即

$$|\langle \boldsymbol{\alpha},\boldsymbol{\beta}\rangle|\leqslant\|\boldsymbol{\alpha}\|\ \|\boldsymbol{\beta}\|.$$

证 当$\boldsymbol{\alpha}=\mathbf{0}$时,显然式(3.10)成立. 当$\boldsymbol{\alpha}\neq\mathbf{0}$时,对任意实数$k$,恒有

$$\langle k\boldsymbol{\alpha}+\boldsymbol{\beta},k\boldsymbol{\alpha}+\boldsymbol{\beta}\rangle\geqslant 0,$$

即

$$k^2\langle \boldsymbol{\alpha},\boldsymbol{\alpha}\rangle+2k\langle \boldsymbol{\alpha},\boldsymbol{\beta}\rangle+\langle \boldsymbol{\beta},\boldsymbol{\beta}\rangle\geqslant 0.$$

左边是k的二次三项式,由于它非负,所以判别式

$$4\langle \boldsymbol{\alpha},\boldsymbol{\beta}\rangle^2-4\langle \boldsymbol{\alpha},\boldsymbol{\alpha}\rangle\langle \boldsymbol{\beta},\boldsymbol{\beta}\rangle\leqslant 0,$$

即

$$\langle \boldsymbol{\alpha},\boldsymbol{\beta}\rangle^2\leqslant\langle \boldsymbol{\alpha},\boldsymbol{\alpha}\rangle\langle \boldsymbol{\beta},\boldsymbol{\beta}\rangle.$$

证毕

称式(3.10)为施瓦兹(Schwarz)**不等式**. 根据施瓦兹不等式,对任何非零向量$\boldsymbol{\alpha},\boldsymbol{\beta}$,总有

$$-1\leqslant\frac{\langle \boldsymbol{\alpha},\boldsymbol{\beta}\rangle}{\|\boldsymbol{\alpha}\|\ \|\boldsymbol{\beta}\|}\leqslant 1.$$

于是,我们利用内积引入夹角的概念.

定义 3.15 当向量$\boldsymbol{\alpha}\neq\mathbf{0},\boldsymbol{\beta}\neq\mathbf{0}$时,

$$\arccos\frac{\langle \boldsymbol{\alpha},\boldsymbol{\beta}\rangle}{\|\boldsymbol{\alpha}\|\ \|\boldsymbol{\beta}\|} \tag{3.11}$$

称为n维向量$\boldsymbol{\alpha}$与$\boldsymbol{\beta}$的**夹角**,记为$(\widehat{\boldsymbol{\alpha},\boldsymbol{\beta}})$.

定义了内积的向量空间V称为欧几里得(Euclid)空间,简称欧氏空间,仍记

作 V.

显然,定义了内积的 n 维向量空间 $\mathbf{R}^n$ 是一个欧氏空间.

3.5.2 标准正交基

对于两个非零向量,当 $\langle\boldsymbol{\alpha},\boldsymbol{\beta}\rangle=0$ 时,由式(3.11)知,$\boldsymbol{\alpha},\boldsymbol{\beta}$ 的夹角 $\arccos 0=\frac{\pi}{2}$,于是我们有下面的定义.

定义 3.16 若两向量 $\boldsymbol{\alpha},\boldsymbol{\beta}$ 的内积等于零,即 $\langle\boldsymbol{\alpha},\boldsymbol{\beta}\rangle=0$,则称**向量 $\boldsymbol{\alpha}$ 与 $\boldsymbol{\beta}$ 相互正交**,记作 $\boldsymbol{\alpha}\perp\boldsymbol{\beta}$. 显然零向量与任何向量都正交.

定义 3.17 一组两两正交的非零向量组称为**正交向量组**. 由单位向量组成的正交向量组称为**标准正交向量组**.

定理 3.8 正交向量组是线性无关的.

证 设 $\boldsymbol{\alpha}_1,\boldsymbol{\alpha}_2,\cdots,\boldsymbol{\alpha}_m$ 是正交向量组,并有一组数 $k_1,k_2,\cdots,k_m$ 使

$$k_1\boldsymbol{\alpha}_1+k_2\boldsymbol{\alpha}_2+\cdots+k_m\boldsymbol{\alpha}_m=\mathbf{0}.$$

用 $\boldsymbol{\alpha}_i(i=1,2,\cdots,m)$ 对上式的两边作内积,得

$$k_1\langle\boldsymbol{\alpha}_1,\boldsymbol{\alpha}_i\rangle+k_2\langle\boldsymbol{\alpha}_2,\boldsymbol{\alpha}_i\rangle+\cdots+k_m\langle\boldsymbol{\alpha}_m,\boldsymbol{\alpha}_i\rangle=0.$$

因为 $\boldsymbol{\alpha}_1,\boldsymbol{\alpha}_2,\cdots,\boldsymbol{\alpha}_m$ 两两正交,所以 $\langle\boldsymbol{\alpha}_i,\boldsymbol{\alpha}_j\rangle=0(i\neq j,i,i=1,2,\cdots,m)$,故

$$k_i\langle\boldsymbol{\alpha}_i,\boldsymbol{\alpha}_i\rangle=0,\quad i=1,2,\cdots,m.$$

因为 $\boldsymbol{\alpha}_i\neq\mathbf{0}$,所以 $\langle\boldsymbol{\alpha}_i,\boldsymbol{\alpha}_i\rangle\neq0$,故 $k_i=0(i=1,2,\cdots,m)$. 于是向量组 $\boldsymbol{\alpha}_1,\boldsymbol{\alpha}_2,\cdots,\boldsymbol{\alpha}_m$ 线性无关. **证毕**

定义 3.18 设 $\boldsymbol{\alpha}_1,\boldsymbol{\alpha}_2,\cdots,\boldsymbol{\alpha}_m$ 是向量空间 V 的一个基. 如果 $\boldsymbol{\alpha}_1,\boldsymbol{\alpha}_2,\cdots,\boldsymbol{\alpha}_m$ 两两正交,则称 $\boldsymbol{\alpha}_1,\boldsymbol{\alpha}_2,\cdots,\boldsymbol{\alpha}_m$ 是 V 的一个**正交基**;如果 $\boldsymbol{\alpha}_1,\boldsymbol{\alpha}_2,\cdots,\boldsymbol{\alpha}_m$ 又都是单位向量,则称 $\boldsymbol{\alpha}_1,\boldsymbol{\alpha}_2,\cdots,\boldsymbol{\alpha}_m$ 是 V 的一个**标准正交基**.

显然,自然基 $\boldsymbol{e}_1,\boldsymbol{e}_2,\cdots,\boldsymbol{e}_n$ 是 $\mathbf{R}^n$ 的一个标准正交基.

若 $\boldsymbol{\alpha}_1,\boldsymbol{\alpha}_2,\cdots,\boldsymbol{\alpha}_m$ 是向量空间 V 的一个标准正交基,则 V 中向量 $\boldsymbol{\alpha}$ 能由 $\boldsymbol{\alpha}_1,\boldsymbol{\alpha}_2,\cdots,\boldsymbol{\alpha}_m$ 线性表示,设表示式为

$$\boldsymbol{\alpha}=k_1\boldsymbol{\alpha}_1+k_2\boldsymbol{\alpha}_2+\cdots+k_m\boldsymbol{\alpha}_m.$$

用 $\boldsymbol{\alpha}_i^{\mathrm{T}}$ 左乘上式,有

$$\boldsymbol{\alpha}_i^{\mathrm{T}}\boldsymbol{\alpha}=k_i\boldsymbol{\alpha}_i^{\mathrm{T}}\boldsymbol{\alpha}_i=k_i,$$

即

$$k_i=\langle\boldsymbol{\alpha}_i,\boldsymbol{\alpha}\rangle,\quad i=1,2,\cdots,m.$$

这就是任一个向量在标准正交基下的坐标的计算公式,求一向量在标准正交基下的坐标是很容易的,因此在一个向量空间里取基时,常取标准正交基. 现介绍一种化线性无关向量组为标准正交向量组的方法. 即**施密特**(Schmidt)**正交化**方法. 具体过程如下:

(1) 将线性无关的向量组 $\boldsymbol{\alpha}_1,\boldsymbol{\alpha}_2,\cdots,\boldsymbol{\alpha}_r$ 正交化,令

$$\boldsymbol{\beta}_1=\boldsymbol{\alpha}_1,$$

$$\boldsymbol{\beta}_2=\boldsymbol{\alpha}_2-\frac{\langle\boldsymbol{\alpha}_2,\boldsymbol{\beta}_1\rangle}{\langle\boldsymbol{\beta}_1,\boldsymbol{\beta}_1\rangle}\boldsymbol{\beta}_1,$$

$$\boldsymbol{\beta}_3=\boldsymbol{\alpha}_3-\frac{\langle\boldsymbol{\alpha}_3,\boldsymbol{\beta}_1\rangle}{\langle\boldsymbol{\beta}_1,\boldsymbol{\beta}_1\rangle}\boldsymbol{\beta}_1-\frac{\langle\boldsymbol{\alpha}_3,\boldsymbol{\beta}_2\rangle}{\langle\boldsymbol{\beta}_2,\boldsymbol{\beta}_2\rangle}\boldsymbol{\beta}_2,$$

$$\cdots\cdots$$

$$\boldsymbol{\beta}_r=\boldsymbol{\alpha}_r-\frac{\langle\boldsymbol{\alpha}_r,\boldsymbol{\beta}_1\rangle}{\langle\boldsymbol{\beta}_1,\boldsymbol{\beta}_1\rangle}\boldsymbol{\beta}_1-\frac{\langle\boldsymbol{\alpha}_r,\boldsymbol{\beta}_2\rangle}{\langle\boldsymbol{\beta}_2,\boldsymbol{\beta}_2\rangle}\boldsymbol{\beta}_2-\cdots-\frac{\langle\boldsymbol{\alpha}_r,\boldsymbol{\beta}_{r-1}\rangle}{\langle\boldsymbol{\beta}_{r-1},\boldsymbol{\beta}_{r-1}\rangle}\boldsymbol{\beta}_{r-1}.$$

(2) 将 $\boldsymbol{\beta}_1,\boldsymbol{\beta}_2,\cdots,\boldsymbol{\beta}_r$ 单位化,令

$$\boldsymbol{\varepsilon}_1=\frac{\boldsymbol{\beta}_1}{\|\boldsymbol{\beta}_1\|},\quad \boldsymbol{\varepsilon}_2=\frac{\boldsymbol{\beta}_2}{\|\boldsymbol{\beta}_2\|},\quad \cdots,\quad \boldsymbol{\varepsilon}_r=\frac{\boldsymbol{\beta}_r}{\|\boldsymbol{\beta}_r\|}.$$

由上述过程容易验证,$\boldsymbol{\varepsilon}_1,\boldsymbol{\varepsilon}_2,\cdots,\boldsymbol{\varepsilon}_r$ 是与 $\boldsymbol{\alpha}_1,\boldsymbol{\alpha}_2,\cdots,\boldsymbol{\alpha}_r$ 等价的标准正交向量组.

当 $\boldsymbol{\alpha}_1,\boldsymbol{\alpha}_2,\cdots,\boldsymbol{\alpha}_r$ 是向量空间 $\mathbf{V}$ 的一个基时,$\boldsymbol{\varepsilon}_1,\boldsymbol{\varepsilon}_2,\cdots,\boldsymbol{\varepsilon}_r$ 就是 $\mathbf{V}$ 的一个标准正交基.

例 3.15 在 $\mathbf{R}^3$ 中,将基 $\boldsymbol{\alpha}_1=\begin{bmatrix}1\\1\\1\end{bmatrix},\boldsymbol{\alpha}_2=\begin{bmatrix}2\\0\\1\end{bmatrix},\boldsymbol{\alpha}_3=\begin{bmatrix}-1\\1\\3\end{bmatrix}$ 化成标准正交基.

解 先正交化,令

$$\boldsymbol{\beta}_1=\boldsymbol{\alpha}_1,$$

$$\boldsymbol{\beta}_2=\boldsymbol{\alpha}_2-\frac{\langle\boldsymbol{\alpha}_2,\boldsymbol{\beta}_1\rangle}{\langle\boldsymbol{\beta}_1,\boldsymbol{\beta}_1\rangle}\boldsymbol{\beta}_1=\begin{bmatrix}2\\0\\1\end{bmatrix}-\frac{3}{3}\begin{bmatrix}1\\1\\1\end{bmatrix}=\begin{bmatrix}1\\-1\\0\end{bmatrix},$$

$$\boldsymbol{\beta}_3=\boldsymbol{\alpha}_3-\frac{\langle\boldsymbol{\alpha}_3,\boldsymbol{\beta}_1\rangle}{\langle\boldsymbol{\beta}_1,\boldsymbol{\beta}_1\rangle}\boldsymbol{\beta}_1-\frac{\langle\boldsymbol{\alpha}_3,\boldsymbol{\beta}_2\rangle}{\langle\boldsymbol{\beta}_2,\boldsymbol{\beta}_2\rangle}\boldsymbol{\beta}_2=\begin{bmatrix}-1\\1\\3\end{bmatrix}-\frac{3}{3}\begin{bmatrix}1\\1\\1\end{bmatrix}-\frac{-2}{2}\begin{bmatrix}1\\-1\\0\end{bmatrix}=\begin{bmatrix}-1\\-1\\2\end{bmatrix}.$$

再把它们单位化,令

$$\boldsymbol{\varepsilon}_1=\frac{\boldsymbol{\beta}_1}{\|\boldsymbol{\beta}_1\|}=\frac{1}{\sqrt{3}}\begin{bmatrix}1\\1\\1\end{bmatrix},\quad \boldsymbol{\varepsilon}_2=\frac{\boldsymbol{\beta}_2}{\|\boldsymbol{\beta}_2\|}=\frac{1}{\sqrt{2}}\begin{bmatrix}1\\-1\\0\end{bmatrix},\quad \boldsymbol{\varepsilon}_3=\frac{\boldsymbol{\beta}_3}{\|\boldsymbol{\beta}_3\|}=\frac{1}{\sqrt{6}}\begin{bmatrix}-1\\-1\\2\end{bmatrix}.$$

$\boldsymbol{\varepsilon}_1,\boldsymbol{\varepsilon}_2,\boldsymbol{\varepsilon}_3$ 即为所求.

3.5.3 正交矩阵

向量空间 V 的一个基 $\boldsymbol{\alpha}_1,\boldsymbol{\alpha}_2,\cdots,\boldsymbol{\alpha}_m$ 是标准正交基的充分必要条件是

$$\boldsymbol{\alpha}_i^{\mathrm{T}}\boldsymbol{\alpha}_j=\langle\boldsymbol{\alpha}_i,\boldsymbol{\alpha}_j\rangle=\delta_{ij}=\begin{cases}1, & i=j,\\0, & i\neq j,\end{cases}\quad i,j=1,2,\cdots,m,$$

因此 $\boldsymbol{e}_1,\boldsymbol{e}_2,\cdots,\boldsymbol{e}_n$ 是 n 维向量空间 $\mathbf{R}^n$ 的标准正交基,并记 $\boldsymbol{A}=(\boldsymbol{e}_1,\boldsymbol{e}_2,\cdots,\boldsymbol{e}_n)$,则有

$$\begin{bmatrix}\boldsymbol{e}_1^{\mathrm{T}}\\\boldsymbol{e}_2^{\mathrm{T}}\\\vdots\\\boldsymbol{e}_n^{\mathrm{T}}\end{bmatrix}(\boldsymbol{e}_1,\boldsymbol{e}_2,\cdots,\boldsymbol{e}_n)=\boldsymbol{A}^{\mathrm{T}}\boldsymbol{A}=\boldsymbol{E}.$$

一般地,有下面的定义.

定义 3.19　如果 n 阶实方阵 $\boldsymbol{A}$ 满足

$$\boldsymbol{A}^{\mathrm{T}}\boldsymbol{A}=\boldsymbol{E},$$

则称 $\boldsymbol{A}$ 为**正交矩阵**.

由此定义易证明 n 阶正交矩阵 $\boldsymbol{A}$ 具有如下的性质:

性质 3.3　(1) $\boldsymbol{A}$ 的行列式为 $+1$ 或 -1;

(2) $\boldsymbol{A}$ 可逆,且 $\boldsymbol{A}^{-1}=\boldsymbol{A}^{\mathrm{T}}$;

(3) $\boldsymbol{A}$ 的列向量组是 $\mathbf{R}^n$ 的一个标准正交基.

习　题　3

1. 选择题

(1) n 维向量组 $\boldsymbol{\alpha}_1,\boldsymbol{\alpha}_2,\cdots,\boldsymbol{\alpha}_s(3\leqslant s\leqslant n)$线性无关的充要条件是____.

(A) 存在全都为零的数 $k_1,k_2,\cdots,k_s$,使得 $k_1\boldsymbol{\alpha}_1+k_2\boldsymbol{\alpha}_2+\cdots+k_s\boldsymbol{\alpha}_s=\mathbf{0}$;

(B) 存在不全为零的数 $k_1,k_2,\cdots,k_s$,使得 $k_1\boldsymbol{\alpha}_1+k_2\boldsymbol{\alpha}_2+\cdots+k_s\boldsymbol{\alpha}_s\neq\mathbf{0}$;

(C) 存在不全为零的数 $k_1,k_2,\cdots,k_s$,使得 $k_1\boldsymbol{\alpha}_1+k_2\boldsymbol{\alpha}_2+\cdots+k_s\boldsymbol{\alpha}_s=\mathbf{0}$;

(D) 任意不全为零的数 $k_1,k_2,\cdots,k_s$,都有 $k_1\boldsymbol{\alpha}_1+k_2\boldsymbol{\alpha}_2+\cdots+k_s\boldsymbol{\alpha}_s\neq\mathbf{0}$.

(2) 向量组 $\boldsymbol{\alpha}_1,\boldsymbol{\alpha}_2,\cdots,\boldsymbol{\alpha}_s$ 线性无关的充要条件是____.

(A) 存在一组数 $k_i(i=1,2,\cdots,s)$,使 $k_1\boldsymbol{\alpha}_1+k_2\boldsymbol{\alpha}_2+\cdots+k_s\boldsymbol{\alpha}_s\neq\mathbf{0}$;

(B) $\boldsymbol{\alpha}_1,\boldsymbol{\alpha}_2,\cdots,\boldsymbol{\alpha}_s$ 中任意两个向量线性无关;

(C) $\boldsymbol{\alpha}_1,\boldsymbol{\alpha}_2,\cdots,\boldsymbol{\alpha}_s$ 中存在一个向量不能用其余向量线性表示;

(D) $\boldsymbol{\alpha}_1,\boldsymbol{\alpha}_2,\cdots,\boldsymbol{\alpha}_s$ 中任意向量不能用其余向量线性表示.

(3) 若 $\boldsymbol{\alpha}_1,\boldsymbol{\alpha}_2,\cdots,\boldsymbol{\alpha}_r$ 是向量组 $\boldsymbol{\alpha}_1,\boldsymbol{\alpha}_2,\cdots,\boldsymbol{\alpha}_r,\cdots,\boldsymbol{\alpha}_n$ 的最大无关组,则下面说法中不正确的是____.

(A) $\boldsymbol{\alpha}_n$ 可由 $\boldsymbol{\alpha}_1,\boldsymbol{\alpha}_2,\cdots,\boldsymbol{\alpha}_r$ 线性表示;　　(B) $\boldsymbol{\alpha}_1$ 可由 $\boldsymbol{\alpha}_{r+1},\boldsymbol{\alpha}_{r+2},\cdots,\boldsymbol{\alpha}_n$ 线性表示;

(C) $\boldsymbol{\alpha}_1$ 可由 $\boldsymbol{\alpha}_1,\boldsymbol{\alpha}_2,\cdots,\boldsymbol{\alpha}_r$ 线性表示;　　(D) $\boldsymbol{\alpha}_n$ 可由 $\boldsymbol{\alpha}_{r+1},\boldsymbol{\alpha}_{r+2},\cdots,\boldsymbol{\alpha}_n$ 线性表示.

(4) 设向量 $\boldsymbol{\beta}$ 可由向量组 $\boldsymbol{\alpha}_1,\boldsymbol{\alpha}_2,\cdots,\boldsymbol{\alpha}_m$ 线性表示,但不能由向量组(1):$\boldsymbol{\alpha}_1,\boldsymbol{\alpha}_2,\cdots,\boldsymbol{\alpha}_{m-1}$线性表示,记向量组(2):$\boldsymbol{\alpha}_1,\boldsymbol{\alpha}_2,\cdots,\boldsymbol{\alpha}_{m-1},\boldsymbol{\beta}$,则____.

(A) $\boldsymbol{\alpha}_m$ 既不能由(1)也不能由(2)线性表示;

(B) $\boldsymbol{\alpha}_m$ 不能由(1)线性表示,但可由(2)线性表示;

(C) $\boldsymbol{\alpha}_m$ 既可由(1)也可由(2)线性表示;

(D) $\boldsymbol{\alpha}_m$ 可由(1)线性表示,但不能由(2)线性表示.

2. 设 $\boldsymbol{\alpha}$ 可由 $\boldsymbol{\alpha}_1,\boldsymbol{\alpha}_2,\boldsymbol{\alpha}_3$ 线性表示,但 $\boldsymbol{\alpha}$ 不能由 $\boldsymbol{\alpha}_2,\boldsymbol{\alpha}_3$ 线性表示. 证明:$\boldsymbol{\alpha}_1$ 可由 $\boldsymbol{\alpha},\boldsymbol{\alpha}_2,\boldsymbol{\alpha}_3$ 线性表示.

3. 设 $\boldsymbol{\beta}_1=\boldsymbol{\alpha}_2+\boldsymbol{\alpha}_3+\cdots+\boldsymbol{\alpha}_k,\boldsymbol{\beta}_2=\boldsymbol{\alpha}_1+\boldsymbol{\alpha}_3+\cdots+\boldsymbol{\alpha}_k,\cdots,\boldsymbol{\beta}_k=\boldsymbol{\alpha}_1+\boldsymbol{\alpha}_2+\cdots+\boldsymbol{\alpha}_{k-1}$，证明：$\boldsymbol{\alpha}_1,\boldsymbol{\alpha}_2,\cdots,\boldsymbol{\alpha}_k$ 与 $\boldsymbol{\beta}_1,\boldsymbol{\beta}_2,\cdots,\boldsymbol{\beta}_k$ 等价($k\geqslant 2$).

4. 判别下列向量组的线性关系：

(1) $\boldsymbol{\alpha}_1=(2,1,-3,-2)^{\mathrm{T}},\boldsymbol{\alpha}_2=(-4,-2,6,4)^{\mathrm{T}}$；

(2) $\boldsymbol{\alpha}_1=(1,1,0)^{\mathrm{T}},\boldsymbol{\alpha}_2=(1,2,0)^{\mathrm{T}},\boldsymbol{\alpha}_3=(1,1,4)^{\mathrm{T}},\boldsymbol{\alpha}_4=(1,1,9)^{\mathrm{T}}$；

(3) $\boldsymbol{\alpha}_1=(1,0,5)^{\mathrm{T}},\boldsymbol{\alpha}_2=(0,3,-2)^{\mathrm{T}},\boldsymbol{\alpha}_3=(0,0,0)^{\mathrm{T}}$；

(4) $\boldsymbol{\alpha}_1=(1,2,1)^{\mathrm{T}},\boldsymbol{\alpha}_2=(2,1,3)^{\mathrm{T}},\boldsymbol{\alpha}_3=(1,-1,2)^{\mathrm{T}}$；

(5) $\boldsymbol{\alpha}_1=(1,2,1,0)^{\mathrm{T}},\boldsymbol{\alpha}_2=(2,1,3,-5)^{\mathrm{T}},\boldsymbol{\alpha}_3=(1,0,1,2)^{\mathrm{T}}$；

(6) $\boldsymbol{\alpha}_1=(1,1,0,0,1)^{\mathrm{T}},\boldsymbol{\alpha}_2=(0,2,1,0,2)^{\mathrm{T}},\boldsymbol{\alpha}_3=(0,3,0,1,3)^{\mathrm{T}}$.

5. 已知 $\boldsymbol{\alpha}_1,\boldsymbol{\alpha}_2,\boldsymbol{\alpha}_3,\boldsymbol{\beta}$ 线性无关，令 $\boldsymbol{\beta}_1=\boldsymbol{\alpha}_1+\boldsymbol{\beta},\boldsymbol{\beta}_2=\boldsymbol{\alpha}_2+2\boldsymbol{\beta},\boldsymbol{\beta}_3=\boldsymbol{\alpha}_3+3\boldsymbol{\beta}$，试证 $\boldsymbol{\beta}_1,\boldsymbol{\beta}_2,\boldsymbol{\beta}_3,\boldsymbol{\beta}$ 线性无关.

6. 如果向量组 $\boldsymbol{\alpha}_1,\boldsymbol{\alpha}_2,\cdots,\boldsymbol{\alpha}_s$ 线性无关，证明向量组 $\boldsymbol{\alpha}_1,\boldsymbol{\alpha}_1+\boldsymbol{\alpha}_2,\cdots,\boldsymbol{\alpha}_1+\boldsymbol{\alpha}_2+\cdots+\boldsymbol{\alpha}_s$ 也线性无关.

7. 设 $\boldsymbol{\alpha}_1,\boldsymbol{\alpha}_2,\cdots,\boldsymbol{\alpha}_n$ 是一组 n 维向量，证明它们线性无关的充分必要条件是：任一 n 维向量都可由它们线性表示.

*8. 设 $\boldsymbol{A},\boldsymbol{B}$ 为任意两个非零矩阵.

(1) 若 $\boldsymbol{A},\boldsymbol{B}$ 满足 $\boldsymbol{AB}=\boldsymbol{E}$，证明 $\boldsymbol{A}$ 的行向量组线性无关，$\boldsymbol{B}$ 的列向量组线性无关；

(2) 若 $\boldsymbol{A},\boldsymbol{B}$ 满足 $\boldsymbol{AB}=\boldsymbol{O}$，证明 $\boldsymbol{A}$ 的行向量组线性相关，$\boldsymbol{B}$ 的列向量组线性相关.

9. (1) 设三阶矩阵 $\boldsymbol{A}=\begin{bmatrix}1&2&-2\\2&1&2\\3&0&4\end{bmatrix}$，3 维列向量 $\boldsymbol{\alpha}=(a,1,1)^{\mathrm{T}}$，若 $\boldsymbol{A\alpha}$ 与 $\boldsymbol{\alpha}$ 线性相关，求 a.

(2) 设 $\boldsymbol{\alpha}_1=(k,1,1)^{\mathrm{T}},\boldsymbol{\alpha}_2=(0,2,3)^{\mathrm{T}},\boldsymbol{\alpha}_3=(1,2,1)^{\mathrm{T}}$，若 $\boldsymbol{\alpha}_1,\boldsymbol{\alpha}_2,\boldsymbol{\alpha}_3$ 线性相关，求 k.

10. 设有向量组 $\boldsymbol{\alpha}_1=\begin{bmatrix}1\\2\\1\end{bmatrix},\boldsymbol{\alpha}_2=\begin{bmatrix}2\\1\\3\end{bmatrix},\boldsymbol{\alpha}_3=\begin{bmatrix}3\\1\\4\end{bmatrix},\boldsymbol{\alpha}_4=\begin{bmatrix}0\\2\\0\end{bmatrix},\boldsymbol{\alpha}_5=\begin{bmatrix}1\\1\\1\end{bmatrix}$，试求：

(1) 该向量组的秩；

(2) 该向量组的一个最大线性无关组；

(3) 用(2)中选定的最大线性无关组表示该向量组中其余向量.

11. 确定数 a 使向量组 $\boldsymbol{\alpha}_1=\begin{bmatrix}a\\1\\\vdots\\1\end{bmatrix},\boldsymbol{\alpha}_2=\begin{bmatrix}1\\a\\\vdots\\1\end{bmatrix},\cdots,\boldsymbol{\alpha}_n=\begin{bmatrix}1\\1\\\vdots\\a\end{bmatrix}$ 的秩为 n.

12. 设向量组 $\boldsymbol{\alpha}_1,\boldsymbol{\alpha}_2,\cdots,\boldsymbol{\alpha}_m$ 与向量组 $\boldsymbol{\alpha}_1,\boldsymbol{\alpha}_2,\cdots,\boldsymbol{\alpha}_m,\boldsymbol{\beta}$ 的秩相等，试证：向量组 $\boldsymbol{\alpha}_1,\boldsymbol{\alpha}_2,\cdots,\boldsymbol{\alpha}_m$ 与向量组 $\boldsymbol{\alpha}_1,\boldsymbol{\alpha}_2,\cdots,\boldsymbol{\alpha}_m,\boldsymbol{\beta}$ 等价.

13. 求向量组 $\boldsymbol{\alpha}_1=\begin{bmatrix}1\\1\\1\\k\end{bmatrix},\boldsymbol{\alpha}_2=\begin{bmatrix}1\\1\\k\\1\end{bmatrix},\boldsymbol{\alpha}_3=\begin{bmatrix}1\\2\\1\\1\end{bmatrix}$ 的秩和一个最大线性无关组.

*14. 设3维向量组 $\boldsymbol{\alpha}_1,\boldsymbol{\alpha}_2,\boldsymbol{\alpha}_3$ 线性无关 $\boldsymbol{\gamma}_1=\boldsymbol{\alpha}_1+\boldsymbol{\alpha}_2-\boldsymbol{\alpha}_3,\boldsymbol{\gamma}_2=3\boldsymbol{\alpha}_1-\boldsymbol{\alpha}_2,\boldsymbol{\gamma}_3=4\boldsymbol{\alpha}_1-\boldsymbol{\alpha}_3,\boldsymbol{\gamma}_4=2\boldsymbol{\alpha}_1-2\boldsymbol{\alpha}_2+\boldsymbol{\alpha}_3$,求向量组 $\boldsymbol{\gamma}_1,\boldsymbol{\gamma}_2,\boldsymbol{\gamma}_3,\boldsymbol{\gamma}_4$ 的秩.

15. 已知向量组 $A:\boldsymbol{\alpha}_1,\boldsymbol{\alpha}_2,\boldsymbol{\alpha}_3$, $B:\boldsymbol{\alpha}_1,\boldsymbol{\alpha}_2,\boldsymbol{\alpha}_3,\boldsymbol{\alpha}_4$, $C:\boldsymbol{\alpha}_1,\boldsymbol{\alpha}_2,\boldsymbol{\alpha}_3,\boldsymbol{\alpha}_5$. 若 $R(A)=R(B)=3$, $R(C)=4$,证明向量组 $\boldsymbol{\alpha}_1,\boldsymbol{\alpha}_2,\boldsymbol{\alpha}_3,\boldsymbol{\alpha}_5-\boldsymbol{\alpha}_4$ 的秩为4.

*16. 设4维向量组 $\boldsymbol{\alpha}_1=(1+a,1,1,1)^{\mathrm{T}},\boldsymbol{\alpha}_2=(2,2+a,2,2)^{\mathrm{T}},\boldsymbol{\alpha}_3=(3,3,3+a,3)^{\mathrm{T}},\boldsymbol{\alpha}_4=(4,4,4,4+a)^{\mathrm{T}}$,问何时它们线性相关?当线性相关时,求一个最大无关组,并把其余向量用该最大无关组线性表示.

17. 已知 $\boldsymbol{\alpha}_1=(1,0,1,2)^{\mathrm{T}},\boldsymbol{\alpha}_2=(0,1,1,2)^{\mathrm{T}},\boldsymbol{\alpha}_3=(-1,1,0,a-3)^{\mathrm{T}},\boldsymbol{\alpha}_4=(1,2,a,6)^{\mathrm{T}},\boldsymbol{\alpha}_5=(1,1,2,3)^{\mathrm{T}}$,问 a 等于何值时向量组 $\boldsymbol{\alpha}_1,\boldsymbol{\alpha}_2,\boldsymbol{\alpha}_3,\boldsymbol{\alpha}_4,\boldsymbol{\alpha}_5$ 的秩等于3,并求出此时它的一个最大线性无关组.

*18. 设 n 维向量组 $\boldsymbol{\alpha}_1,\boldsymbol{\alpha}_2,\cdots,\boldsymbol{\alpha}_m$ 线性无关,且向量组 $\boldsymbol{\beta}_1,\boldsymbol{\beta}_2,\cdots,\boldsymbol{\beta}_s$ 可由 $\boldsymbol{\alpha}_1,\boldsymbol{\alpha}_2,\cdots,\boldsymbol{\alpha}_m$ 线性表示,即存在 $m\times s$ 的矩阵 $\boldsymbol{C}$ 满足 $(\boldsymbol{\beta}_1,\boldsymbol{\beta}_2,\cdots,\boldsymbol{\beta}_s)=(\boldsymbol{\alpha}_1,\boldsymbol{\alpha}_2,\cdots,\boldsymbol{\alpha}_m)\boldsymbol{C}$.

(1) 证明 $R(\boldsymbol{\beta}_1,\boldsymbol{\beta}_2,\cdots,\boldsymbol{\beta}_s)=R(\boldsymbol{C})$;

(2) 设 $\boldsymbol{\alpha}_1,\boldsymbol{\alpha}_2,\boldsymbol{\alpha}_3,\boldsymbol{\alpha}_4$ 线性无关,利用(1)的结论,判断下列向量组的线性关系:

$$\boldsymbol{\alpha}_1+\boldsymbol{\alpha}_2+\boldsymbol{\alpha}_3,\quad \boldsymbol{\alpha}_2+\boldsymbol{\alpha}_3+\boldsymbol{\alpha}_4,\quad \boldsymbol{\alpha}_3+\boldsymbol{\alpha}_4+\boldsymbol{\alpha}_1,\quad \boldsymbol{\alpha}_4+\boldsymbol{\alpha}_1+\boldsymbol{\alpha}_2.$$

19. 求由向量组 $\boldsymbol{\alpha}_1=(1,1,1,-1)^{\mathrm{T}},\boldsymbol{\alpha}_2=(-1,-1,-1,1)^{\mathrm{T}},\boldsymbol{\alpha}_3=(-1,1,-2,3)^{\mathrm{T}},\boldsymbol{\alpha}_4=(1,-3,3,-5)^{\mathrm{T}},\boldsymbol{\alpha}_5=\left(0,1,-\dfrac{1}{2},1\right)^{\mathrm{T}}$ 所生成的向量空间的一组基及其维数.

20. $\mathbf{R}^3$ 中的两组基 $\boldsymbol{\alpha}_1=(1,0,1)^{\mathrm{T}},\boldsymbol{\alpha}_2=(0,1,0)^{\mathrm{T}},\boldsymbol{\alpha}_3=(1,2,2)^{\mathrm{T}}$ 与 $\boldsymbol{\beta}_1=(1,0,0)^{\mathrm{T}},\boldsymbol{\beta}_2=(1,1,0)^{\mathrm{T}},\boldsymbol{\beta}_3=(1,1,1)^{\mathrm{T}}$,求:

(1) 由基 $\boldsymbol{\alpha}_1,\boldsymbol{\alpha}_2,\boldsymbol{\alpha}_3$ 到基 $\boldsymbol{\beta}_1,\boldsymbol{\beta}_2,\boldsymbol{\beta}_3$ 的过渡矩阵;

(2) $\boldsymbol{\alpha}=(1,3,0)^{\mathrm{T}}$ 在基 $\boldsymbol{\alpha}_1,\boldsymbol{\alpha}_2,\boldsymbol{\alpha}_3$ 下的坐标.

第4章　线性方程组

在第1章中，我们曾用克拉默法则来求解线性方程组，在那里对线性方程组有两个限制，一是线性方程组的个数和未知量的个数相等，二是系数行列式不等于零. 本章将去掉这两个限制，来研究一般线性方程组

$$\begin{cases} a_{11}x_1+a_{12}x_2+\cdots+a_{1n}x_n=b_1, \\ a_{21}x_1+a_{22}x_2+\cdots+a_{2n}x_n=b_2, \\ \cdots\cdots \\ a_{m1}x_1+a_{m2}x_2+\cdots+a_{mn}x_n=b_m \end{cases} \tag{4.1}$$

何时有解？在有解的情况下，解的结构如何？如何求解？

4.1　一般概念

由第2章我们知道，线性方程组(4.1)可表示成矩阵形式

$$\boldsymbol{Ax}=\boldsymbol{b}, \tag{4.2}$$

其中

$$\boldsymbol{A}=\begin{bmatrix} a_{11} & a_{12} & \cdots & a_{1n} \\ a_{21} & a_{22} & \cdots & a_{2n} \\ \vdots & \vdots & & \vdots \\ a_{m1} & a_{m2} & \cdots & a_{mn} \end{bmatrix},\quad \boldsymbol{x}=\begin{bmatrix} x_1 \\ x_2 \\ \vdots \\ x_n \end{bmatrix},\quad \boldsymbol{b}=\begin{bmatrix} b_1 \\ b_2 \\ \vdots \\ b_m \end{bmatrix}.$$

矩阵 $\boldsymbol{A}$ 称为线性方程组(4.1)的**系数矩阵**，$\boldsymbol{b}$ 称为常数项矩阵，矩阵 $(\boldsymbol{A}|\boldsymbol{b})$ 称为线性方程组(4.1)的**增广矩阵**.

若常数项 $b_1,b_2,\cdots,b_m$ 全为0(即 $\boldsymbol{b}=\boldsymbol{0}$)，则称线性方程组(4.1)(或式(4.2))为齐次线性方程组，若常数项 $b_i(i=1,2,\cdots,m)$ 至少有一个不为0(即 $\boldsymbol{b}\neq\boldsymbol{0}$)，则称线性方程组(4.1)(或式(4.2))为非齐次线性方程组. $\boldsymbol{Ax}=\boldsymbol{0}$ 称为与它有相同系数矩阵的非齐次线性方程组 $\boldsymbol{Ax}=\boldsymbol{b}$ 所对应的齐次线性方程组.

代入线性方程组(4.1)后，能使每个方程变为恒等式的 n 个数 $x_1,x_2,\cdots,x_n$ 称为线性方程组(4.1)的**解**. 线性方程组(4.2)以向量 $\boldsymbol{x}$ 为未知元，它的解称为线性方程组(4.1)的解向量. 今后线性方程组的解与解向量不加区别.

在中学我们用高斯消元法解线性方程组时，常需要对方程组进行下列三种同解变换：

(1) 互换两个方程的位置;

(2) 将某个方程两边同时乘以一个非零常数;

(3) 将某个方程乘以一个数后,加到另一个方程上去.

而对于方程组(4.1)施行这三种同解变换,实际上就是对方程组(4.1)的增广矩阵

$$(\boldsymbol{A}|\boldsymbol{b})=\begin{bmatrix} a_{11} & a_{12} & \cdots & a_{1n} & b_1 \\ a_{21} & a_{22} & \cdots & a_{2n} & b_2 \\ \vdots & \vdots & & \vdots & \vdots \\ a_{m1} & a_{m2} & \cdots & a_{mn} & b_m \end{bmatrix}$$

施行相应的初等行变换,由此得到下面的结论.

定理 4.1　若对线性方程组 $\boldsymbol{Ax}=\boldsymbol{b}$ 的增广矩阵 $(\boldsymbol{A}|\boldsymbol{b})$ 经过一系列初等行变换化为矩阵 $(\boldsymbol{A}_1|\boldsymbol{b}_1)$,则该矩阵对应的线性方程组 $\boldsymbol{A}_1\boldsymbol{x}=\boldsymbol{b}_1$ 与线性方程组 $\boldsymbol{Ax}=\boldsymbol{b}$ 同解.

证　由分块矩阵的运算及初等变换的性质知,存在非奇异矩阵 $\boldsymbol{P}$,使得

$$\boldsymbol{P}(\boldsymbol{A}|\boldsymbol{b})=(\boldsymbol{PA}|\boldsymbol{Pb})=(\boldsymbol{A}_1|\boldsymbol{b}_1),$$

即

$$\boldsymbol{PA}=\boldsymbol{A}_1,\quad \boldsymbol{Pb}=\boldsymbol{b}_1.$$

若 $\boldsymbol{\eta}$ 是 $\boldsymbol{Ax}=\boldsymbol{b}$ 的解,则 $\boldsymbol{A\eta}=\boldsymbol{b}$,于是

$$\boldsymbol{A}_1\boldsymbol{\eta}=\boldsymbol{PA\eta}=\boldsymbol{Pb}=\boldsymbol{b}_1,$$

即 $\boldsymbol{\eta}$ 是 $\boldsymbol{A}_1\boldsymbol{x}=\boldsymbol{b}_1$ 的解;反之,若 $\boldsymbol{\eta}$ 是 $\boldsymbol{A}_1\boldsymbol{x}=\boldsymbol{b}_1$ 的解,则 $\boldsymbol{A}_1\boldsymbol{\eta}=\boldsymbol{b}_1$,于是

$$\boldsymbol{A\eta}=(\boldsymbol{P}^{-1}\boldsymbol{A}_1)\boldsymbol{\eta}=\boldsymbol{P}^{-1}(\boldsymbol{A}_1\boldsymbol{\eta})=\boldsymbol{P}^{-1}\boldsymbol{b}_1=\boldsymbol{b},$$

即 $\boldsymbol{\eta}$ 是 $\boldsymbol{Ax}=\boldsymbol{b}$ 的解. 故线性方程组 $\boldsymbol{Ax}=\boldsymbol{b}$ 与 $\boldsymbol{A}_1\boldsymbol{x}=\boldsymbol{b}_1$ 同解.　**证毕**

推论　若齐次线性方程组 $\boldsymbol{Ax}=\boldsymbol{0}$ 的系数矩阵 $\boldsymbol{A}$ 经过一系列初等行变换化为矩阵 $\boldsymbol{A}_1$,则齐次线性方程组 $\boldsymbol{Ax}=\boldsymbol{0}$ 与 $\boldsymbol{A}_1\boldsymbol{x}=\boldsymbol{0}$ 同解.

4.2　线性方程组解的存在性

由第 2 章知道线性方程组(4.1)可以表示成如下向量形式:

$$x_1\boldsymbol{\alpha}_1+x_2\boldsymbol{\alpha}_2+\cdots+x_n\boldsymbol{\alpha}_n=\boldsymbol{b},$$

其中 $\boldsymbol{\alpha}_j=(a_{1j},a_{2j},\dots,a_{mj})^{\mathrm{T}}$ 为系数矩阵的第 j 列 $(j=1,2,\cdots,n)$,因此方程组(4.1)有解等价于向量 $\boldsymbol{b}$ 能由向量组 $\boldsymbol{\alpha}_1,\boldsymbol{\alpha}_2,\cdots,\boldsymbol{\alpha}_n$ 线性表示,而向量 $\boldsymbol{b}$ 能由向量组 $\boldsymbol{\alpha}_1,\boldsymbol{\alpha}_2,\cdots,\boldsymbol{\alpha}_n$ 线性表示的充分必要条件是向量组 $\boldsymbol{\alpha}_1,\boldsymbol{\alpha}_2,\cdots,\boldsymbol{\alpha}_n$ 与向量组 $\boldsymbol{\alpha}_1,\boldsymbol{\alpha}_2,\cdots,\boldsymbol{\alpha}_n,\boldsymbol{b}$ 等价. 于是由定理 3.5 推论得 $R(\boldsymbol{\alpha}_1,\boldsymbol{\alpha}_2,\cdots,\boldsymbol{\alpha}_n)=R(\boldsymbol{\alpha}_1,\boldsymbol{\alpha}_2,\cdots,\boldsymbol{\alpha}_n,\boldsymbol{b})$,即 $R(\boldsymbol{A})=R(\boldsymbol{A}|\boldsymbol{b})$,反之若 $R(\boldsymbol{A})=R(\boldsymbol{A}|\boldsymbol{b})$,又因为 $\boldsymbol{A}$ 的列向量组 $\boldsymbol{\alpha}_1,\boldsymbol{\alpha}_2,\cdots,\boldsymbol{\alpha}_n$ 可

由矩阵$(\boldsymbol{A}|\boldsymbol{b})$的列向量组$\boldsymbol{\alpha}_1,\boldsymbol{\alpha}_2,\cdots,\boldsymbol{\alpha}_n,\boldsymbol{b}$线性表示，所以由例 3.10 知，向量组$\boldsymbol{\alpha}_1,\boldsymbol{\alpha}_2,\cdots,\boldsymbol{\alpha}_n$与向量组$\boldsymbol{\alpha}_1,\boldsymbol{\alpha}_2,\cdots,\boldsymbol{\alpha}_n,\boldsymbol{b}$等价. 于是有下面的定理.

定理 4.2 线性方程组(4.1)有解的充分必要条件是它的系数矩阵$\boldsymbol{A}$的秩与增广矩阵$(\boldsymbol{A}|\boldsymbol{b})$的秩相等，即$R(\boldsymbol{A})=R(\boldsymbol{A}|\boldsymbol{b})$.

对于齐次线性方程组$\boldsymbol{Ax}=\boldsymbol{0}$，因$\boldsymbol{b}=\boldsymbol{0}$，所以总有$R(\boldsymbol{A})=R(\boldsymbol{A}|\boldsymbol{0})$，故由定理 4.2 知，**齐次线性方程组一定有解**. 实际上$x_1=x_2=\cdots=x_n=0$总是齐次线性方程组的解.

例 4.1 已知方程组$\begin{cases}x_1+2x_2+x_3=1,\\2x_1+3x_2+(a+2)x_3=3\\x_1+ax_2-2x_3=0\end{cases}$无解，求$a$的值.

解 对增广矩阵$(\boldsymbol{A}|\boldsymbol{b})$施行初等行变换化为行阶梯矩阵：

$$(\boldsymbol{A}|\boldsymbol{b})=\left[\begin{array}{ccc|c}1&2&1&1\\2&3&a+2&3\\1&a&-2&0\end{array}\right]\to\left[\begin{array}{ccc|c}1&2&1&1\\0&-1&a&1\\0&a-2&-3&-1\end{array}\right]\to\left[\begin{array}{ccc|c}1&2&1&1\\0&1&-a&-1\\0&0&(a-3)(a+1)&a-3\end{array}\right].$$

因为方程组无解，所以$R(\boldsymbol{A})\neq R(\boldsymbol{A}|\boldsymbol{b})$，由此得$a=-1$.

例 4.2 设$\boldsymbol{A}$是$m\times n$矩阵，其秩$R(\boldsymbol{A})=m$，证明非齐次线性方程组$\boldsymbol{Ax}=\boldsymbol{b}$有解.

证 由于非齐次线性方程组$\boldsymbol{Ax}=\boldsymbol{b}$的系数矩阵$\boldsymbol{A}$是增广矩阵$(\boldsymbol{A}|\boldsymbol{b})$的子阵，故$m=R(\boldsymbol{A})\leqslant R(\boldsymbol{A}|\boldsymbol{b})\leqslant m$. 于是有$R(\boldsymbol{A})=R(\boldsymbol{A}|\boldsymbol{b})=m$，由定理 4.2 知，非齐次线性方程组$\boldsymbol{Ax}=\boldsymbol{b}$有解.

4.3 齐次线性方程组解的结构及其解法

4.3.1 齐次线性方程组有非零解的充分必要条件

由 4.2 节的讨论知，齐次线性方程组

$$\begin{cases}a_{11}x_1+a_{12}x_2+\cdots+a_{1n}x_n=0,\\a_{21}x_1+a_{22}x_2+\cdots+a_{2n}x_n=0,\\\cdots\cdots\\a_{m1}x_1+a_{m2}x_2+\cdots+a_{mn}x_n=0\end{cases}\tag{4.3}$$

总是有零解的，因此对于齐次线性方程组我们主要关心的是其何时有非零解. 由第 2 章知齐次线性方程组(4.3)可以写成矩阵形式：

$$\boldsymbol{Ax}=\boldsymbol{0}.\tag{4.4}$$

也可写成如下向量形式：

$$x_1\boldsymbol{\alpha}_1+x_2\boldsymbol{\alpha}_2+\cdots+x_n\boldsymbol{\alpha}_n=\boldsymbol{0},$$

其中 $\boldsymbol{\alpha}_i$ 是系数矩阵 $\boldsymbol{A}$ 的第 i 列 $(a_{1i},a_{2i},\cdots,a_{mi})^{\mathrm{T}}(i=1,2,\cdots,n)$，于是齐次线性方程组(4.3)有非零解，就等价于系数矩阵 $\boldsymbol{A}$ 的列向量组 $\boldsymbol{\alpha}_1,\boldsymbol{\alpha}_2,\cdots,\boldsymbol{\alpha}_n$ 线性相关. 从而由定理 3.3 得到下面结论.

定理 4.3　齐次线性方程组(4.3)有非零解的充分必要条件是其系数矩阵 $\boldsymbol{A}$ 的秩小于未知数的个数 n，即 $R(\boldsymbol{A})<n$.

推论　有 n 个未知数 n 个方程的齐次线性方程组

$$\begin{cases} a_{11}x_1+a_{12}x_2+\cdots+a_{1n}x_n=0, \\ a_{21}x_1+a_{22}x_2+\cdots+a_{2n}x_n=0, \\ \quad\cdots\cdots \\ a_{n1}x_1+a_{n2}x_2+\cdots+a_{nn}x_n=0 \end{cases}$$

有非零解的充要条件是它的系数矩阵行列式 $|\boldsymbol{A}|=0$.

由此得到，定理 1.6 不仅是齐次线性方程组有非零解的必要条件也是充分条件.

4.3.2　齐次线性方程组解的结构

齐次线性方程组的解有如下性质.

性质 4.1　(1) 若 $\boldsymbol{\xi}_1,\boldsymbol{\xi}_2$ 是齐次线性方程组(4.4)的解，则 $\boldsymbol{\xi}_1+\boldsymbol{\xi}_2$ 也是方程组(4.4)的解；

(2) 若 $\boldsymbol{\xi}$ 是齐次线性方程组(4.4)的解，λ 为实数，则 $\lambda\boldsymbol{\xi}$ 也是方程组(4.4)的解.

证　因 $\boldsymbol{\xi}_1,\boldsymbol{\xi}_2,\boldsymbol{\xi}$ 是齐次线性方程组(4.4)的解，由矩阵的运算法则得

$$\boldsymbol{A}(\boldsymbol{\xi}_1+\boldsymbol{\xi}_2)=\boldsymbol{A}\boldsymbol{\xi}_1+\boldsymbol{A}\boldsymbol{\xi}_2=\boldsymbol{0};\quad \boldsymbol{A}(\lambda\boldsymbol{\xi})=\lambda(\boldsymbol{A}\boldsymbol{\xi})=\boldsymbol{0}.$$

即 $\boldsymbol{\xi}_1+\boldsymbol{\xi}_2,\lambda\boldsymbol{\xi}$ 也是齐次线性方程组(4.4)的解.　**证毕**

由此可知，齐次线性方程组(4.3)若有一个非零解，则它一定有无穷多个非零解. 记 $N(\boldsymbol{A})$ 为齐次线性方程组(4.3)的所有解的集合，其中 $\boldsymbol{A}$ 为方程组(4.3)的系数矩阵，由性质 4.1 知，$N(\boldsymbol{A})$ 构成一个向量空间，称之为齐次线性方程组(4.3)的**解空间**，解空间 $N(\boldsymbol{A})$ 中的任一组基称之为齐次线性方程组(4.3)的**基础解系**.

定理 4.4　齐次线性方程组(4.3)的解空间 $N(\boldsymbol{A})$ 是 $n-R(\boldsymbol{A})$ 维的.

证　设矩阵 $\boldsymbol{A}$ 为 $m\times n$ 型，且 $R(\boldsymbol{A})=r$.

若 $r=n$，由定理 4.3 知，齐次线性方程组(4.3)有唯一零解，即 $N(\boldsymbol{A})=\{\boldsymbol{0}\}$，此时 $N(\boldsymbol{A})$ 的维数是 $0=n-n=n-r$.

若 $r<n$，则 $\boldsymbol{A}$ 中至少有一 r 阶非零子式. 不妨设 $\boldsymbol{A}$ 的左上角有一个 r 阶非零子式，即

$$\begin{vmatrix} a_{11} & \cdots & a_{1r} \\ \vdots & & \vdots \\ a_{r1} & \cdots & a_{rr} \end{vmatrix} \neq 0.$$

于是对 **A** 进行初等行变换,可得 **A** 的行最简矩阵为

$$\boldsymbol{B}=\begin{bmatrix} 1 & \cdots & 0 & d_{11} & \cdots & d_{1,n-r} \\ \vdots & & \vdots & \vdots & & \vdots \\ 0 & \cdots & 1 & d_{r1} & \cdots & d_{r,n-r} \\ 0 & \cdots & 0 & 0 & \cdots & 0 \\ \vdots & & \vdots & \vdots & & \vdots \\ 0 & \cdots & 0 & 0 & \cdots & 0 \end{bmatrix},$$

由定理 4.1 推论知,矩阵 **B** 对应的齐次线性方程组

$$\begin{cases} x_1=-d_{11}x_{r+1}-\cdots-d_{1,n-r}x_n, \\ \quad\cdots\cdots \\ x_r=-d_{r1}x_{r+1}-\cdots-d_{r,n-r}x_n \end{cases} \tag{4.5}$$

与齐次线性方程组(4.3)同解. 任给 $x_{r+1},\cdots,x_n$ 一组值,可唯一地确定方程组(4.5)的一个解$(x_1,x_2,\cdots,x_r,x_{r+1},\cdots,x_n)^{\mathrm{T}}$. 现分别取 $n-r$ 组数值:

$$\begin{bmatrix} x_{r+1} \\ x_{r+2} \\ \vdots \\ x_n \end{bmatrix}=\begin{bmatrix} 1 \\ 0 \\ \vdots \\ 0 \end{bmatrix},\begin{bmatrix} 0 \\ 1 \\ \vdots \\ 0 \end{bmatrix},\cdots,\begin{bmatrix} 0 \\ 0 \\ \vdots \\ 1 \end{bmatrix},$$

可得齐次方程组(4.3)的 $n-r$ 个解:

$$\boldsymbol{\xi}_1=\begin{bmatrix} -d_{11} \\ -d_{21} \\ \vdots \\ -d_{r1} \\ 1 \\ 0 \\ \vdots \\ 0 \end{bmatrix},\quad \boldsymbol{\xi}_2=\begin{bmatrix} -d_{12} \\ -d_{22} \\ \vdots \\ -d_{r2} \\ 0 \\ 1 \\ \vdots \\ 0 \end{bmatrix},\quad \cdots,\quad \boldsymbol{\xi}_{n-r}=\begin{bmatrix} -d_{1,n-r} \\ -d_{2,n-r} \\ \vdots \\ -d_{r,n-r} \\ 0 \\ 0 \\ \vdots \\ 1 \end{bmatrix};$$

因向量组$(1,0,\cdots,0)^{\mathrm{T}},(0,1,\cdots,0)^{\mathrm{T}},\cdots,(0,0,\cdots,1)^{\mathrm{T}}$ 线性无关,由定理 3.3 的推论 2 知向量组 $\boldsymbol{\xi}_1,\boldsymbol{\xi}_2,\cdots,\boldsymbol{\xi}_{n-r}$ 也线性无关.

设 $\boldsymbol{\xi}=(k_1,k_2,\cdots,k_n)^{\mathrm{T}}$ 是齐次线性方程组(4.3)的任一解,故满足方程组(4.5),即有

$$\begin{cases} k_1 = -d_{11}k_{r+1} - d_{12}k_{r+2} - \cdots - d_{1,n-r}k_n, \\ k_2 = -d_{21}k_{r+1} - d_{22}k_{r+2} - \cdots - d_{2,n-r}k_n, \\ \qquad \cdots\cdots \\ k_r = -d_{r1}k_{r+1} - d_{r2}k_{r+2} - \cdots - d_{r,n-r}k_n, \\ k_{r+1} = k_{r+1} + 0k_{r+2} + \cdots + 0k_n, \\ k_{r+2} = 0k_{r+1} + k_{r+2} + \cdots + 0k_n, \\ \qquad \cdots\cdots \\ k_n = 0k_{r+1} + 0k_{r+1} + \cdots + k_n, \end{cases}$$

写成向量形式：

$$\begin{bmatrix} k_1 \\ k_2 \\ \vdots \\ k_r \\ k_{r+1} \\ k_{r+2} \\ \vdots \\ k_n \end{bmatrix} = \begin{bmatrix} -d_{11} \\ -d_{21} \\ \vdots \\ -d_{r1} \\ 1 \\ 0 \\ \vdots \\ 0 \end{bmatrix} k_{r+1} + \begin{bmatrix} -d_{12} \\ -d_{22} \\ \vdots \\ -d_{r2} \\ 0 \\ 1 \\ \vdots \\ 0 \end{bmatrix} k_{r+2} + \cdots + \begin{bmatrix} -d_{1,n-r} \\ -d_{2,n-r} \\ \vdots \\ -d_{r,n-r} \\ 0 \\ 0 \\ \vdots \\ 1 \end{bmatrix} k_n,$$

即

$$\boldsymbol{\xi} = k_{r+1}\boldsymbol{\xi}_1 + k_{r+2}\boldsymbol{\xi}_2 + \cdots + k_n\boldsymbol{\xi}_{n-r}.$$

这说明齐次线性方程组(4.3)的任意解可由 $\boldsymbol{\xi}_1, \boldsymbol{\xi}_2, \cdots, \boldsymbol{\xi}_{n-r}$线性表示. 综上所述 $\boldsymbol{\xi}_1, \boldsymbol{\xi}_2, \cdots, \boldsymbol{\xi}_{n-r}$是解空间 $N(\boldsymbol{A})$的基，故解空间 $N(\boldsymbol{A})$是 $n-R(\boldsymbol{A})$维的.　　**证毕**

注意　齐次线性方程组(4.3)的任意 $n-R(\boldsymbol{A})$个线性无关的解 $\boldsymbol{\xi}_1, \boldsymbol{\xi}_2, \cdots, \boldsymbol{\xi}_{n-r}$均为它的一个基础解系，并且其通解可表示为

$$\boldsymbol{x} = k_1\boldsymbol{\xi}_1 + k_2\boldsymbol{\xi}_2 + \cdots + k_{n-r}\boldsymbol{\xi}_{n-r},$$

其中 $k_1, k_2, \cdots, k_{n-r}$为任意常数.

例 4.3　已知 $\boldsymbol{\alpha}_1, \boldsymbol{\alpha}_2, \boldsymbol{\alpha}_3$ 是齐次线性方程组 $\boldsymbol{Ax}=\boldsymbol{0}$ 的一个基础解系，判断下列结论是否正确？

(1) $\boldsymbol{\eta}_1 = \boldsymbol{\alpha}_1 + 2\boldsymbol{\alpha}_2, \boldsymbol{\eta}_2 = 3\boldsymbol{\alpha}_2 + \boldsymbol{\alpha}_3, \boldsymbol{\eta}_3 = \boldsymbol{\alpha}_3 - 2\boldsymbol{\alpha}_1$ 也是 $\boldsymbol{Ax}=\boldsymbol{0}$ 的基础解系；

(2) 向量组 $\boldsymbol{\xi}_1, \boldsymbol{\xi}_2, \boldsymbol{\xi}_3$ 能被向量组 $\boldsymbol{\alpha}_1, \boldsymbol{\alpha}_2, \boldsymbol{\alpha}_3$ 线性表示，则 $\boldsymbol{\xi}_1, \boldsymbol{\xi}_2, \boldsymbol{\xi}_3$ 也是 $\boldsymbol{Ax}=\boldsymbol{0}$ 的基础解系.

解　(1) 对. 因为 $\boldsymbol{\alpha}_1, \boldsymbol{\alpha}_2, \boldsymbol{\alpha}_3$ 是 $\boldsymbol{Ax}=\boldsymbol{0}$ 的基础解系，故 $\boldsymbol{Ax}=\boldsymbol{0}$的解空间 $N(\boldsymbol{A})$的维数等于 $R(\boldsymbol{\alpha}_1, \boldsymbol{\alpha}_2, \boldsymbol{\alpha}_3)=3$，且 $\boldsymbol{\alpha}_1, \boldsymbol{\alpha}_2, \boldsymbol{\alpha}_3$ 的线性组合 $\boldsymbol{\eta}_1, \boldsymbol{\eta}_2, \boldsymbol{\eta}_3$ 也是 $\boldsymbol{Ax}=\boldsymbol{0}$ 的解向量. 又

$$(\boldsymbol{\eta}_1,\boldsymbol{\eta}_2,\boldsymbol{\eta}_3)=(\boldsymbol{\alpha}_1,\boldsymbol{\alpha}_2,\boldsymbol{\alpha}_3)\begin{bmatrix}1&0&-2\\2&3&0\\0&1&1\end{bmatrix},$$

而 $\begin{vmatrix}1&0&-2\\2&3&0\\0&1&1\end{vmatrix}=-1\neq0$. 故 $R(\boldsymbol{\eta}_1,\boldsymbol{\eta}_2,\boldsymbol{\eta}_3)=R(\boldsymbol{\alpha}_1,\boldsymbol{\alpha}_2,\boldsymbol{\alpha}_3)=3$,即 $\boldsymbol{\eta}_1,\boldsymbol{\eta}_2,\boldsymbol{\eta}_3$ 线性无关,于是 $\boldsymbol{\eta}_1,\boldsymbol{\eta}_2,\boldsymbol{\eta}_3$ 也是 $\boldsymbol{Ax}=\boldsymbol{0}$ 的基础解系.

(2) 错. 因为 $\boldsymbol{\xi}_1,\boldsymbol{\xi}_2,\boldsymbol{\xi}_3$ 能被向量组 $\boldsymbol{\alpha}_1,\boldsymbol{\alpha}_2,\boldsymbol{\alpha}_3$ 表示,所以 $\boldsymbol{\xi}_1,\boldsymbol{\xi}_2,\boldsymbol{\xi}_3$ 是 $\boldsymbol{Ax}=\boldsymbol{0}$ 的解,但 $R(\boldsymbol{\xi}_1,\boldsymbol{\xi}_2,\boldsymbol{\xi}_3)\leqslant R(\boldsymbol{\alpha}_1,\boldsymbol{\alpha}_2,\boldsymbol{\alpha}_3)=3$,因此不能保证 $\boldsymbol{\xi}_1,\boldsymbol{\xi}_2,\boldsymbol{\xi}_3$ 线性无关,所以 $\boldsymbol{\xi}_1,\boldsymbol{\xi}_2,\boldsymbol{\xi}_3$ 不一定是 $\boldsymbol{Ax}=\boldsymbol{0}$ 的基础解系.

例 4.4 设 $\boldsymbol{A}$ 是 n 阶矩阵,秩 $R(\boldsymbol{A})=n-1$,且 $\boldsymbol{A}$ 的各行元素之和均为 0,求齐次线性方程组 $\boldsymbol{Ax}=\boldsymbol{0}$ 的通解.

解 由于 $n-R(\boldsymbol{A})=n-(n-1)=1$,故 $\boldsymbol{Ax}=\boldsymbol{0}$ 的通解形式为 $k\boldsymbol{\eta}$,因此只需要求出 $\boldsymbol{Ax}=\boldsymbol{0}$的一个非零解 $\boldsymbol{\eta}$ 即可.

不妨设齐次线性方程组 $\boldsymbol{Ax}=\boldsymbol{0}$ 为

$$\begin{cases}a_{11}x_1+a_{12}x_2+\cdots+a_{1n}x_n=0,\\a_{21}x_1+a_{22}x_2+\cdots+a_{2n}x_n=0,\\\qquad\cdots\cdots\\a_{n1}x_1+a_{n2}x_2+\cdots+a_{nn}x_n=0.\end{cases}$$

因为 $\boldsymbol{A}$ 的各行元素之和均为 0,即

$$\begin{cases}a_{11}+a_{12}+\cdots+a_{1n}=0,\\a_{21}+a_{22}+\cdots+a_{2n}=0,\\\qquad\cdots\cdots\\a_{n1}+a_{n2}+\cdots+a_{nn}=0.\end{cases}$$

所以 $x_1=1,x_2=1,\cdots,x_n=1$ 是 $\boldsymbol{Ax}=\boldsymbol{0}$ 的一个解,故 $\boldsymbol{Ax}=\boldsymbol{0}$的通解为

$$k(1,1,\cdots,1)^{\mathrm{T}},\text{其中 } k \text{ 为任意常数}.$$

4.3.3 求解齐次线性方程组

定理 4.4 的证明过程,提供了求解齐次线性方程组通解的方法步骤:

(1) 对系数矩阵 $\boldsymbol{A}_{m\times n}$施行初等行变换,将其化为行阶梯矩阵,

若 $R(\boldsymbol{A}_{m\times n})=n$,则齐次线性方程组 $\boldsymbol{Ax}=\boldsymbol{0}$ 只有零解,解题完毕;

若 $R(\boldsymbol{A}_{m\times n})<n$,则齐次线性方程组 $\boldsymbol{Ax}=\boldsymbol{0}$ 有非零解,转向第(2)步;

(2) 继续对 $\boldsymbol{A}$ 的行阶梯矩阵施行初等行变换,将其化为 $\boldsymbol{A}$ 的行最简矩阵 $\boldsymbol{A}_1$,写出行最简矩阵对应的齐次线性方程组 $\boldsymbol{A}_1\boldsymbol{x}=\boldsymbol{0}$;

(3) 令 $\boldsymbol{A}_1\boldsymbol{x}=\mathbf{0}$ 中的 $n-R(\boldsymbol{A})=n-r$ 个自由未知量分别取 $(1,0,\cdots,0)^{\mathrm{T}}$, $(0,1,\cdots,0)^{\mathrm{T}},\cdots,(0,0,\cdots,1)^{\mathrm{T}}$,代入 $\boldsymbol{A}_1\boldsymbol{x}=\mathbf{0}$ 即得原方程组 $\boldsymbol{Ax}=\mathbf{0}$的一个基础解系 $\boldsymbol{\xi}_1,\boldsymbol{\xi}_2,\cdots,\boldsymbol{\xi}_{n-r}$,从而得出方程组 $\boldsymbol{Ax}=\mathbf{0}$ 的通解.

例 4.5 求齐次线性方程组 $\begin{cases}x_1+3x_2+x_3=0,\\2x_1+6x_2+3x_3-2x_4=0,\\-2x_1-6x_2-4x_4=0\end{cases}$ 的基础解系与通解.

解 将系数矩阵 $\boldsymbol{A}$ 经初等行变换化为行最简矩阵:

$$\boldsymbol{A}=\begin{bmatrix}1&3&1&0\\2&6&3&-2\\-2&-6&0&-4\end{bmatrix}\xrightarrow[r_2-2r_1]{r_3+r_2}\begin{bmatrix}1&3&1&0\\0&0&1&-2\\0&0&3&-6\end{bmatrix}$$

$$\xrightarrow{r_3-3r_2}\begin{bmatrix}1&3&1&0\\0&0&1&-2\\0&0&0&0\end{bmatrix}\xrightarrow{r_1-r_2}\begin{bmatrix}1&3&0&2\\0&0&1&-2\\0&0&0&0\end{bmatrix}.$$

由此知,$R(\boldsymbol{A})=2$,基础解系含有 $4-2=2$ 个向量,且与原齐次线性方程组同解的齐次线性方程组为

$$\begin{cases}x_1+3x_2+2x_4=0,\\x_3-2x_4=0,\end{cases}\text{即}\quad\begin{cases}x_1=-3x_2-2x_4,\\x_3=2x_4.\end{cases}$$

令 $\begin{bmatrix}x_2\\x_4\end{bmatrix}$ 分别取 $\begin{bmatrix}1\\0\end{bmatrix},\begin{bmatrix}0\\1\end{bmatrix}$,解得原齐次线性方程组的一个基础解系:

$$\boldsymbol{\xi}_1=\begin{bmatrix}-3\\1\\0\\0\end{bmatrix},\quad\boldsymbol{\xi}_2=\begin{bmatrix}-2\\0\\2\\1\end{bmatrix}.$$

原齐次线性方程组的通解为

$$\boldsymbol{x}=k_1\boldsymbol{\xi}_1+k_2\boldsymbol{\xi}_2=k_1\begin{bmatrix}-3\\1\\0\\0\end{bmatrix}+k_2\begin{bmatrix}-2\\0\\2\\1\end{bmatrix},\quad k_1,k_2\text{ 为任意常数.}$$

例 4.6 设矩阵 $\boldsymbol{A}=\begin{bmatrix}1&2&1&2\\0&1&c&c\\1&c&0&1\end{bmatrix}$,且齐次线性方程组 $\boldsymbol{Ax}=\mathbf{0}$ 的解空间的维数为 2,求 $\boldsymbol{Ax}=\mathbf{0}$ 的通解.

解 因为齐次线性方程组 $\boldsymbol{Ax}=\mathbf{0}$ 的解空间的维数为 2,所以 $2=n-R(\boldsymbol{A})=4-R(\boldsymbol{A})$,解得 $R(\boldsymbol{A})=2$,又

$$\boldsymbol{A}=\begin{bmatrix}1&2&1&2\\0&1&c&c\\1&c&0&1\end{bmatrix}\rightarrow\begin{bmatrix}1&2&1&2\\0&1&c&c\\0&c-2&-1&-1\end{bmatrix}$$

$$\rightarrow\begin{bmatrix}1&2&1&2\\0&1&c&c\\0&0&-(1-c)^2&-(1-c)^2\end{bmatrix}=\boldsymbol{B}.$$

要使 $R(\mathbf{A})=2$,则必有 $c=1$.

当 $c=1$ 时,对矩阵 $\boldsymbol{B}$ 进行初等行变换得

$$\mathbf{A}\rightarrow\boldsymbol{B}\rightarrow\begin{bmatrix}1&2&1&2\\0&1&1&1\\0&0&0&0\end{bmatrix}\rightarrow\begin{bmatrix}1&0&-1&0\\0&1&1&1\\0&0&0&0\end{bmatrix},$$

此时与 $\mathbf{A}\boldsymbol{x}=\mathbf{0}$ 同解的齐次线性方程组为

$$\begin{cases}x_1=x_3,\\x_2=-x_3-x_4.\end{cases}$$

令 $\begin{bmatrix}x_3\\x_4\end{bmatrix}$ 分别取 $\begin{bmatrix}1\\0\end{bmatrix},\begin{bmatrix}0\\1\end{bmatrix}$,得基础解系 $\boldsymbol{\xi}_1=\begin{bmatrix}1\\-1\\1\\0\end{bmatrix},\boldsymbol{\xi}_2=\begin{bmatrix}0\\-1\\0\\1\end{bmatrix}$,所以齐次线性方程组 $\mathbf{A}\boldsymbol{x}=\mathbf{0}$ 的通解为

$$\boldsymbol{x}=k_1\begin{bmatrix}1\\-1\\1\\0\end{bmatrix}+k_2\begin{bmatrix}0\\-1\\0\\1\end{bmatrix},\quad k_1,k_2\text{ 为任意常数.}$$

4.4　非齐次线性方程组解的结构及其解法

非齐次线性方程组 $\mathbf{A}\boldsymbol{x}=\boldsymbol{b}$ 的解具有下面性质.

性质 4.2　(1) 若 $\boldsymbol{\eta}_1,\boldsymbol{\eta}_2$ 都是非齐次线性方程组 $\mathbf{A}\boldsymbol{x}=\boldsymbol{b}$ 的解,则 $\boldsymbol{\eta}_1-\boldsymbol{\eta}_2$ 是其对应的齐次线性方程组 $\mathbf{A}\boldsymbol{x}=\mathbf{0}$ 的解;

(2) 若 $\boldsymbol{\eta}$ 是非齐次线性方程组 $\mathbf{A}\boldsymbol{x}=\boldsymbol{b}$ 的解,$\boldsymbol{\xi}$ 是其对应的齐次线性方程组 $\mathbf{A}\boldsymbol{x}=\mathbf{0}$ 的解,则 $\boldsymbol{\xi}+\boldsymbol{\eta}$ 仍是 $\mathbf{A}\boldsymbol{x}=\boldsymbol{b}$ 的解.

证　(1) 因为 $\boldsymbol{\eta}_1,\boldsymbol{\eta}_2$ 都是非齐次线性方程组 $\mathbf{A}\boldsymbol{x}=\boldsymbol{b}$ 的解,即 $\mathbf{A}\boldsymbol{\eta}_1=\boldsymbol{b},\mathbf{A}\boldsymbol{\eta}_2=\boldsymbol{b}$,所以

$$\mathbf{A}(\boldsymbol{\eta}_1-\boldsymbol{\eta}_2)=\mathbf{A}\boldsymbol{\eta}_1-\mathbf{A}\boldsymbol{\eta}_2=\boldsymbol{b}-\boldsymbol{b}=\mathbf{0},$$

故 $\boldsymbol{\eta}_1-\boldsymbol{\eta}_2$ 是其对应的齐次线性方程组 $\mathbf{A}\boldsymbol{x}=\mathbf{0}$ 的解.

(2) 因为 $\boldsymbol{A\eta}=\boldsymbol{b}$，$\boldsymbol{A\xi}=\boldsymbol{0}$，所以

$$\boldsymbol{A}(\boldsymbol{\eta}+\boldsymbol{\xi})=\boldsymbol{A\eta}+\boldsymbol{A\xi}=\boldsymbol{b}+\boldsymbol{0}=\boldsymbol{b},$$

即 $\boldsymbol{\xi}+\boldsymbol{\eta}$ 仍是线性方程组 $\boldsymbol{Ax}=\boldsymbol{b}$ 的解.　　**证毕**

定理 4.5　设向量 $\boldsymbol{\eta}^*$ 是非齐次线性方程组 $\boldsymbol{Ax}=\boldsymbol{b}$ 的一个解，$\boldsymbol{x}_c$ 是对应的齐次线性方程组 $\boldsymbol{Ax}=\boldsymbol{0}$ 的通解，则 $\boldsymbol{Ax}=\boldsymbol{b}$ 的通解为 $\boldsymbol{\eta}=\boldsymbol{x}_c+\boldsymbol{\eta}^*$.

证　由性质 4.2 知，$\boldsymbol{x}=\boldsymbol{x}_c+\boldsymbol{\eta}^*$ 是非齐次线性方程组 $\boldsymbol{Ax}=\boldsymbol{b}$ 的解. 若设 $\boldsymbol{\eta}$ 是 $\boldsymbol{Ax}=\boldsymbol{b}$ 的任一解，由性质 4.2 知，$\boldsymbol{\eta}-\boldsymbol{\eta}^*$ 是其对应的齐次方程组 $\boldsymbol{Ax}=\boldsymbol{0}$ 的解；设 $\boldsymbol{Ax}=\boldsymbol{0}$的基础解系为 $\boldsymbol{\xi}_1,\boldsymbol{\xi}_2,\cdots,\boldsymbol{\xi}_{n-r}$，则存在数组 $k_1,k_2,\cdots,k_{n-r}$，使得 $\boldsymbol{\eta}-\boldsymbol{\eta}^*=k_1\boldsymbol{\xi}_1+k_2\boldsymbol{\xi}_2+\cdots+k_{n-r}\boldsymbol{\xi}_{n-r}$，即

$$\boldsymbol{\eta}=k_1\boldsymbol{\xi}_1+k_2\boldsymbol{\xi}_2+\cdots+k_{n-r}\boldsymbol{\xi}_{n-r}+\boldsymbol{\eta}^*=\boldsymbol{x}_c+\boldsymbol{\eta}^*,$$

故结论成立.　　**证毕**

由定理 4.2、定理 4.3 及定理 4.5 得到下面的推论.

推论　(1) 非齐次线性方程组 $\boldsymbol{Ax}=\boldsymbol{b}$ 有唯一解的充分必要条件是 $R(\boldsymbol{A})=R(\boldsymbol{A}|\boldsymbol{b})=n$(未知量个数)；

(2) 非齐次线性方程组 $\boldsymbol{Ax}=\boldsymbol{b}$ 有无穷多解的充分必要条件是 $R(\boldsymbol{A})=R(\boldsymbol{A}|\boldsymbol{b})<n$(未知量的个数).

例 4.7　判别方程组 $\begin{cases}x_1+x_2+x_3+x_4+x_5=7,\\3x_1+2x_2+x_3+x_4-3x_5=-2,\\x_2+2x_3+3x_4+6x_5=23,\\5x_1+4x_2+3x_3+3x_4-x_5=12\end{cases}$ 是否有解，若有解，求其解.

解　求系数矩阵 $\boldsymbol{A}$ 与增广矩阵$(\boldsymbol{A}|\boldsymbol{b})$的秩：

$$(\boldsymbol{A}|\boldsymbol{b})=\left[\begin{array}{ccccc|c}1&1&1&1&1&7\\3&2&1&1&-3&-2\\0&1&2&3&6&23\\5&4&3&3&-1&12\end{array}\right]\xrightarrow[r_4-5r_1]{r_2-3r_1}\left[\begin{array}{ccccc|c}1&1&1&1&1&7\\0&-1&-2&-2&-6&-23\\0&1&2&3&6&23\\0&-1&-2&-2&-6&-23\end{array}\right]$$

$$\xrightarrow[r_4-r_2]{r_3+r_2}\left[\begin{array}{ccccc|c}1&1&1&1&1&7\\0&-1&-2&-2&-6&-23\\0&0&0&1&0&0\\0&0&0&0&0&0\end{array}\right]\xrightarrow[\substack{r_1+r_3\\r_2-2r_3}]{\substack{r_1+r_2\\(-1)r_2}}\left[\begin{array}{ccccc|c}1&0&-1&0&-5&-16\\0&1&2&0&6&23\\0&0&0&1&0&0\\0&0&0&0&0&0\end{array}\right].$$

显然 $R(\boldsymbol{A})=R(\boldsymbol{A}|\boldsymbol{b})=3<5$. 故线性方程组有解且有无穷多解.

又与原线性方程组同解的线性方程组为

$$\begin{cases}x_1=x_3+5x_5-16,\\x_2=-2x_3-6x_5+23,\\x_4=0.\end{cases}$$

取 $x_3=0,x_5=0$,得线性方程组的一个特解

$$\boldsymbol{\eta}=\begin{bmatrix}-16\\23\\0\\0\\0\end{bmatrix}.$$

在对应的齐次线性方程组

$$\begin{cases}x_1=x_3+5x_5,\\x_2=-2x_3-6x_5,\\x_4=0\end{cases}$$

中,取自由未知量 $\begin{bmatrix}x_3\\x_5\end{bmatrix}=\begin{bmatrix}1\\0\end{bmatrix}$ 及 $\begin{bmatrix}0\\1\end{bmatrix}$,得对应的齐次线性方程组的基础解系为

$$\boldsymbol{\xi}_1=\begin{bmatrix}1\\-2\\1\\0\\0\end{bmatrix},\quad \boldsymbol{\xi}_2=\begin{bmatrix}5\\-6\\0\\0\\1\end{bmatrix}.$$

于是所求线性方程组的通解为

$$\boldsymbol{x}=k_1\begin{bmatrix}1\\-2\\1\\0\\0\end{bmatrix}+k_2\begin{bmatrix}5\\-6\\0\\0\\1\end{bmatrix}+\begin{bmatrix}-16\\23\\0\\0\\0\end{bmatrix},$$

其中 k_1,k_2 为任意常数.

一般地,求解非齐次线性方程组 $\boldsymbol{Ax}=\boldsymbol{b}$ 分以下几步:

(1) 对增广矩阵 $(\boldsymbol{A}|\boldsymbol{b})$ 施行初等行变换化为行阶梯形矩阵,

若 $R(\boldsymbol{A})\neq R(\boldsymbol{A}|\boldsymbol{b})$,则非齐次线性方程组 $\boldsymbol{Ax}=\boldsymbol{b}$ 无解,解题完毕;

若 $R(\boldsymbol{A})=R(\boldsymbol{A}|\boldsymbol{b})$,则非齐次线性方程组 $\boldsymbol{Ax}=\boldsymbol{b}$ 有解,转向第(2)步;

(2) 继续对增广矩阵的行阶梯矩阵施行初等行变换化为行最简矩阵,并由行最简矩阵写出同解的非齐次线性方程组;

(3) 求出同解的非齐次线性方程组的特解及对应的齐次方程组的基础解系(若 $R(\boldsymbol{A})$ 小于未知量的个数),从而得出 $\boldsymbol{Ax}=\boldsymbol{b}$ 的通解.

例 4.8　设 $\boldsymbol{A}$ 是 4 阶方阵,$R(\boldsymbol{A})=2$,$\boldsymbol{\eta}_1,\boldsymbol{\eta}_2,\boldsymbol{\eta}_3,\boldsymbol{\eta}_4$ 都是非齐次线性方程组 $\boldsymbol{Ax}=\boldsymbol{b}$ 的解向量,且满足

$$\boldsymbol{\eta}_1+\boldsymbol{\eta}_2=\begin{bmatrix}2\\4\\0\\8\end{bmatrix},\quad 2\boldsymbol{\eta}_2+\boldsymbol{\eta}_3=\begin{bmatrix}3\\0\\3\\3\end{bmatrix},\quad 3\boldsymbol{\eta}_3+\boldsymbol{\eta}_4=\begin{bmatrix}2\\1\\0\\1\end{bmatrix},$$

试求非齐次线性方程组 $\boldsymbol{Ax}=\boldsymbol{b}$ 的通解.

解 因为

$$\boldsymbol{A}\left[\frac{1}{2}(\boldsymbol{\eta}_1+\boldsymbol{\eta}_2)\right]=\frac{1}{2}(\boldsymbol{A\eta}_1+\boldsymbol{A\eta}_2)=\boldsymbol{b},$$

$$\boldsymbol{A}\left[\frac{1}{3}(2\boldsymbol{\eta}_2+\boldsymbol{\eta}_3)\right]=\frac{1}{3}(2\boldsymbol{A\eta}_2+\boldsymbol{A\eta}_3)=\boldsymbol{b},$$

$$\boldsymbol{A}[(3\boldsymbol{\eta}_3+\boldsymbol{\eta}_4)-(2\boldsymbol{\eta}_2+\boldsymbol{\eta}_3)]=3\boldsymbol{A\eta}_3+\boldsymbol{A\eta}_4-2\boldsymbol{A\eta}_2-\boldsymbol{A\eta}_3=\boldsymbol{b}.$$

所以

$$\boldsymbol{\eta}_1^*=\frac{1}{2}(\boldsymbol{\eta}_1+\boldsymbol{\eta}_2)=\frac{1}{2}\begin{bmatrix}2\\4\\0\\8\end{bmatrix}=\begin{bmatrix}1\\2\\0\\4\end{bmatrix},$$

$$\boldsymbol{\eta}_2^*=\frac{1}{3}(2\boldsymbol{\eta}_2+\boldsymbol{\eta}_3)=\frac{1}{3}\begin{bmatrix}3\\0\\3\\3\end{bmatrix}=\begin{bmatrix}1\\0\\1\\1\end{bmatrix},$$

$$\boldsymbol{\eta}_3^*=(3\boldsymbol{\eta}_3+\boldsymbol{\eta}_4)-(2\boldsymbol{\eta}_2+\boldsymbol{\eta}_3)=\begin{bmatrix}2\\1\\0\\1\end{bmatrix}-\begin{bmatrix}3\\0\\3\\3\end{bmatrix}=\begin{bmatrix}-1\\1\\-3\\-2\end{bmatrix},$$

都是 $\boldsymbol{Ax}=\boldsymbol{b}$ 的解，于是由性质 4.2 知

$$\boldsymbol{\xi}_1=\boldsymbol{\eta}_1^*-\boldsymbol{\eta}_2^*=\begin{bmatrix}1\\2\\0\\4\end{bmatrix}-\begin{bmatrix}1\\0\\1\\1\end{bmatrix}=\begin{bmatrix}0\\2\\-1\\3\end{bmatrix},\quad \boldsymbol{\xi}_2=\boldsymbol{\eta}_2^*-\boldsymbol{\eta}_3^*=\begin{bmatrix}1\\0\\1\\1\end{bmatrix}-\begin{bmatrix}-1\\1\\-3\\-2\end{bmatrix}=\begin{bmatrix}2\\-1\\4\\3\end{bmatrix}$$

都是对应的齐次线性组 $\boldsymbol{Ax}=\boldsymbol{0}$ 的解. 因 $\boldsymbol{\xi}_1,\boldsymbol{\xi}_2$ 的坐标对应不成比例，故 $\boldsymbol{\xi}_1,\boldsymbol{\xi}_2$ 线性无关. 又 $n-R(\boldsymbol{A})=4-2=2$，所以 $\boldsymbol{\xi}_1,\boldsymbol{\xi}_2$ 是 $\boldsymbol{Ax}=\boldsymbol{0}$ 的基础解系，从而 $\boldsymbol{Ax}=\boldsymbol{b}$ 的通解为

$$\boldsymbol{x}=k_1\boldsymbol{\xi}_1+k_2\boldsymbol{\xi}_2+\boldsymbol{\eta}_1^*=k_1\begin{bmatrix}0\\2\\-1\\3\end{bmatrix}+k_2\begin{bmatrix}2\\-1\\4\\3\end{bmatrix}+\begin{bmatrix}1\\2\\0\\4\end{bmatrix},$$

其中 k_1,k_2 为任意常数.

4.5　线性方程组的应用

线性方程组在工程技术、经济、管理及自然科学等领域应用非常广泛，在此仅给出几类比较典型且简单的例子.

4.5.1　在向量组线性关系中的应用

例 4.9　一个向量 $\boldsymbol{\beta}$ 能否由与它同维数的向量组 $\boldsymbol{\alpha}_1,\boldsymbol{\alpha}_2,\cdots,\boldsymbol{\alpha}_s$ 线性表示，等价于线性方程组

$$x_1\boldsymbol{\alpha}_1+x_2\boldsymbol{\alpha}_2+\cdots+x_s\boldsymbol{\alpha}_s=\boldsymbol{\beta}$$

是否有解，若有解，此方程组的解，就是 $\boldsymbol{\beta}$ 由向量组线性表示的表示系数.

若给出向量组 $\boldsymbol{\alpha}_1=(1,1,1,3)^{\mathrm{T}},\boldsymbol{\alpha}_2=(-1,-3,5,1)^{\mathrm{T}},\boldsymbol{\alpha}_3=(3,2,-1,\lambda+2)^{\mathrm{T}}$，$\boldsymbol{\alpha}_4=(-2,-6,10,\lambda)^{\mathrm{T}},\boldsymbol{\beta}=(4,1,6,10)^{\mathrm{T}}$，讨论 λ 取何值时.

(1) $\boldsymbol{\beta}$ 不能由 $\boldsymbol{\alpha}_1,\boldsymbol{\alpha}_2,\boldsymbol{\alpha}_3,\boldsymbol{\alpha}_4$ 线性表示？

(2) $\boldsymbol{\beta}$ 可由 $\boldsymbol{\alpha}_1,\boldsymbol{\alpha}_2,\boldsymbol{\alpha}_3,\boldsymbol{\alpha}_4$ 唯一线性表示，并写出线性表示式.

解　由此问题转化为讨论 λ 为何值时，线性方程组

$$x_1\boldsymbol{\alpha}_1+x_2\boldsymbol{\alpha}_2+x_3\boldsymbol{\alpha}_3+x_4\boldsymbol{\alpha}_4=\boldsymbol{\beta},$$

即

$$\begin{cases}x_1-x_2+3x_3-2x_4=4,\\ x_1-3x_2+2x_3-6x_4=1,\\ x_1+5x_2-x_3+10x_4=6,\\ 3x_1+x_2+(\lambda+2)x_3+\lambda x_4=10\end{cases}$$

无解？有唯一解？并求唯一解. 为此先对增广矩阵进行初等行变换

$$(\boldsymbol{\alpha}_1\ \ \boldsymbol{\alpha}_2\ \ \boldsymbol{\alpha}_3\ \ \boldsymbol{\alpha}_4\mid\boldsymbol{\beta})=\left[\begin{array}{cccc|c}1&-1&3&-2&4\\1&-3&2&-6&1\\1&5&-1&10&6\\3&1&\lambda+2&\lambda&10\end{array}\right]$$

$$\to\left[\begin{array}{cccc|c}1&-1&3&-2&4\\0&-2&-1&-4&-3\\0&6&-4&12&2\\0&4&\lambda-7&\lambda+6&-2\end{array}\right]\to\left[\begin{array}{cccc|c}1&-1&3&-2&4\\0&2&1&4&3\\0&0&1&0&1\\0&0&0&\lambda-2&1-\lambda\end{array}\right].$$

(1) 当 $\lambda=2$ 时，$R(\boldsymbol{\alpha}_1,\boldsymbol{\alpha}_2,\boldsymbol{\alpha}_3,\boldsymbol{\alpha}_4)=3\neq R(\boldsymbol{\alpha}_1,\boldsymbol{\alpha}_2,\boldsymbol{\alpha}_3,\boldsymbol{\alpha}_4\mid\boldsymbol{\beta})$，所以方程组无解，即向量 $\boldsymbol{\beta}$ 不能由 $\boldsymbol{\alpha}_1,\boldsymbol{\alpha}_2,\boldsymbol{\alpha}_3,\boldsymbol{\alpha}_4$ 线性表示.

(2) 当 $\lambda\neq 2$ 时，$R(\boldsymbol{\alpha}_1,\boldsymbol{\alpha}_2,\boldsymbol{\alpha}_3,\boldsymbol{\alpha}_4)=R(\boldsymbol{\alpha}_1,\boldsymbol{\alpha}_2,\boldsymbol{\alpha}_3,\boldsymbol{\alpha}_4|\boldsymbol{\beta})=4$，所以线性方程组有唯一解，即 $\boldsymbol{\beta}$ 可由 $\boldsymbol{\alpha}_1,\boldsymbol{\alpha}_2,\boldsymbol{\alpha}_3,\boldsymbol{\alpha}_4$ 线性表示，且表示法唯一. 继续对增广矩阵施行初等行变换：

$$(\boldsymbol{\alpha}_1\quad\boldsymbol{\alpha}_2\quad\boldsymbol{\alpha}_3\quad\boldsymbol{\alpha}_4\mid\boldsymbol{\beta})\to\left[\begin{array}{cccc|c}1&0&0&0&2\\0&1&0&0&\dfrac{3\lambda-4}{\lambda-2}\\0&0&1&0&1\\0&0&0&1&\dfrac{1-\lambda}{\lambda-2}\end{array}\right]$$

得线性方程组的解为 $x_1=2,x_2=\dfrac{3\lambda-4}{\lambda-2},x_3=1,x_4=\dfrac{1-\lambda}{\lambda-2}$. 故 $\boldsymbol{\beta}$ 由 $\boldsymbol{\alpha}_1,\boldsymbol{\alpha}_2,\boldsymbol{\alpha}_3,\boldsymbol{\alpha}_4$ 线性表示的表示式为

$$\boldsymbol{\beta}=2\boldsymbol{\alpha}_1+\frac{3\lambda-4}{\lambda-2}\boldsymbol{\alpha}_2+\boldsymbol{\alpha}_3+\frac{1-\lambda}{\lambda-2}\boldsymbol{\alpha}_4.$$

注意　当 $\lambda\neq 2$ 时，因为 $R(\boldsymbol{\alpha}_1,\boldsymbol{\alpha}_2,\boldsymbol{\alpha}_3,\boldsymbol{\alpha}_4)=4$，所以 $\boldsymbol{\alpha}_1,\boldsymbol{\alpha}_2,\boldsymbol{\alpha}_3,\boldsymbol{\alpha}_4$ 实际上是向量空间 $\mathbf{R}^4$ 的一个基，因此方程组 $x_1\boldsymbol{\alpha}_1+x_2\boldsymbol{\alpha}_2+x_3\boldsymbol{\alpha}_3+x_4\boldsymbol{\alpha}_4=\boldsymbol{\beta}$ 的唯一解 $x_1=2,x_2=\dfrac{3\lambda-4}{\lambda-2},x_3=1,x_4=\dfrac{1-\lambda}{\lambda-2}$ 还是向量 $\boldsymbol{\beta}$ 在基 $\boldsymbol{\alpha}_1,\boldsymbol{\alpha}_2,\boldsymbol{\alpha}_3,\boldsymbol{\alpha}_4$ 下的坐标.

例 4.10　向量组 $\boldsymbol{\alpha}_1,\boldsymbol{\alpha}_2,\cdots,\boldsymbol{\alpha}_s$ 是否线性相关等价于齐次线性方程组

$$x_1\boldsymbol{\alpha}_1+x_2\boldsymbol{\alpha}_2+\cdots+x_s\boldsymbol{\alpha}_s=\mathbf{0}$$

是否有非零解，且齐次线性方程组的解，即为向量组 $\boldsymbol{\alpha}_1,\boldsymbol{\alpha}_2,\cdots,\boldsymbol{\alpha}_s$ 的相关系数.

设有向量组 $\boldsymbol{\alpha}_1=(1+a,1,1,1)^{\mathrm{T}},\boldsymbol{\alpha}_2=(2,2+a,2,2)^{\mathrm{T}},\boldsymbol{\alpha}_3=(3,3,3+a,3)^{\mathrm{T}},\boldsymbol{\alpha}_4=(4,4,4,4+a)^{\mathrm{T}}$，问 a 为何值时，$\boldsymbol{\alpha}_1,\boldsymbol{\alpha}_2,\boldsymbol{\alpha}_3,\boldsymbol{\alpha}_4$ 线性无关？线性相关？当 $\boldsymbol{\alpha}_1,\boldsymbol{\alpha}_2,\boldsymbol{\alpha}_3,\boldsymbol{\alpha}_4$ 线性相关时，求其相关系数.

解　此问题等价于讨论 a 为何值时，齐次线性方程组

$$\begin{cases}(1+a)x_1+2x_2+3x_3+4x_4=0,\\x_1+(2+a)x_2+3x_3+4x_4=0,\\x_1+2x_2+(3+a)x_3+4x_4=0,\\x_1+2x_2+3x_3+(4+a)x_4=0,\end{cases}$$

仅有零解？有非零解？并求其非零通解.

因线性方程组的系数矩阵 $\mathbf{A}=(\boldsymbol{\alpha}_1,\boldsymbol{\alpha}_2,\boldsymbol{\alpha}_3,\boldsymbol{\alpha}_4)$ 的行列式

$$|\mathbf{A}|=\begin{vmatrix}1+a&2&3&4\\1&2+a&3&4\\1&2&3+a&4\\1&2&3&4+a\end{vmatrix}=a^3(a+10).$$

(1) 当 $a\neq 0$ 且 $a\neq -10$ 时，$R(\boldsymbol{A})=4$，齐次方程组仅有零解，故 $\boldsymbol{\alpha}_1,\boldsymbol{\alpha}_2,\boldsymbol{\alpha}_3,\boldsymbol{\alpha}_4$ 线性无关.

(2) 当 $a=0$ 或 $a=-10$ 时，$R(\boldsymbol{A})<4$，齐次方程组有非零解，故 $\boldsymbol{\alpha}_1,\boldsymbol{\alpha}_2,\boldsymbol{\alpha}_3,\boldsymbol{\alpha}_4$ 线性相关.

当 $a=0$ 时，

$$\boldsymbol{A}=\begin{bmatrix}1&2&3&4\\1&2&3&4\\1&2&3&4\\1&2&3&4\end{bmatrix}\rightarrow\begin{bmatrix}1&2&3&4\\0&0&0&0\\0&0&0&0\\0&0&0&0\end{bmatrix}.$$

所以与原齐次线性方程组同解的齐次线性方程组为

$$x_1+2x_2+3x_3+4x_4=0,$$

求得其非零通解，即 $\boldsymbol{\alpha}_1,\boldsymbol{\alpha}_2,\boldsymbol{\alpha}_3,\boldsymbol{\alpha}_4$ 的相关系数为

$$(-2k_1-3k_2-4k_3,k_1,k_2,k_3),\quad k_1,k_2,k_3\text{ 是不全为零的数.}$$

故有

$$(-2k_1-3k_2-4k_3)\boldsymbol{\alpha}_1+k_1\boldsymbol{\alpha}_2+k_2\boldsymbol{\alpha}_3+k_3\boldsymbol{\alpha}_4=\boldsymbol{0},\quad k_1,k_2,k_3\text{ 是不全为零的数.}$$

当 $a=-10$ 时，

$$\boldsymbol{A}=\begin{bmatrix}-9&2&3&4\\1&-8&3&4\\1&2&-7&4\\1&2&3&-6\end{bmatrix}\rightarrow\begin{bmatrix}-10&0&0&10\\0&-10&0&10\\0&0&-10&10\\1&2&3&-6\end{bmatrix}\rightarrow\begin{bmatrix}1&0&0&-1\\0&1&0&-1\\0&0&1&-1\\0&0&0&0\end{bmatrix},$$

得与原齐次线性方程组同解的齐次线性方程组为

$$\begin{cases}x_1=x_4,\\x_2=x_4,\\x_3=x_4,\end{cases}$$

取 $x_4=k(k\neq 0)$ 得 $\boldsymbol{\alpha}_1,\boldsymbol{\alpha}_2,\boldsymbol{\alpha}_3,\boldsymbol{\alpha}_4$ 的相关系数为 (k,k,k,k)，$k\neq 0$，故

$$k\boldsymbol{\alpha}_1+k\boldsymbol{\alpha}_2+k\boldsymbol{\alpha}_3+k\boldsymbol{\alpha}_4=\boldsymbol{0},\quad k\neq 0.$$

4.5.2 在几何中的应用

1. 平面间的位置关系

因为平面方程为三元一次方程，所以讨论 s 个平面的位置关系就是讨论它们的方程构成的三元线性方程组解的情况.

例 4.11 已知三个平面的方程分别为 $\pi_1: ax+y+z=a-3$，$\pi_2: x+ay+z=b$，$\pi_3: x+y+az=-2$，试讨论 a,b 的值，确定这三个平面的位置关系.

解　此问题实际上是讨论线性方程组 $\begin{cases} ax+y+z=a-3, \\ x+ay+z=b, \\ x+y+az=-2 \end{cases}$ 解的情况. 因为

$$|\boldsymbol{A}|=\begin{vmatrix} a & 1 & 1 \\ 1 & a & 1 \\ 1 & 1 & a \end{vmatrix}=\begin{vmatrix} a+2 & 1 & 1 \\ a+2 & a & 1 \\ a+2 & 1 & a \end{vmatrix}=(a+2)(a-1)^2,$$

所以

(1) 当 $|\boldsymbol{A}|\neq 0$, 即 $a\neq -2, a\neq 1$ 时, 方程组有唯一解, 即三平面交于一点.

(2) 当 $a=-2$ 时,

$$(\boldsymbol{A}|\boldsymbol{b})=\left[\begin{array}{ccc|c} -2 & 1 & 1 & -5 \\ 1 & -2 & 1 & b \\ 1 & 1 & -2 & -2 \end{array}\right] \xrightarrow{r} \left[\begin{array}{ccc|c} 1 & 1 & -2 & -2 \\ 0 & 1 & -1 & -3 \\ 0 & 0 & 0 & b-7 \end{array}\right].$$

$b=7$ 时, 因为 $R(\boldsymbol{A})=2=R(\boldsymbol{A}|\boldsymbol{b})$, 所以方程组有无穷多解. 又三平面的法向量两两不平行, 所以三平面交于一条直线.

$b\neq 7$ 时, 因为 $R(\boldsymbol{A})=2\neq 3=R(\boldsymbol{A}|\boldsymbol{b})$, 所以方程组无解. 又三平面的法向量两两不平行, 故三平面两两交于一条直线.

(3) 当 $a=1$ 时,

$$(\boldsymbol{A}|\boldsymbol{b})=\left[\begin{array}{ccc|c} 1 & 1 & 1 & -2 \\ 1 & 1 & 1 & b \\ 1 & 1 & 1 & -2 \end{array}\right] \xrightarrow{r} \left[\begin{array}{ccc|c} 1 & 1 & 1 & -2 \\ 0 & 0 & 0 & b+2 \\ 0 & 0 & 0 & 0 \end{array}\right].$$

$b=-2$ 时, 因为 $R(\boldsymbol{A})=1=R(\boldsymbol{A}|\boldsymbol{b})$, 所以方程组有无穷多解. 此时三平面重合.

$b\neq -2$ 时, 因为 $R(\boldsymbol{A})=1\neq 2=R(\boldsymbol{A}|\boldsymbol{b})$, 所以方程组无解. 此时平面 π_1, π_3 的方程相同, 故平面 π_1, π_3 重合与平面 π_2 平行.

同样方法可讨论一组平面直线的位置关系.

2. 三点共线问题

例 4.12　试证平面上三点 $(x_1, y_1), (x_2, y_2), (x_3, y_3)$ 共线的充分必要条件是

$$\begin{vmatrix} x_1 & y_1 & 1 \\ x_2 & y_2 & 1 \\ x_3 & y_3 & 1 \end{vmatrix}=0.$$

证　三点 $(x_1, y_1), (x_2, y_2), (x_3, y_3)$ 共线当且仅当这三点满足同一直线方程 $y=kx+b$, 即关于 b, k 的线性方程组

$$\begin{cases} y_1 = kx_1 + b, \\ y_2 = kx_2 + b, \\ y_3 = kx_3 + b \end{cases} \tag{4.6}$$

有解. 若记矩阵

$$\boldsymbol{A} = \begin{bmatrix} x_1 & 1 \\ x_2 & 1 \\ x_3 & 1 \end{bmatrix}, \quad \boldsymbol{B} = \begin{bmatrix} x_1 & 1 & y_1 \\ x_2 & 1 & y_2 \\ x_3 & 1 & y_3 \end{bmatrix},$$

则线性方程组(4.6)有解当且仅当

$$R(\boldsymbol{A}) = R(\boldsymbol{B}) \leqslant 2,$$

故

$$\begin{vmatrix} x_1 & y_1 & 1 \\ x_2 & y_2 & 1 \\ x_3 & y_3 & 1 \end{vmatrix} = -\begin{vmatrix} x_1 & 1 & y_1 \\ x_2 & 1 & y_2 \\ x_3 & 1 & y_3 \end{vmatrix} = 0.$$

反之, 若 $x_1 = x_2 = x_3$, 显然此三点共线. 否则有 $R(\boldsymbol{A}) = 2$, 由于行列式 $\begin{vmatrix} x_1 & y_1 & 1 \\ x_2 & y_2 & 1 \\ x_3 & y_3 & 1 \end{vmatrix} = 0$, 故

$$R\left(\begin{bmatrix} x_1 & y_1 & 1 \\ x_2 & y_2 & 1 \\ x_3 & y_3 & 1 \end{bmatrix}\right) = R(\boldsymbol{B}) = 2 = R(\boldsymbol{A}),$$

于是非齐次线性方程组(4.6)有解, 即三点(x_1, y_1), (x_2, y_2), (x_3, y_3)共线.

4.5.3 在投入产出问题中的应用

在研究经济系统部门之间的投入产出关系时, W. Leontief 提出了投入与产出平衡关系的数学模型, 这为经济学研究提供了强有力的手段. W. Leontief 因此获得了 1973 年的 Nobel 经济学奖.

在一个经济系统中, 各部门(企业)既是生产部门又是消耗部门. 某部门生产的产品提供给系统内各部门和系统外部的需求, 同时又消耗系统内各部门提供的产品如原材料、设备、运输和能源等, 此外还有人力消耗等. 消耗的目的是为了生产, 生产的结果必然要创造新的价值, 以用于支付劳动者的报酬、缴付税金和获取合理的利润. 显然, 对每个部门(企业)来讲, 在物资方面的消耗和新创造的价值, 等于它的总产品的价值. 这就是"投入"与"产出"之间的总的平衡关系. 我们只讨论价值型投入产出数学模型, 投入和产出都用货币数值来度量.

(1) 投入产出平衡表.

设某系统有 n 个部门,记

$x_i(i=1,2,\cdots,n)$表示第 i 部门的总产品;

$y_i(i=1,2,\cdots,n)$表示第 i 部门的最终产品;

$x_{ij}(i,j=1,2,\cdots,n)$表示第 i 部门分配给第 j 部门的产品量,或者说第 j 部门消耗第 i 部门的产品量;

$z_j(j=1,2,\cdots,n)$表示第 j 部门新创造的价值.

为了清楚地说明各量之间的关系,列表 4-1 如下.

表 4-1

产出 / 流量 / 投入	中间产品				最终产品	总产品
	消耗部门 1	消耗部门 2	$\cdots$	消耗部门 n		
生产部门 1	x_{11}	x_{12}	$\cdots$	x_{1n}	y_1	x_1
生产部门 2	x_{21}	x_{22}	$\cdots$	x_{2n}	y_2	x_2
$\vdots$					$\vdots$	$\vdots$
生产部门 n	x_{n1}	x_{n2}	$\cdots$	x_{nn}	y_n	x_n
新创价值	z_1	z_2	$\cdots$	z_n		
总产值	x_1	x_2	$\cdots$	x_n		

表 4-1 称为投入产出表. 在此表中,每一部门都以生产者与消费者双重身份出现. 从每一横行看,该部门作为生产部门以自己的产品分配给各部门;从每一纵列看,该部门又作为消耗部门在生产过程中消耗各部门的产品. 行与列交叉点是部门间流量,这个量也是以双重身份出现,它是行部门分配给列部门的产品量,也是列部门消耗行部门的产品量.

(2) 平衡方程.

A. 产品分配平衡方程.

在表 4-1"生产部门"横栏中,每一部门作为生产部门分配给各部门用于生产消耗的产品,加上它本部门的最终产品,应等于它的总产品. 即

$$\begin{cases} x_1=x_{11}+x_{12}+\cdots+x_{1n}+y_1, \\ x_2=x_{21}+x_{22}+\cdots+x_{2n}+y_2, \\ \quad\cdots\cdots \\ x_n=x_{n1}+x_{n2}+\cdots+x_{nn}+y_n. \end{cases} \tag{4.7}$$

方程组(4.7)称为**产品分配平衡方程组**.

若以 a_{ij} 表示第 j 部门生产单位产品直接消耗第 i 部门的产品量,称为第 j 部

门对第 i 部门的直接消耗系数，即

$$a_{ij}=\frac{x_{ij}}{x_j}(i,j=1,2,\cdots,n),$$

则产品分配平衡方程组又可写成

$$\begin{cases}x_1=a_{11}x_1+a_{12}x_2+\cdots+a_{1n}x_n+y_1,\\x_2=a_{21}x_1+a_{22}x_2+\cdots+a_{2n}x_n+y_2,\\\qquad\cdots\cdots\\x_n=a_{n1}x_1+a_{n2}x_2+\cdots+a_{nn}x_n+y_n.\end{cases}\tag{4.8}$$

若记矩阵

$$\boldsymbol{A}=\begin{bmatrix}a_{11}&a_{12}&\cdots&a_{1n}\\a_{21}&a_{22}&\cdots&a_{2n}\\\vdots&\vdots&&\vdots\\a_{n1}&a_{n2}&\cdots&a_{nn}\end{bmatrix},$$

称 $\boldsymbol{A}$ 为直接消耗矩阵，这时产品分配平衡方程组(4.8)可表示为

$$(\boldsymbol{E}-\boldsymbol{A})\boldsymbol{x}=\boldsymbol{y},\tag{4.9}$$

可以证明矩阵 $\boldsymbol{E}-\boldsymbol{A}$ 可逆，从而方程组(4.9)有唯一解.

B. 产值构成平衡方程组.

在表 4-1"中间产品"纵栏中，每一部门作为消耗部门，各部门为它的生产消耗转移的产品价值加上它本部门新创的价值，应等于它的总产值. 即

$$\begin{cases}x_1=x_{11}+x_{21}+\cdots+x_{n1}+z_1,\\x_2=x_{12}+x_{22}+\cdots+x_{n2}+z_2,\\\qquad\cdots\cdots\\x_n=x_{1n}+x_{2n}+\cdots+x_{nn}+z_n,\end{cases}\tag{4.10}$$

方程组(4.10)称为**产值构成平衡方程组**.

由 $x_{ij}=a_{ij}x_j(i,j=1,2,\cdots,n)$，产值构成平衡方程组又可写成

$$\begin{cases}x_1=a_{11}x_1+a_{21}x_1+\cdots+a_{n1}x_1+z_1,\\x_2=a_{12}x_2+a_{22}x_2+\cdots+a_{n2}x_2+z_2,\\\qquad\cdots\cdots\\x_n=a_{1n}x_n+a_{2n}x_n+\cdots+a_{nn}x_n+z_n.\end{cases}\tag{4.11}$$

若记矩阵

$$\boldsymbol{D}=\begin{bmatrix} \sum_{i=1}^{n} a_{i1} & 0 & \cdots & 0 \\ 0 & \sum_{i=1}^{n} a_{i2} & \cdots & 0 \\ \vdots & \vdots & & \vdots \\ 0 & 0 & \cdots & \sum_{i=1}^{n} a_{in} \end{bmatrix},$$

则产值构成平衡方程组(4.11)可表示为

$$(\boldsymbol{E}-\boldsymbol{D})\boldsymbol{x}=\boldsymbol{z}, \tag{4.12}$$

显然方程组(4.12)有唯一解.

下面我们仅就一简单例子说明投入产出数学模型及其求解.

例 4.13 某地有一座煤矿，一个发电厂和一条铁路. 经成本核算，每生产价值 1 元的煤需消耗 0.3 元的电；为了把这 1 元钱的煤运出去需花费 0.2 元的运费；每生产 1 元的电需 0.6 元的煤作燃料；为了运行电厂的辅助设备需消耗本身 0.1 元的电，还需要花费 0.1 元的运费；作为铁路局，每提供 1 元运费的运输需消耗 0.5 元的煤，辅助设备要消耗 0.1 元的电. 现煤矿接到外地 6 万元煤的订货，电厂有 10 万元电的外地需求，问：煤矿和电厂各生产多少才能满足需求？

解 设煤矿、电厂、铁路分别产出 x 元、y 元、z 元刚好满足需求，则有该问题的投入产出表 4-2.

表 4-2

产出 / 消耗系数 / 消耗	煤	电	运输	订单（最终产品）	生产（总产品）
煤	0	0.6	0.5	60000	x
电	0.3	0.1	0.1	100000	y
运输	0.2	0.1	0	0	z

由投入与产出模型可得

$$\begin{cases} x=0.6y+0.5z+60000, \\ y=0.3x+0.1y+0.1z+100000, \\ z=0.2x+0.1y. \end{cases}$$

记

$$\boldsymbol{A}=\begin{bmatrix}0 & 0.6 & 0.5\\ 0.3 & 0.1 & 0.1\\ 0.2 & 0.1 & 0\end{bmatrix},\quad \boldsymbol{b}=\begin{bmatrix}60000\\ 100000\\ 0\end{bmatrix},\quad \boldsymbol{x}=\begin{bmatrix}x\\ y\\ z\end{bmatrix},$$

得

$$\boldsymbol{x}=(\boldsymbol{E}-\boldsymbol{A})^{-1}\boldsymbol{b}\approx\begin{bmatrix}199662\\ 184148\\ 58347\end{bmatrix}.$$

即煤矿需生产 199662 元的煤,电厂需生产 184148 元的电才能满足要求.

4.5.4 在复杂化学反应的计量中的应用

设在一个化学反应系统内有 n 种组分,相互间发生着多种化学反应,若这些组分(分子)物质的量分别为 $a_1,a_2,\cdots,a_n$,又若总共涉及 m 种原子,物质的量各为 $b_1,b_2,\cdots,b_m$,经过一段时间的化学反应,系统内各组分物质的量就要发生变化,那么如何通过化学分析及数学计算的方法来确定系统内各组分的含量.

由系统内组分物质的原子结构,可写出系统的 $m\times n$ 原子矩阵 $\boldsymbol{C}$,又系统内各组分(分子)物质的量 a_i 与各原子物质的量 b_j 有关系.

$$\boldsymbol{C}\begin{bmatrix}a_1\\ a_2\\ \vdots\\ a_n\end{bmatrix}=\begin{bmatrix}b_1\\ b_2\\ \vdots\\ b_m\end{bmatrix},$$

经过化学反应,系统内各组分(分子)物质的量发生变化为 $a_1',a_2',\cdots,a_n'$,由于化学反应不会改变原子物质的量,故仍有

$$\boldsymbol{C}\begin{bmatrix}a_1'\\ a_2'\\ \vdots\\ a_n'\end{bmatrix}=\begin{bmatrix}b_1\\ b_2\\ \vdots\\ b_m\end{bmatrix}.$$

若记 $\Delta a_i=a_i'-a_i(i=1,2,\cdots,n)$为各组分的转化量,则上面两式相减得

$$\boldsymbol{C}\begin{bmatrix}\Delta a_1\\ \Delta a_2\\ \vdots\\ \Delta a_n\end{bmatrix}=\begin{bmatrix}0\\ 0\\ \vdots\\ 0\end{bmatrix},$$

这是关于转化量 $\Delta a_1,\Delta a_2,\cdots,\Delta a_n$ 的一个齐次线性方程组,从齐次线性方程组解的结构知,若系数矩阵 $\boldsymbol{C}$ 的秩为 r,则从方程组可解出适当的 r 个量,而其余 $n-r$ 个是可取任意值的参数,实际上,为确定系统内各组分的含量,一般要先把这些作

为任意参数的转换量确定下来，这些是无法通过计算确定的量，应由化学分析的方法予以测定，而被解出的 r 个转换量就可随后计算出来.

例 4.14　对例 2.2 给出的化学反应系统，确定反应后系统内各组分的含量

解　由例 2.2 知，系统的原子矩阵为

$$\begin{array}{c} \\ \boldsymbol{C}= \end{array}\begin{array}{c} \begin{matrix} \mathrm{C} & \mathrm{H_2} & \mathrm{CO} & \mathrm{CO_2} & \mathrm{H_2O} & \mathrm{CH_4} & \mathrm{C_2H_6} \end{matrix} \\ \begin{bmatrix} 1 & 0 & 0 & 1 & 0 & 1 & 2 \\ 0 & 2 & 0 & 0 & 2 & 4 & 6 \\ 0 & 0 & 1 & 2 & 1 & 0 & 0 \end{bmatrix} \end{array}\begin{matrix} \mathrm{C} \\ \mathrm{H} \\ \mathrm{O} \end{matrix}$$

则系统内各组分的转量方程组为

$$\begin{bmatrix} 1 & 0 & 1 & 1 & 0 & 1 & 2 \\ 0 & 2 & 0 & 0 & 2 & 4 & 6 \\ 0 & 0 & 1 & 2 & 1 & 0 & 0 \end{bmatrix}\begin{bmatrix} \Delta a_{\mathrm{C}} \\ \Delta a_{\mathrm{H_2}} \\ \Delta a_{\mathrm{CO}} \\ \Delta a_{\mathrm{CO_2}} \\ \Delta a_{\mathrm{H_2O}} \\ \Delta a_{\mathrm{CH_4}} \\ \Delta a_{\mathrm{C_2H_6}} \end{bmatrix}=\begin{bmatrix} 0 \\ 0 \\ 0 \end{bmatrix}. \tag{4.13}$$

显然系数矩阵 $\boldsymbol{C}$ 的秩 $R(\boldsymbol{C})=3$，故通解中含有 $n-r(\boldsymbol{C})=7-3=4$ 个任意参数，对 $\boldsymbol{C}$ 施行初等行变换化为行最简矩阵：

$$\boldsymbol{C}=\begin{bmatrix} 1 & 0 & 1 & 1 & 0 & 1 & 2 \\ 0 & 2 & 0 & 0 & 2 & 4 & 6 \\ 0 & 0 & 1 & 2 & 1 & 0 & 0 \end{bmatrix}\xrightarrow[r_1-r_3]{\frac{1}{2}r_2}\begin{bmatrix} 1 & 0 & 0 & -1 & -1 & 1 & 2 \\ 0 & 1 & 0 & 0 & 1 & 2 & 3 \\ 0 & 0 & 1 & 2 & 1 & 0 & 0 \end{bmatrix},$$

得

$$\begin{cases} \Delta a_{\mathrm{C}}=\Delta a_{\mathrm{CO_2}}+\Delta a_{\mathrm{H_2O}}-\Delta a_{\mathrm{CH_4}}-2\Delta a_{\mathrm{C_2H_6}}, \\ \Delta a_{\mathrm{H_2}}=-\Delta a_{\mathrm{H_2O}}-2\Delta a_{\mathrm{CH_4}}-3\Delta a_{\mathrm{C_2H_6}}, \\ \Delta a_{\mathrm{CO}}=-2\Delta a_{\mathrm{CO_2}}-\Delta a_{\mathrm{H_2O}}. \end{cases} \tag{4.14}$$

若由化学分析测出 CO_2，H_2O，CH_4，C_2H_6的转化量(单位：kmol)：

$$\Delta a_{\mathrm{CO_2}}=0.2,\quad \Delta a_{\mathrm{H_2O}}=-1.2,\quad \Delta a_{\mathrm{CH_4}}=-1.05,\quad \Delta a_{\mathrm{C_2H_6}}=10^{-7}.$$

由方程组(4.12)可算得

$$\Delta a_{\mathrm{C}}=0.05,\quad \Delta a_{\mathrm{H_2}}=3.3,\quad \Delta a_{\mathrm{CO}}=0.8.$$

因为 $a'=a+\Delta a$，故由此得到的转化量即可确定系统内各组分的含量.

注意　在解线性方程组的同时，哪三个作为非自由未知量，即具体求解哪三个转化量，一般是任意的，这任意性在实际上常是很有用的，如在本分析中，就可把较

难准确测定的量作为非自由未知量用数学方法求解，从而使整体得到的结果较为正确.

习　题　4

1. 选择题：

(1) 齐次线性方程组 $\boldsymbol{Ax}=\mathbf{0}$ 仅有零解的充要条件是____.

(A) 系数矩阵 $\boldsymbol{A}$ 的行向量组线性无关；　(B) 系数矩阵 $\boldsymbol{A}$ 的列向量组线性无关；

(C) 系数矩阵 $\boldsymbol{A}$ 的行向量组线相无关；　(D)系数矩阵 $\boldsymbol{A}$ 的列向量组线性相关.

(2) 设 $\boldsymbol{A}$ 是 $m\times n$ 矩阵，$\boldsymbol{B}$ 是 $n\times m$ 矩阵，则线性方程组 $(\boldsymbol{AB})\boldsymbol{x}=\mathbf{0}$ 满足____.

(A) 当 $n>m$ 时仅有零解；　(B) 当 $n>m$ 时必有非零解；

(C) 当 $m>n$ 时仅有零解；　(D) 当 $m>n$ 时必有非零解.

(3) 非齐次线性方程组中 $\boldsymbol{Ax}=\boldsymbol{b}$ 中未知量的个数为 n，方程的个数为 m，系数矩阵 $\boldsymbol{A}$ 的秩为 r，则____.

(A) $r=m$ 时，方程组 $\boldsymbol{Ax}=\boldsymbol{b}$ 有解；　(B) $r=n$ 时，方程组 $\boldsymbol{Ax}=\boldsymbol{b}$ 有唯一解；

(C) $m=n$ 时，方程组 $\boldsymbol{Ax}=\boldsymbol{b}$ 有唯一解；　(D) $r<n$ 时，方程组 $\boldsymbol{Ax}=\boldsymbol{b}$ 有无穷多解.

(4) 设 $\boldsymbol{A}$ 是 $m\times n$ 矩阵，则下列结论正确的是____.

(A) 若 $\boldsymbol{Ax}=\mathbf{0}$ 仅有零解，则 $\boldsymbol{Ax}=\boldsymbol{b}$ 有唯一解；　(B) 若 $\boldsymbol{Ax}=\mathbf{0}$ 有非零解，则 $\boldsymbol{Ax}=\boldsymbol{b}$ 有唯一解；

(C) 若 $\boldsymbol{Ax}=\boldsymbol{b}$ 有无穷解，则 $\boldsymbol{Ax}=\mathbf{0}$ 仅有零解；　(D) 若 $\boldsymbol{Ax}=\boldsymbol{b}$ 有无穷解，则 $\boldsymbol{Ax}=\mathbf{0}$ 有非零解.

2. 设 $\boldsymbol{A}=\begin{bmatrix}1&2&-2\\4&t&3\\3&-1&1\end{bmatrix}$，$\boldsymbol{B}$ 为三阶非零矩阵，且 $\boldsymbol{AB}=\boldsymbol{O}$，求 t.

3. 已知方程组 $\begin{bmatrix}a&1&1\\1&a&1\\1&1&a\end{bmatrix}\begin{bmatrix}x_1\\x_2\\x_3\end{bmatrix}=\begin{bmatrix}1\\1\\-2\end{bmatrix}$ 有无穷多个解，求 a.

4. 求下列齐次线性方程组的基础解系和通解：

(1) $\begin{cases}9x_2+5x_3+2x_4=0,\\x_1+5x_2+3x_3+x_4=0,\\x_1-4x_2-2x_3-x_4=0,\\x_1+32x_2+18x_3+7x_4=0;\end{cases}$　(2) $\begin{cases}x_1+x_2+x_3+4x_4-3x_5=0,\\2x_1+x_2+3x_3+5x_4-5x_5=0,\\x_1-x_2+3x_3-2x_4-x_5=0,\\3x_1+x_2+5x_3+6x_4-7x_5=0;\end{cases}$

(3) $\begin{cases}x_1-x_2+5x_3-x_4+x_5=0,\\x_1+x_2-2x_3+3x_4-x_5=0,\\3x_1-x_2+8x_3+x_4+2x_5=0,\\x_1+3x_2-9x_3+7x_4-3x_5=0.\end{cases}$

5. 设 $\boldsymbol{\alpha}_1,\boldsymbol{\alpha}_2,\boldsymbol{\alpha}_3$ 是 $\boldsymbol{Ax}=\mathbf{0}$ 的一个基础解系，证明：$\boldsymbol{\alpha}_1,\boldsymbol{\alpha}_1+\boldsymbol{\alpha}_2,\boldsymbol{\alpha}_1+\boldsymbol{\alpha}_2+\boldsymbol{\alpha}_3$ 也构成基础解系.

6. 设 $\boldsymbol{\alpha}_1,\boldsymbol{\alpha}_2,\boldsymbol{\alpha}_3,\boldsymbol{\alpha}_4$ 为 4 维列向量，$\boldsymbol{\alpha}_2,\boldsymbol{\alpha}_3,\boldsymbol{\alpha}_4$ 线性无关，$\boldsymbol{\alpha}_1=2\boldsymbol{\alpha}_2-\boldsymbol{\alpha}_3$. 令 $\boldsymbol{A}=(\boldsymbol{\alpha}_1,\boldsymbol{\alpha}_2,\boldsymbol{\alpha}_3,\boldsymbol{\alpha}_4)$，求 $\boldsymbol{Ax}=\mathbf{0}$ 的通解.

7. 求下列非齐次线性方程组的通解：

(1) $\begin{cases}2x_1+7x_2+3x_3+x_4=6,\\x_1+3x_2-x_3+x_4=-2,\\7x_1-3x_2-2x_3+6x_4=-4;\end{cases}$　(2) $\begin{cases}x_1+3x_2+5x_3-4x_4=1,\\x_1+3x_2+2x_3-2x_4+x_5=-1,\\x_1-2x_2+x_3-x_4-x_5=3,\\x_1+2x_2+x_3-x_4-x_5=3;\end{cases}$

(3) $\begin{cases}x_1-5x_2+2x_3-3x_4=11,\\5x_1+3x_2+6x_3-x_4=-1,\\2x_1+4x_2+2x_3+x_4=-6.\end{cases}$

8. 证明方程组

$$\begin{cases}x_1-x_2=a_1,\\x_2-x_3=a_2,\\x_3-x_4=a_3,\\x_4-x_5=a_4,\\x_5-x_1=a_5\end{cases}$$

有解的充要条件是 $a_1+a_2+a_3+a_4+a_5=0$,并在有解的情况下求出通解.

9. 设 $\boldsymbol{\alpha}_1,\boldsymbol{\alpha}_2,\boldsymbol{\alpha}_3,\boldsymbol{\alpha}_4,\boldsymbol{\beta}$ 为 4 维列向量,$\boldsymbol{\alpha}_2,\boldsymbol{\alpha}_3,\boldsymbol{\alpha}_4$ 线性无关. $\boldsymbol{\alpha}_1=2\boldsymbol{\alpha}_2-\boldsymbol{\alpha}_3$,$\boldsymbol{\beta}=\boldsymbol{\alpha}_1+\boldsymbol{\alpha}_2+\boldsymbol{\alpha}_3+\boldsymbol{\alpha}_4$. 令 $\boldsymbol{A}=(\boldsymbol{\alpha}_1,\boldsymbol{\alpha}_2,\boldsymbol{\alpha}_3,\boldsymbol{\alpha}_4)$,求 $\boldsymbol{Ax}=\boldsymbol{\beta}$ 的通解.

10. 设 $\boldsymbol{A}$ 为 4 阶方阵,$R(\boldsymbol{A})=3$,$\boldsymbol{\alpha}_1,\boldsymbol{\alpha}_2,\boldsymbol{\alpha}_3$ 都是非齐次线性方程组 $\boldsymbol{Ax}=\boldsymbol{b}$ 的解向量,其中

$$\boldsymbol{\alpha}_1+\boldsymbol{\alpha}_2=\begin{bmatrix}1\\9\\9\\4\end{bmatrix},\quad \boldsymbol{\alpha}_2+\boldsymbol{\alpha}_3=\begin{bmatrix}1\\8\\8\\5\end{bmatrix}.$$

(1) 求方程组 $\boldsymbol{Ax}=\boldsymbol{b}$ 对应的齐次方程组 $\boldsymbol{Ax}=\boldsymbol{0}$ 的一个基础解系;

(2) 求非齐次线性方程组 $\boldsymbol{Ax}=\boldsymbol{b}$ 的通解.

11. 设 $\boldsymbol{A}=\begin{bmatrix}1&-1&-1\\-1&1&1\\0&-4&-2\end{bmatrix}$,$\boldsymbol{\xi}_1=\begin{bmatrix}-1\\1\\-2\end{bmatrix}$,求满足 $\boldsymbol{A\xi}_2=\boldsymbol{\xi}_1$,$\boldsymbol{A}^2\boldsymbol{\xi}_3=\boldsymbol{\xi}_1$ 的所有向量 $\boldsymbol{\xi}_2$ 和 $\boldsymbol{\xi}_3$.

12. 已知向量 $\boldsymbol{\alpha}_1=\begin{bmatrix}1\\0\\2\\3\end{bmatrix}$,$\boldsymbol{\alpha}_2=\begin{bmatrix}1\\1\\3\\5\end{bmatrix}$,$\boldsymbol{\alpha}_3=\begin{bmatrix}1\\-1\\a+2\\1\end{bmatrix}$,$\boldsymbol{\alpha}_4=\begin{bmatrix}1\\2\\4\\a+8\end{bmatrix}$,$\boldsymbol{\beta}=\begin{bmatrix}1\\1\\b+3\\5\end{bmatrix}$.

(1) a,b 为何值时,$\boldsymbol{\beta}$ 不能表示为 $\boldsymbol{\alpha}_1,\boldsymbol{\alpha}_2,\boldsymbol{\alpha}_3,\boldsymbol{\alpha}_4$ 的线性组合;

(2) a,b 为何值时,$\boldsymbol{\beta}$ 可唯一地表示为 $\boldsymbol{\alpha}_1,\boldsymbol{\alpha}_2,\boldsymbol{\alpha}_3,\boldsymbol{\alpha}_4$ 的线性组合.

13. 问 a,b 取什么值时,线性方程组 $\begin{cases}x_1+x_2+x_3+x_4+x_5=1,\\3x_1+2x_2+x_3+x_4-3x_5=a,\\x_2+2x_3+2x_4+6x_5=3,\\5x_1+4x_2+3x_3+3x_4-x_5=b\end{cases}$ 有解?在有解的情形,求通解.

14. 设线性方程组 $\begin{cases}x_1+x_2+x_3=0,\\x_1+2x_2+ax_3=0,\\x_1+4x_2+a^2x_3=0\end{cases}$ 与方程 $x_1+2x_2+x_3=a-1$ 有公共解,求 a 值及所

有公共解.

*15. 设 $\boldsymbol{A}$ 为 $m\times n$ 阶实矩阵,证明:$R(\boldsymbol{A}^{\mathrm{T}}\boldsymbol{A})=R(\boldsymbol{A})$.

16. 已知(Ⅰ)$\begin{cases}x_1+2x_2+3x_3=0,\\2x_1+3x_2+5x_3=0,\\x_1+x_2+ax_3=0\end{cases}$ 和(Ⅱ)$\begin{cases}x_1+bx_2+cx_3=0,\\2x_1+b^2x_2+(c+1)x_3=0\end{cases}$ 同解,求 a,b,c 的值.

*17. 设向量 $\boldsymbol{\eta}$ 是非齐次线性方程组 $\boldsymbol{Ax}=\boldsymbol{b}$ 的一个解向量,$\boldsymbol{\xi}_1,\boldsymbol{\xi}_2,\cdots,\boldsymbol{\xi}_{n-r}$ 是其对应的齐次方程组 $\boldsymbol{Ax}=\boldsymbol{0}$ 的基础解系,证明:

(1) $\boldsymbol{\eta},\boldsymbol{\xi}_1,\boldsymbol{\xi}_2,\cdots,\boldsymbol{\xi}_{n-r}$ 线性无关;

(2) $\boldsymbol{\eta},\boldsymbol{\eta}+\boldsymbol{\xi}_1,\boldsymbol{\eta}+\boldsymbol{\xi}_2,\cdots,\boldsymbol{\eta}+\boldsymbol{\xi}_{n-r}$ 线性无关.

第 5 章 特征值、特征向量

矩阵的特征值与特征向量是矩阵理论的重要组成部分. 它们不仅在纯数学和应用数学中有重要应用,而且在工程设计、生态系统分析等许多科学领域中也有着广泛的应用.

5.1 特征值与特征向量

5.1.1 特征值与特征向量的概念

定义 5.1 设 $\boldsymbol{A}$ 是 n 阶方阵,如果存在数 λ 和 n 维非零列向量 $\boldsymbol{x}$,使关系式

$$\boldsymbol{A}\boldsymbol{x}=\lambda\boldsymbol{x} \tag{5.1}$$

成立,那么,称 λ 为方阵 $\boldsymbol{A}$ 的**特征值**,非零向量 $\boldsymbol{x}$ 称为 $\boldsymbol{A}$ 的对应于特征值 λ 的**特征向量**.

例如,对任意 n 维非零列向量 $\boldsymbol{x}$,由于 $\boldsymbol{E}\boldsymbol{x}=1\boldsymbol{x}$,所以 1 是 n 阶单位阵 $\boldsymbol{E}$ 的特征值,任意 n 维非零列向量 $\boldsymbol{x}$ 都是 $\boldsymbol{E}$ 的对应于特征值 1 的特征向量.

式(5.1)可以写成

$$(\boldsymbol{A}-\lambda\boldsymbol{E})\boldsymbol{x}=\boldsymbol{0}, \tag{5.2}$$

这是 n 个未知数 n 个方程的齐次线性方程组,它有非零解的充分必要条件是系数行列式

$$|\boldsymbol{A}-\lambda\boldsymbol{E}|=0, \tag{5.3}$$

即

$$\begin{vmatrix} a_{11}-\lambda & a_{12} & \cdots & a_{1n} \\ a_{21} & a_{22}-\lambda & \cdots & a_{2n} \\ \vdots & \vdots & & \vdots \\ a_{n1} & a_{n2} & \cdots & a_{nn}-\lambda \end{vmatrix}=0.$$

上式是以 λ 为未知数的一元 n 次方程,称为方阵 $\boldsymbol{A}$ 的**特征方程**. 其左端 $|\boldsymbol{A}-\lambda\boldsymbol{E}|$ 是关于 λ 的 n 次多项式,称为方阵 $\boldsymbol{A}$ 的**特征多项式**,记作 $f_{\boldsymbol{A}}(\lambda)$. $\boldsymbol{A}-\lambda\boldsymbol{E}$ 称为 $\boldsymbol{A}$ 的**特征矩阵**.

显然,$\boldsymbol{A}$ 的特征值就是特征方程的解,$\boldsymbol{A}$ 的特征向量就是齐次线性方程组(5.2)的非零解向量. 在复数范围内特征方程恒有解,其解的个数等于特征方程的次数(重根按重数计算),因此,n 阶方阵 $\boldsymbol{A}$ 在复数域内有 n 个特征值.

例 5.1 求$\boldsymbol{A}=\begin{bmatrix}4 & 3\\1 & 2\end{bmatrix}$的特征值和特征向量.

解 $\boldsymbol{A}$ 的特征多项式为

$$|\boldsymbol{A}-\lambda\boldsymbol{E}|=\begin{vmatrix}4-\lambda & 3\\1 & 2-\lambda\end{vmatrix}=(4-\lambda)(2-\lambda)-3=(\lambda-1)(\lambda-5),$$

所以 $\boldsymbol{A}$ 的特征值为$\lambda_1=1,\lambda_2=5$.

当 $\lambda_1=1$ 时,解方程组$(\boldsymbol{A}-\boldsymbol{E})\boldsymbol{x}=\boldsymbol{0}$. 由

$$\boldsymbol{A}-\boldsymbol{E}=\begin{bmatrix}3 & 3\\1 & 1\end{bmatrix}\xrightarrow{r}\begin{bmatrix}1 & 1\\0 & 0\end{bmatrix},$$

得基础解系

$$\boldsymbol{p}_1=\begin{bmatrix}-1\\1\end{bmatrix},$$

所以对应于 $\lambda_1=1$ 的全部特征向量为 $k_1\boldsymbol{p}_1(k_1\neq0)$.

当 $\lambda_2=5$ 时,解方程组$(\boldsymbol{A}-5\boldsymbol{E})\boldsymbol{x}=\boldsymbol{0}$. 由

$$\boldsymbol{A}-5\boldsymbol{E}=\begin{bmatrix}-1 & 3\\1 & -3\end{bmatrix}\xrightarrow{r}\begin{bmatrix}1 & -3\\0 & 0\end{bmatrix},$$

得基础解系

$$\boldsymbol{p}_2=\begin{bmatrix}3\\1\end{bmatrix},$$

所以对应于 $\lambda_2=5$ 的全部特征向量为 $k_2\boldsymbol{p}_2(k_2\neq0)$.

例 5.2 求矩阵$\boldsymbol{A}=\begin{bmatrix}1 & -1 & 1\\1 & 3 & 0\\0 & 0 & 1\end{bmatrix}$的特征值和特征向量.

解 $\boldsymbol{A}$ 的特征多项式为

$$|\boldsymbol{A}-\lambda\boldsymbol{E}|=\begin{vmatrix}1-\lambda & -1 & 1\\1 & 3-\lambda & 0\\0 & 0 & 1-\lambda\end{vmatrix}=(1-\lambda)(\lambda-2)^2,$$

所以 $\boldsymbol{A}$ 的特征值为$\lambda_1=1,\lambda_2=\lambda_3=2$.

当 $\lambda_1=1$ 时,解方程组$(\boldsymbol{A}-\boldsymbol{E})\boldsymbol{x}=\boldsymbol{0}$,由

$$\boldsymbol{A}-\boldsymbol{E}=\begin{bmatrix}0 & -1 & 1\\1 & 2 & 0\\0 & 0 & 0\end{bmatrix}$$

得基础解系

$$\boldsymbol{p}_1=\begin{bmatrix}-2\\1\\1\end{bmatrix},$$

所以对应于 $\lambda_1=1$ 的全部特征向量为 $k_1\boldsymbol{p}_1(k_1\neq0)$.

当 $\lambda_2=\lambda_3=2$ 时,解方程组 $(\boldsymbol{A}-2\boldsymbol{E})\boldsymbol{x}=\boldsymbol{0}$ 由

$$\boldsymbol{A}-2\boldsymbol{E}=\begin{bmatrix}-1&-1&1\\1&1&0\\0&0&-1\end{bmatrix}\xrightarrow{r}\begin{bmatrix}1&1&0\\0&0&1\\0&0&0\end{bmatrix},$$

得基础解系

$$\boldsymbol{p}_2=\begin{bmatrix}-1\\1\\0\end{bmatrix},$$

所以对应于 $\lambda_2=\lambda_3=2$ 的全部特征向量为 $k_2\boldsymbol{p}_2(k_2\neq0)$.

例 5.3　求矩阵 $\boldsymbol{A}=\begin{bmatrix}-2&1&1\\0&2&0\\-4&1&3\end{bmatrix}$ 的特征值和特征向量.

解　$\boldsymbol{A}$ 的特征多项式为

$$|\boldsymbol{A}-\lambda\boldsymbol{E}|=\begin{vmatrix}-2-\lambda&1&1\\0&2-\lambda&0\\-4&1&3-\lambda\end{vmatrix}=(2-\lambda)\begin{vmatrix}-2-\lambda&1\\-4&3-\lambda\end{vmatrix}$$
$$=-(\lambda+1)(\lambda-2)^2.$$

所以 $\boldsymbol{A}$ 的特征值为 $\lambda_1=-1,\lambda_2=\lambda_3=2$.

当 $\lambda_1=-1$ 时,解方程组 $(\boldsymbol{A}+\boldsymbol{E})\boldsymbol{x}=\boldsymbol{0}$. 由

$$\boldsymbol{A}+\boldsymbol{E}=\begin{bmatrix}-1&1&1\\0&3&0\\-4&1&4\end{bmatrix}\xrightarrow{r}\begin{bmatrix}1&0&-1\\0&1&0\\0&0&0\end{bmatrix}$$

得基础解系

$$\boldsymbol{p}_1=\begin{bmatrix}1\\0\\1\end{bmatrix},$$

所以对应于 $\lambda_1=-1$ 的全部特征向量为 $k_1\boldsymbol{p}_1(k_1\neq0)$.

当 $\lambda_2=\lambda_3=2$ 时,解方程 $(\boldsymbol{A}-2\boldsymbol{E})\boldsymbol{x}=\boldsymbol{0}$. 由

$$\boldsymbol{A}-2\boldsymbol{E}=\begin{bmatrix}-4&1&1\\0&0&0\\-4&1&1\end{bmatrix}\xrightarrow{r}\begin{bmatrix}-4&1&1\\0&0&0\\0&0&0\end{bmatrix},$$

得基础解系

$$\boldsymbol{p}_2=\begin{bmatrix}0\\1\\-1\end{bmatrix},\quad \boldsymbol{p}_3=\begin{bmatrix}1\\0\\4\end{bmatrix},$$

所以对应于 $\lambda_2=\lambda_3=2$ 的全部特征向量为 $k_2\boldsymbol{p}_2+k_3\boldsymbol{p}_3$（$k_2,k_3$ 不同时为 0）.

由例 5.2、例 5.3 两个例子看到，例 5.2 中的特征值 2 与例 5.3 中的特征值 2 都是相应特征方程的二重根，但例 5.2 中的特征值 2 有一个线性无关的特征向量，而例 5.3 中的特征值 2 有两个线性无关的特征向量. 一般地，n 阶矩阵 $\boldsymbol{A}$ 必有 n 个特征值（重根按重数计算），单根的特征值必对应有一个线性无关的特征向量；但对于 r 重根的特征值，其对应的线性无关的特征向量的个数，有可能为 r 个，也有可能少于 r 个，需由矩阵 $\boldsymbol{A}$ 的结构确定.

5.1.2 特征值与特征向量的性质

性质 5.1 设矩阵 $\boldsymbol{A}=(a_{ij})_{n\times n}$ 的特征值为 $\lambda_1,\lambda_2,\cdots,\lambda_n$，则

(1) $\lambda_1+\lambda_2+\cdots+\lambda_n=a_{11}+a_{22}+\cdots+a_{nn}$；

(2) $\lambda_1\lambda_2\cdots\lambda_n=|\boldsymbol{A}|$.

该定理的证明要用到 n 次多项式根与系数之间的关系，在此不予证明.

性质 5.2 矩阵 $\boldsymbol{A}$ 和 $\boldsymbol{A}^{\mathrm{T}}$ 有相同的特征值.

证 因为

$$|\boldsymbol{A}^{\mathrm{T}}-\lambda\boldsymbol{E}|=|(\boldsymbol{A}-\lambda\boldsymbol{E})^{\mathrm{T}}|=|\boldsymbol{A}-\lambda\boldsymbol{E}|,$$

所以 $\boldsymbol{A}$ 和 $\boldsymbol{A}^{\mathrm{T}}$ 有相同的特征多项式，故它们有相同的特征值.

性质 5.3 设 $\boldsymbol{A}$ 是 n 阶可逆矩阵，则

(1) $\boldsymbol{A}$ 的特征值都不为零；

(2) 若 λ 是 $\boldsymbol{A}$ 的特征值，则 λ^{-1} 是 $\boldsymbol{A}^{-1}$ 的特征值.

证 (1) 设 $\boldsymbol{A}$ 的全部特征值为 $\lambda_1,\lambda_2,\cdots,\lambda_n$. 由性质 5.1，$\lambda_1\lambda_2\cdots\lambda_n=|\boldsymbol{A}|$，因 $\boldsymbol{A}$ 可逆，所以 $|\boldsymbol{A}|\neq 0$，故 $\lambda_1,\lambda_2,\cdots,\lambda_n$ 都不为零.

(2) 设 $\boldsymbol{\xi}$ 是 $\boldsymbol{A}$ 的属于 λ 的特征向量，则

$$\boldsymbol{A\xi}=\lambda\boldsymbol{\xi}.$$

根据(1)，$\lambda\neq 0$，于是

$$\frac{1}{\lambda}\boldsymbol{A\xi}=\boldsymbol{\xi},$$

用 $\boldsymbol{A}^{-1}$ 同时左乘上式的两边得

$$\boldsymbol{A}^{-1}\boldsymbol{\xi}=\frac{1}{\lambda}\boldsymbol{\xi},$$

由 $\boldsymbol{\xi}\neq\boldsymbol{0}$ 知，λ^{-1} 是 $\boldsymbol{A}^{-1}$ 的特征值. **证毕**

例 5.4 设 λ 是 n 阶方阵 $\boldsymbol{A}$ 的特征值，证明 λ^k 是 $\boldsymbol{A}^k$（k 为非负整数）的特征值.

证 用数学归纳法. 因为 λ 是 $\boldsymbol{A}$ 的特征值，故有 n 维列向量 $\boldsymbol{x}\neq\boldsymbol{0}$，使 $\boldsymbol{Ax}=\lambda\boldsymbol{x}$，于是当 $k=2$ 时

$$\boldsymbol{A}^2\boldsymbol{x}=\boldsymbol{A}(\boldsymbol{Ax})=\boldsymbol{A}(\lambda\boldsymbol{x})=\lambda(\boldsymbol{Ax})=\lambda^2\boldsymbol{x}.$$

所以 λ^2 是 $\boldsymbol{A}^2$ 的特征值. 假设 $\boldsymbol{A}^{k-1}\boldsymbol{x}=\lambda^{k-1}\boldsymbol{x}$，则

$$\boldsymbol{A}^k\boldsymbol{x}=\boldsymbol{A}(\boldsymbol{A}^{k-1}\boldsymbol{x})=\boldsymbol{A}(\lambda^{k-1}\boldsymbol{x})=\lambda^{k-1}(\boldsymbol{A}\boldsymbol{x})=\lambda^k\boldsymbol{x}.$$

所以 λ^k 是 $\boldsymbol{A}^k$ 的特征值. **证毕**

由例 5.4 可得性质 5.4.

性质 5.4 设 $f(x)=a_0+a_1x+\cdots+a_mx^m$ 是关于 x 的多项式，$\boldsymbol{A}$ 是 n 阶方阵，此时

$$f(\boldsymbol{A})=a_0\boldsymbol{E}+a_1\boldsymbol{A}+\cdots+a_m\boldsymbol{A}^m.$$

若 λ 是 $\boldsymbol{A}$ 的特征值，则 $f(\lambda)$ 是 $f(\boldsymbol{A})$ 的特征值.

例 5.5 已知 3 阶方阵 $\boldsymbol{A}$ 的特征值为 $-1,1,3$，求 $|\boldsymbol{A}^3-2\boldsymbol{A}+2\boldsymbol{E}|$.

解 设 $f(x)=x^3-2x+2$，则 $\boldsymbol{A}^3-2\boldsymbol{A}+2\boldsymbol{E}=f(\boldsymbol{A})$. 由性质 5.4 知，$f(\boldsymbol{A})$ 的全部特征值为 $f(-1)=3, f(1)=1, f(3)=23$，因此

$$|\boldsymbol{A}^3-2\boldsymbol{A}+2\boldsymbol{E}|=3\times1\times23=69.$$

定理 5.1 设 $\lambda_1,\lambda_2,\cdots,\lambda_m$ 是 n 阶方阵 $\boldsymbol{A}$ 的 m 个特征值，$\boldsymbol{x}_1,\boldsymbol{x}_2,\cdots,\boldsymbol{x}_m$ 依次是与之对应的特征向量. 如果 $\lambda_1,\lambda_2,\cdots,\lambda_m$ 互不相等，则 $\boldsymbol{x}_1,\boldsymbol{x}_2,\cdots,\boldsymbol{x}_m$ 线性无关.

证 用数学归纳法. 当 $m=1$ 时，显然成立.

假设当 $m=k$ 时结论成立，即向量组 $\boldsymbol{x}_1,\boldsymbol{x}_2,\cdots,\boldsymbol{x}_k$ 线性无关. 下面证明向量组 $\boldsymbol{x}_1,\boldsymbol{x}_2,\cdots,\boldsymbol{x}_k,\boldsymbol{x}_{k+1}$ 线性无关. 令

$$p_1\boldsymbol{x}_1+p_2\boldsymbol{x}_2+\cdots+p_k\boldsymbol{x}_k+p_{k+1}\boldsymbol{x}_{k+1}=\boldsymbol{0}, \tag{5.4}$$

用 $\boldsymbol{A}$ 左乘式(5.4)，得

$$p_1\boldsymbol{A}\boldsymbol{x}_1+p_2\boldsymbol{A}\boldsymbol{x}_2+\cdots+p_k\boldsymbol{A}\boldsymbol{x}_k+p_{k+1}\boldsymbol{A}\boldsymbol{x}_{k+1}=\boldsymbol{0},$$

即

$$p_1\lambda_1\boldsymbol{x}_1+p_2\lambda_2\boldsymbol{x}_2+\cdots+p_k\lambda_k\boldsymbol{x}_k+p_{k+1}\lambda_{k+1}\boldsymbol{x}_{k+1}=\boldsymbol{0}. \tag{5.5}$$

式(5.5)减去式(5.4)的 λ_{k+1} 倍，得

$$p_1(\lambda_1-\lambda_{k+1})\boldsymbol{x}_1+p_2(\lambda_2-\lambda_{k+1})\boldsymbol{x}_2+\cdots+p_k(\lambda_k-\lambda_{k+1})\boldsymbol{x}_k=\boldsymbol{0}.$$

由于 $\boldsymbol{x}_1,\boldsymbol{x}_2,\cdots,\boldsymbol{x}_k$ 线性无关，故 $p_i(\lambda_i-\lambda_{k+1})=0(i=1,2,\cdots,k)$. 而 $\lambda_i-\lambda_{k+1}\neq0$，所以 $p_i=0(i=1,2,\cdots,k)$. 代入式(5.4)得 $p_{k+1}\boldsymbol{x}_{k+1}=\boldsymbol{0}$，又由于 $\boldsymbol{x}_{k+1}\neq\boldsymbol{0}$，所以 $p_{k+1}=0$. 因此，向量组 $\boldsymbol{x}_1,\boldsymbol{x}_2,\cdots,\boldsymbol{x}_k,\boldsymbol{x}_{k+1}$ 线性无关.

5.2 相似矩阵

5.2.1 相似矩阵的概念及性质

定义5.2 设 $\boldsymbol{A},\boldsymbol{B}$ 都是 n 阶方阵，若存在可逆矩阵 $\boldsymbol{P}$，使

$$\boldsymbol{P}^{-1}\boldsymbol{A}\boldsymbol{P}=\boldsymbol{B},$$

则称 $\boldsymbol{B}$ 是 $\boldsymbol{A}$ 的**相似矩阵**，或称矩阵 $\boldsymbol{A}$ 与 $\boldsymbol{B}$ 相似，记作 $\boldsymbol{A}\sim\boldsymbol{B}$. 对 $\boldsymbol{A}$ 进行运算 $\boldsymbol{P}^{-1}\boldsymbol{A}\boldsymbol{P}$ 称为对 $\boldsymbol{A}$ 进行**相似变换**，可逆矩阵 $\boldsymbol{P}$ 称为把 $\boldsymbol{A}$ 变成 $\boldsymbol{B}$ 的**相似变换矩阵**.

矩阵的相似有以下性质：

(1) 自反性：对任意 n 阶方阵 $\boldsymbol{A}$，$\boldsymbol{A}$ 与 $\boldsymbol{A}$ 相似；

(2) 对称性：若 $\boldsymbol{A}$ 与 $\boldsymbol{B}$ 相似，则 $\boldsymbol{B}$ 与 $\boldsymbol{A}$ 相似；

(3) 传递性：若 $\boldsymbol{A}$ 与 $\boldsymbol{B}$ 相似，$\boldsymbol{B}$ 与 $\boldsymbol{C}$ 相似，则 $\boldsymbol{A}$ 与 $\boldsymbol{C}$ 相似.

证 (1)和(2) 显然，现证(3).

若 $\boldsymbol{A}$ 与 $\boldsymbol{B}$ 相似，$\boldsymbol{B}$ 与 $\boldsymbol{C}$ 相似，则存在可逆矩阵 $\boldsymbol{P}$ 和 $\boldsymbol{Q}$，使得

$$\boldsymbol{P}^{-1}\boldsymbol{A}\boldsymbol{P}=\boldsymbol{B},\quad \boldsymbol{Q}^{-1}\boldsymbol{B}\boldsymbol{Q}=\boldsymbol{C},$$

从而有

$$\boldsymbol{C}=\boldsymbol{Q}^{-1}\boldsymbol{B}\boldsymbol{Q}=\boldsymbol{Q}^{-1}(\boldsymbol{P}^{-1}\boldsymbol{A}\boldsymbol{P})\boldsymbol{Q}=(\boldsymbol{Q}^{-1}\boldsymbol{P}^{-1})\boldsymbol{A}(\boldsymbol{P}\boldsymbol{Q})=(\boldsymbol{P}\boldsymbol{Q})^{-1}\boldsymbol{A}(\boldsymbol{P}\boldsymbol{Q}).$$

所以 $\boldsymbol{A}$ 与 $\boldsymbol{C}$ 相似. **证毕**

例 5.6 设 $\boldsymbol{A}$ 与 $\boldsymbol{B}$ 相似，则 $\boldsymbol{A}^k$ 与 $\boldsymbol{B}^k$（k 为非负整数）相似.

证 若 $\boldsymbol{A}$ 与 $\boldsymbol{B}$ 相似，则存在可逆矩阵 $\boldsymbol{P}$，使 $\boldsymbol{P}^{-1}\boldsymbol{A}\boldsymbol{P}=\boldsymbol{B}$，因此

$$\boldsymbol{B}^k=(\boldsymbol{P}^{-1}\boldsymbol{A}\boldsymbol{P})^k=\boldsymbol{P}^{-1}\boldsymbol{A}^k\boldsymbol{P}.$$

所以 $\boldsymbol{A}^k$ 与 $\boldsymbol{B}^k$ 相似.

性质 5.5 (1) 若 $\boldsymbol{A}\sim\boldsymbol{B}$，则 $\boldsymbol{A}^{\mathrm{T}}\sim\boldsymbol{B}^{\mathrm{T}}$.

(2) 若 $\boldsymbol{A}\sim\boldsymbol{B}$，设 $f(x)$ 是一个多项式，则 $f(\boldsymbol{A})\sim f(\boldsymbol{B})$.

(3) 若 $\boldsymbol{A}\sim\boldsymbol{B}$，且 $\boldsymbol{A}$ 可逆，则 $\boldsymbol{B}$ 也可逆，且 $\boldsymbol{A}^{-1}\sim\boldsymbol{B}^{-1}$.

利用与例 5.6 类似的方法可证明该性质.

定理 5.2 若 n 阶方阵 $\boldsymbol{A}$ 与 $\boldsymbol{B}$ 相似，则 $\boldsymbol{A}$ 与 $\boldsymbol{B}$ 的特征多项式相同.

证 因 $\boldsymbol{A}$ 与 $\boldsymbol{B}$ 相似，即有可逆矩阵 $\boldsymbol{P}$，使

$$\boldsymbol{P}^{-1}\boldsymbol{A}\boldsymbol{P}=\boldsymbol{B},$$

于是

$$\begin{aligned}|\boldsymbol{B}-\lambda\boldsymbol{E}|&=|\boldsymbol{P}^{-1}\boldsymbol{A}\boldsymbol{P}-\boldsymbol{P}^{-1}(\lambda\boldsymbol{E})\boldsymbol{P}|=|\boldsymbol{P}^{-1}(\boldsymbol{A}-\lambda\boldsymbol{E})\boldsymbol{P}|\\&=|\boldsymbol{P}^{-1}|\,|\boldsymbol{A}-\lambda\boldsymbol{E}|\,|\boldsymbol{P}|=|\boldsymbol{A}-\lambda\boldsymbol{E}|.\end{aligned}$$

证毕

推论 1 若 $\boldsymbol{A}$ 与 $\boldsymbol{B}$ 相似，则 $\boldsymbol{A}$ 与 $\boldsymbol{B}$ 的特征值相同；进而 $\boldsymbol{A}$ 与 $\boldsymbol{B}$ 的行列式相等.

但是，推论的逆命题未必成立. 例如，对于矩阵

$$\boldsymbol{E}=\begin{bmatrix}1&0\\0&1\end{bmatrix}\quad 和\quad \boldsymbol{A}=\begin{bmatrix}1&1\\0&1\end{bmatrix}$$

都以 1 为二重特征值，但对于任何可逆矩阵 $\boldsymbol{P}$，都有 $\boldsymbol{P}^{-1}\boldsymbol{E}\boldsymbol{P}=\boldsymbol{E}\neq\boldsymbol{A}$，故 $\boldsymbol{A}$ 和 $\boldsymbol{E}$ 不相似.

推论 2 若 n 阶矩阵 $\boldsymbol{A}$ 与对角矩阵

$$\boldsymbol{\Lambda}=\begin{bmatrix}\lambda_1&&&\\&\lambda_2&&\\&&\ddots&\\&&&\lambda_n\end{bmatrix}$$

相似，则 $\lambda_1,\lambda_2,\cdots,\lambda_n$ 是 $\boldsymbol{A}$ 的全部 n 个特征值.

5.2.2　方阵的相似对角化问题

定义 5.3　若方阵 $\boldsymbol{A}$ 能与一个对角阵 $\boldsymbol{\Lambda}$ 相似，则称 $\boldsymbol{A}$ 可以**相似对角化**.

定理 5.3　n 阶方阵 $\boldsymbol{A}$ 可以相似对角化的充要条件是 $\boldsymbol{A}$ 有 n 个线性无关的特征向量.

证　必要性. 设与 $\boldsymbol{A}$ 相似的对角阵为

$$\boldsymbol{\Lambda}=\begin{bmatrix}\lambda_1 & & & \\ & \lambda_2 & & \\ & & \ddots & \\ & & & \lambda_n\end{bmatrix},$$

则存在一个可逆矩阵 $\boldsymbol{P}$，使 $\boldsymbol{P}^{-1}\boldsymbol{AP}=\boldsymbol{\Lambda}$；两边左乘 $\boldsymbol{P}$，于是 $\boldsymbol{AP}=\boldsymbol{P\Lambda}$. 将矩阵 $\boldsymbol{P}$ 按列分块，记为

$$\boldsymbol{P}=(\boldsymbol{x}_1,\boldsymbol{x}_2,\cdots,\boldsymbol{x}_n).$$

那么

$$\boldsymbol{A}(\boldsymbol{x}_1,\boldsymbol{x}_2,\cdots,\boldsymbol{x}_n)=(\boldsymbol{x}_1,\boldsymbol{x}_2,\cdots,\boldsymbol{x}_n)\begin{bmatrix}\lambda_1 & & & \\ & \lambda_2 & & \\ & & \ddots & \\ & & & \lambda_n\end{bmatrix},$$

即

$$(\boldsymbol{Ax}_1,\boldsymbol{Ax}_2,\cdots,\boldsymbol{Ax}_n)=(\lambda_1\boldsymbol{x}_1,\lambda_2\boldsymbol{x}_2,\cdots,\lambda_n\boldsymbol{x}_n),$$

从而有

$$\boldsymbol{Ax}_i=\lambda_i\boldsymbol{x}_i\quad(i=1,2,\cdots,n),$$

即 λ_i 是 $\boldsymbol{A}$ 的特征值，$\boldsymbol{P}$ 的列向量 $\boldsymbol{x}_i$ 就是 $\boldsymbol{A}$ 的对应于特征值 λ_i 的特征向量. 又因为 $\boldsymbol{P}$ 是可逆矩阵，所以 $\boldsymbol{x}_1,\boldsymbol{x}_2,\cdots,\boldsymbol{x}_n$ 线性无关.

充分性. 假设方阵 $\boldsymbol{A}$ 有 n 个线性无关的特征向量 $\boldsymbol{x}_1,\boldsymbol{x}_2,\cdots,\boldsymbol{x}_n$，令 $\boldsymbol{P}=(\boldsymbol{x}_1,\boldsymbol{x}_2,\cdots,\boldsymbol{x}_n)$，即

$$\boldsymbol{Ax}_i=\lambda_i\boldsymbol{x}_i\quad(i=1,2,\cdots,n),$$

则

$$\begin{aligned}\boldsymbol{AP}&=\boldsymbol{A}(\boldsymbol{x}_1,\boldsymbol{x}_2,\cdots,\boldsymbol{x}_n)=(\boldsymbol{Ax}_1,\boldsymbol{Ax}_2,\cdots,\boldsymbol{Ax}_n)\\&=(\lambda_1\boldsymbol{x}_1,\lambda_2\boldsymbol{x}_2,\cdots,\lambda_n\boldsymbol{x}_n)\\&=(\boldsymbol{x}_1,\boldsymbol{x}_2,\cdots,\boldsymbol{x}_n)\begin{bmatrix}\lambda_1 & & & \\ & \lambda_2 & & \\ & & \ddots & \\ & & & \lambda_n\end{bmatrix}\\&=\boldsymbol{P\Lambda}.\end{aligned}$$

因此

$$P^{-1}AP=\Lambda.$$

证毕

推论 1 如果 n 阶方阵 A 的 n 个特征值互不相等,则 A 与对角阵相似.

当矩阵 A 的特征方程有重根时,就不一定有 n 个线性无关的特征向量,从而不一定能对角化. 例如,在例 5.2 中矩阵 A 的特征方程有二重特征值 $\lambda_2=\lambda_3=1$,但却只能找到两个线性无关的特征向量,因此例 5.2 中的矩阵 A 不能对角化;而在例 5.3 中矩阵 A 的特征方程也有二重特征值 $\lambda_2=\lambda_3=2$,但因能找到三个线性无关的特征向量,因此例 5.3 中的矩阵 A 可对角化.

推论 2 n 阶方阵 A 可对角化的充分必要条件是对应于 A 的每个特征值的线性无关的特征向量的个数恰好等于该特征值的重数,即设 λ_i 是方阵 A 的 k_i 重根,则 A 与对角阵 Λ 相似,当且仅当

$$R(A-\lambda_i E)=n-k_i \quad (i=1,2,\cdots,n).$$

此外,由定理 5.3 的证明可见,A 的 n 个线性无关的特征向量 $x_1,x_2,\cdots,x_n$ 所构成的矩阵 $P=(x_1,x_2,\cdots,x_n)$,恰好就是 A 到 $\Lambda=\begin{bmatrix}\lambda_1 & & & \\ & \lambda_2 & & \\ & & \ddots & \\ & & & \lambda_n\end{bmatrix}$ 的相似变换矩阵.

例 5.7 已知

$$A=\begin{bmatrix}4 & 6 & 0\\ -3 & -5 & 0\\ -3 & -6 & 1\end{bmatrix}.$$

(1) 证明 A 与对角阵 Λ 相似,并求可逆矩阵 P,使 $P^{-1}AP=\Lambda$ 为对角阵.

(2) 计算 A^{10}.

解 (1) A 的特征多项式为

$$|A-\lambda E|=\begin{vmatrix}4-\lambda & 6 & 0\\ -3 & -5-\lambda & 0\\ -3 & -6 & 1-\lambda\end{vmatrix}=-(\lambda-1)^2(\lambda+2),$$

所以 A 的特征值为 $\lambda_1=-2,\lambda_2=\lambda_2=1$.

当 $\lambda_1=-2$ 时,解方程组 $(A+2E)x=0$. 由

$$A+2E=\begin{bmatrix}6 & 6 & 0\\ -3 & -3 & 0\\ -3 & -6 & 3\end{bmatrix}\xrightarrow{r}\begin{bmatrix}1 & 0 & 1\\ 0 & 1 & -1\\ 0 & 0 & 0\end{bmatrix},$$

得基础解系

$$p_1=\begin{bmatrix}-1\\1\\1\end{bmatrix}.$$

当 $\lambda_2=\lambda_2=1$ 时，解方程组 $(A-E)x=0$. 由

$$A-E=\begin{bmatrix}3&6&0\\-3&-6&0\\-3&-6&0\end{bmatrix}\xrightarrow{r}\begin{bmatrix}1&2&0\\0&0&0\\0&0&0\end{bmatrix},$$

得基础解系

$$p_2=\begin{bmatrix}-2\\1\\0\end{bmatrix},\quad p_3=\begin{bmatrix}0\\0\\1\end{bmatrix}.$$

因为 3 阶矩阵 A 有三个线性无关的特征向量，所以 A 与对角阵 $\Lambda=\begin{bmatrix}-2&&\\&1&\\&&1\end{bmatrix}$ 相似.

将 p_1,p_2,p_3 构成可逆矩阵

$$P=(p_1,p_2,p_3)=\begin{bmatrix}-1&-2&0\\1&1&0\\1&0&1\end{bmatrix},$$

则

$$P^{-1}AP=\begin{bmatrix}-2&&\\&1&\\&&1\end{bmatrix}=\Lambda.$$

(2) 由(1)中的讨论可得 $A=P\Lambda P^{-1}$，故

$$\begin{aligned}A^{10}&=(P\Lambda P^{-1})^{10}=(P\Lambda P^{-1})(P\Lambda P^{-1})\cdots(P\Lambda P^{-1})=P\Lambda^{10}P^{-1}\\&=\begin{bmatrix}-1&-2&0\\1&1&0\\1&0&1\end{bmatrix}\begin{bmatrix}-2&&\\&1&\\&&1\end{bmatrix}^{10}\begin{bmatrix}-1&-2&0\\1&1&0\\1&0&1\end{bmatrix}^{-1}\\&=\begin{bmatrix}-1&-2&0\\1&1&0\\1&0&1\end{bmatrix}\begin{bmatrix}2^{10}&&\\&1&\\&&1\end{bmatrix}\begin{bmatrix}1&2&0\\-1&-1&0\\-1&-2&1\end{bmatrix}\\&=\begin{bmatrix}-2^{10}+2&-2^{11}+2&0\\2^{10}-1&2^{11}-1&0\\2^{10}-1&2^{11}-2&1\end{bmatrix}.\end{aligned}$$

5.3 对称矩阵及其对角化

5.3.1 对称矩阵的特征值与特征向量

对称矩阵的特征值、特征向量除具有 5.1 节给出的性质外，还具有以下性质.

性质 5.6 (1) 对称矩阵的特征值一定为实数；

(2) 对称矩阵对应于不同特征值的特征向量必相互正交；

(3) 设 $\boldsymbol{A}$ 为 n 阶对称矩阵，λ 是 $\boldsymbol{A}$ 的特征方程的 r 重根，则矩阵 $\boldsymbol{A}-\lambda\boldsymbol{E}$ 的秩 $R(\boldsymbol{A}-\lambda\boldsymbol{E})=n-r$，从而对应特征值 λ 恰有 r 个线性无关的特征向量.

证 下面只给出(1)和(2)的证明，结论(3)在此不予以证明.

(1) 设 λ 是对称阵 $\boldsymbol{A}$ 的任一特征值，对 $\boldsymbol{Ax}=\lambda\boldsymbol{x}(\boldsymbol{x}\neq\boldsymbol{0})$ 取共轭，再取转置，得

$$\bar{\boldsymbol{x}}^{\mathrm{T}}\boldsymbol{A}=\bar{\lambda}\bar{\boldsymbol{x}}^{\mathrm{T}}.$$

其中 $\bar{\lambda}$ 表示 λ 的共轭复数，$\bar{\boldsymbol{x}}$ 表示 $\boldsymbol{x}$ 的共轭复向量. 上式两边右乘以 $\boldsymbol{x}$，利用 $\boldsymbol{Ax}=\lambda\boldsymbol{x}$，得

$$\lambda\bar{\boldsymbol{x}}^{\mathrm{T}}\boldsymbol{x}=\bar{\boldsymbol{x}}^{\mathrm{T}}\boldsymbol{Ax}=\bar{\lambda}\bar{\boldsymbol{x}}^{\mathrm{T}}\boldsymbol{x},$$

即

$$(\lambda-\bar{\lambda})\bar{\boldsymbol{x}}^{\mathrm{T}}\boldsymbol{x}=0.$$

因 $\boldsymbol{x}\neq\boldsymbol{0}$，故

$$\bar{\boldsymbol{x}}^{\mathrm{T}}\boldsymbol{x}=\bar{x}_1x_1+\bar{x}_2x_2+\cdots+\bar{x}_nx_n>0,$$

推出 $\lambda=\bar{\lambda}$，即任一特征值为实数.

(2) 设 λ_1,λ_2 是对称矩阵 $\boldsymbol{A}$ 的两个特征值，$\boldsymbol{p}_1,\boldsymbol{p}_2$ 是对应的特征向量，且 $\lambda_1\neq\lambda_2$，则 $\boldsymbol{Ap}_1=\lambda_1\boldsymbol{p}_1,\boldsymbol{Ap}_2=\lambda_2\boldsymbol{p}_2$.

因 $\boldsymbol{A}$ 对称，故 $\lambda_1\boldsymbol{p}_1^{\mathrm{T}}=(\lambda_1\boldsymbol{p}_1)^{\mathrm{T}}=(\boldsymbol{Ap}_1)^{\mathrm{T}}=\boldsymbol{p}_1^{\mathrm{T}}\boldsymbol{A}^{\mathrm{T}}=\boldsymbol{p}_1^{\mathrm{T}}\boldsymbol{A}$，于是

$$\lambda_1\boldsymbol{p}_1^{\mathrm{T}}\boldsymbol{p}_2=\boldsymbol{p}_1^{\mathrm{T}}\boldsymbol{Ap}_2=\boldsymbol{p}_1^{\mathrm{T}}(\lambda_2\boldsymbol{p}_2)=\lambda_2\boldsymbol{p}_1^{\mathrm{T}}\boldsymbol{p}_2,$$

即

$$(\lambda_1-\lambda_2)\boldsymbol{p}_1^{\mathrm{T}}\boldsymbol{p}_2=0,$$

由于 $\lambda_1\neq\lambda_2$，故 $\boldsymbol{p}_1^{\mathrm{T}}\boldsymbol{p}_2=0$，即 $\boldsymbol{p}_1$ 与 $\boldsymbol{p}_2$ 正交. **证毕**

5.3.2 对称矩阵的正交相似对角化

由性质 5.6(3)和定理 5.3 的推论 2 可知，对称矩阵 $\boldsymbol{A}$ 一定可以相似对角化，并且还可以要求相似变换矩阵是个正交矩阵.

定理 5.4 设 $\boldsymbol{A}$ 为 n 阶对称矩阵，则必存在 n 阶正交矩阵 $\boldsymbol{P}$，使得

$$\boldsymbol{P}^{-1}\boldsymbol{AP}=\boldsymbol{\Lambda}=\begin{bmatrix}\lambda_1 & & & \\ & \lambda_2 & & \\ & & \ddots & \\ & & & \lambda_n\end{bmatrix},$$

其中 $\lambda_1,\lambda_2,\cdots,\lambda_n$ 是 $\boldsymbol{A}$ 的 n 个特征值.

证　设 $\boldsymbol{A}$ 的所有互不相等的特征值为 $\lambda_1,\lambda_2,\cdots,\lambda_s$，它们的重数依次是 $r_1,r_2,\cdots,r_s(r_1+r_2+\cdots+r_s=n)$. 由实对称矩阵的特征值的性质 5.6(1)和 5.6(3)知，对应于特征值 $\lambda_i(i=1,2,\cdots,s)$恰有 r_i 个线性无关的实特征向量，把它们标准正交化，即得 r_i 个标准正交的特征向量. $\boldsymbol{p}_{i1},\boldsymbol{p}_{i2},\cdots,\boldsymbol{p}_{ir_i}$，由 $r_1+r_2+\cdots+r_s=n$，知这样的特征向量共可得 n 个：

$$\boldsymbol{p}_{11},\boldsymbol{p}_{12},\cdots,\boldsymbol{p}_{1r_1},\cdots,\boldsymbol{p}_{s1},\boldsymbol{p}_{s2},\cdots,\boldsymbol{p}_{sr_s}. \tag{5.6}$$

由性质 5.6(2)知，向量组(5.6)是标准正交向量组，故可得到 n 个两两正交的单位特征向量，于是以它们为列向量构成正交矩阵 $\boldsymbol{P}$，并且由定理 5.3，得

$$\boldsymbol{P}^{-1}\boldsymbol{AP}=\boldsymbol{\Lambda}=\begin{bmatrix}\lambda_1 & & & \\ & \lambda_2 & & \\ & & \ddots & \\ & & & \lambda_n\end{bmatrix}.$$

证毕

例 5.8　设 $\boldsymbol{A}=\begin{bmatrix}3 & 0 & 0\\0 & 1 & 2\\0 & 2 & 1\end{bmatrix}$，求一个正交矩阵 $\boldsymbol{P}$，使 $\boldsymbol{P}^{-1}\boldsymbol{AP}=\boldsymbol{\Lambda}$ 为对角阵.

解　$\boldsymbol{A}$ 的特征多项式为

$$|\boldsymbol{A}-\lambda\boldsymbol{E}|=\begin{vmatrix}3-\lambda & 0 & 0\\0 & 1-\lambda & 2\\0 & 2 & 1-\lambda\end{vmatrix}=-(\lambda-3)^2(\lambda+1),$$

所以 $\boldsymbol{A}$ 的特征值为 $\lambda_1=-1,\lambda_2=\lambda_3=3$.

当 $\lambda_1=-1$ 时，解方程组$(\boldsymbol{A}+\boldsymbol{E})\boldsymbol{x}=\boldsymbol{0}$. 由

$$\boldsymbol{A}+\boldsymbol{E}=\begin{bmatrix}4 & 0 & 0\\0 & 2 & 2\\0 & 2 & 2\end{bmatrix}\xrightarrow{r}\begin{bmatrix}1 & 0 & 0\\0 & 1 & 1\\0 & 0 & 0\end{bmatrix}$$

得基础解系 $\boldsymbol{\xi}_1=\begin{bmatrix}0\\-1\\1\end{bmatrix}$，将 $\boldsymbol{\xi}_1$ 单位化，得 $\boldsymbol{p}_1=\begin{bmatrix}0\\-\frac{1}{\sqrt{2}}\\\frac{1}{\sqrt{2}}\end{bmatrix}$.

当 $\lambda_2=\lambda_3=3$ 时，解方程组$(\boldsymbol{A}-3\boldsymbol{E})\boldsymbol{x}=\boldsymbol{0}$. 由

$$\boldsymbol{A}-3\boldsymbol{E}=\begin{bmatrix}0 & 0 & 0\\0 & -2 & 2\\0 & 2 & -2\end{bmatrix}\xrightarrow{r}\begin{bmatrix}0 & 1 & -1\\0 & 0 & 0\\0 & 0 & 0\end{bmatrix}$$

得基础解系 $\boldsymbol{\xi}_1=\begin{bmatrix}1\\0\\0\end{bmatrix}$,$\boldsymbol{\xi}_2=\begin{bmatrix}0\\1\\1\end{bmatrix}$,$\boldsymbol{\xi}_1$ 与 $\boldsymbol{\xi}_2$ 恰好正交,将它们单位化,得

$$\boldsymbol{p}_2=\begin{bmatrix}1\\0\\0\end{bmatrix},\quad \boldsymbol{p}_3=\begin{bmatrix}0\\ \frac{1}{\sqrt{2}}\\ \frac{1}{\sqrt{2}}\end{bmatrix}.$$

将 $\boldsymbol{p}_1,\boldsymbol{p}_2,\boldsymbol{p}_3$ 构成正交矩阵

$$\boldsymbol{P}=(\boldsymbol{p}_1,\boldsymbol{p}_2,\boldsymbol{p}_3)=\begin{bmatrix}0 & 1 & 0\\ -\frac{1}{\sqrt{2}} & 0 & \frac{1}{\sqrt{2}}\\ \frac{1}{\sqrt{2}} & 0 & \frac{1}{\sqrt{2}}\end{bmatrix},$$

有

$$\boldsymbol{P}^{-1}\boldsymbol{AP}=\boldsymbol{P}^{\mathrm{T}}\boldsymbol{AP}=\boldsymbol{\Lambda}=\begin{bmatrix}-1 & & \\ & 3 & \\ & & 3\end{bmatrix}.$$

例 5.9 设矩阵 $\boldsymbol{A}$ 是 3 阶对称阵,$\boldsymbol{A}$ 的特征值为 1,2,2,$\boldsymbol{p}_1=(1,1,0)^{\mathrm{T}}$ 与 $\boldsymbol{p}_2=(0,1,1)^{\mathrm{T}}$ 都是矩阵 $\boldsymbol{A}$ 的属于特征值 2 的特征向量. 求 $\boldsymbol{A}$ 的属于特征值 1 的特征向量,并求出矩阵 $\boldsymbol{A}$.

解 设 $\boldsymbol{p}_3=(x_1,x_2,x_3)^{\mathrm{T}}$ 为 $\boldsymbol{A}$ 的属于特征值 1 的特征向量. 由于 $\boldsymbol{A}$ 是对称矩阵,则 $\boldsymbol{p}_3$ 与 $\boldsymbol{p}_1,\boldsymbol{p}_2$ 都正交,故有

$$\begin{cases}x_1+x_2=0,\\ x_2+x_3=0,\end{cases}$$

解得基础解系为 $\boldsymbol{p}_3=\begin{bmatrix}1\\-1\\1\end{bmatrix}$. $\boldsymbol{A}$ 的属于特征值 1 的特征向量为 $k\boldsymbol{p}_3(k\neq 0)$.

令

$$\boldsymbol{P}=(\boldsymbol{p}_1,\boldsymbol{p}_2,\boldsymbol{p}_3)=\begin{bmatrix}1 & 0 & 1\\ 1 & 1 & -1\\ 0 & 1 & 1\end{bmatrix},$$

则

$$\boldsymbol{P}^{-1}\boldsymbol{A}\boldsymbol{P}=\begin{bmatrix}2 & & \\ & 2 & \\ & & 1\end{bmatrix}.$$

从而

$$\boldsymbol{A}=\boldsymbol{P}\begin{bmatrix}2 & & \\ & 2 & \\ & & 1\end{bmatrix}\boldsymbol{P}^{-1}=\begin{bmatrix}\frac{5}{3} & \frac{1}{3} & -\frac{1}{3}\\ \frac{1}{3} & \frac{5}{3} & \frac{1}{3}\\ -\frac{1}{3} & \frac{1}{3} & \frac{5}{3}\end{bmatrix}.$$

若将 $\boldsymbol{p}_1,\boldsymbol{p}_2$ 正交化：取 $\boldsymbol{\eta}_1=\boldsymbol{p}_1=\begin{bmatrix}1\\1\\0\end{bmatrix}$，$\boldsymbol{\eta}_2=\boldsymbol{p}_2-\frac{\langle \boldsymbol{p}_2,\boldsymbol{\eta}_1\rangle}{\|\boldsymbol{\eta}_1\|^2}\boldsymbol{\eta}_1=\frac{1}{2}\begin{bmatrix}-1\\1\\2\end{bmatrix}$. 再将 $\boldsymbol{\eta}_1,\boldsymbol{\eta}_2$ 单位化，得

$$\boldsymbol{\varepsilon}_1=\frac{1}{\sqrt{2}}\begin{bmatrix}1\\1\\0\end{bmatrix},\quad \boldsymbol{\varepsilon}_2=\frac{1}{\sqrt{6}}\begin{bmatrix}-1\\1\\2\end{bmatrix}.$$

将 $\boldsymbol{p}_3$ 单位化，得

$$\boldsymbol{\varepsilon}_3=\frac{1}{\sqrt{3}}\begin{bmatrix}1\\-1\\1\end{bmatrix}.$$

令

$$\boldsymbol{Q}=(\boldsymbol{\varepsilon}_1,\boldsymbol{\varepsilon}_2,\boldsymbol{\varepsilon}_3)=\begin{bmatrix}\frac{1}{\sqrt{2}} & -\frac{1}{\sqrt{6}} & \frac{1}{\sqrt{3}}\\ \frac{1}{\sqrt{2}} & \frac{1}{\sqrt{6}} & -\frac{1}{\sqrt{3}}\\ 0 & \frac{2}{\sqrt{6}} & \frac{1}{\sqrt{3}}\end{bmatrix},$$

则

$$\boldsymbol{Q}^{-1}\boldsymbol{A}\boldsymbol{Q}=\boldsymbol{Q}^{\mathrm{T}}\boldsymbol{A}\boldsymbol{Q}=\begin{bmatrix}2 & & \\ & 2 & \\ & & 1\end{bmatrix}.$$

从而

$$A=Q\begin{bmatrix}2&&\\&2&\\&&1\end{bmatrix}Q^{T}=\begin{bmatrix}\frac{5}{3}&\frac{1}{3}&-\frac{1}{3}\\ \frac{1}{3}&\frac{5}{3}&\frac{1}{3}\\ -\frac{1}{3}&\frac{1}{3}&\frac{5}{3}\end{bmatrix}.$$

习　题　5

1. 选择题：

(1) 下列结论正确的是____.

(A) 若 $\boldsymbol{\alpha}_1,\boldsymbol{\alpha}_2$ 是 $(\lambda_0\boldsymbol{E}-\boldsymbol{A})\boldsymbol{x}=\boldsymbol{0}$ 的一个基础解系，则 $k_1\boldsymbol{\alpha}_1+k_2\boldsymbol{\alpha}_2$ 是 $\boldsymbol{A}$ 属于 λ_0 的全部特征向量，其中 k_1,k_2 全不为零；

(B) 若 $\boldsymbol{x}$ 是 $\boldsymbol{A}$ 的属于特征值 λ 的特征向量，则对任意可逆阵 $\boldsymbol{P}$，$\boldsymbol{x}$ 也是 $\boldsymbol{B}=\boldsymbol{P}^{-1}\boldsymbol{AP}$ 的属于特征值 λ 的特征向量；

(C) 若 $|\boldsymbol{A}|=0$，则至少有一个特征值为 0；

(D) 若 λ 同为 $\boldsymbol{A},\boldsymbol{B}$ 的特征值，则 λ 也是 $\boldsymbol{A}+\boldsymbol{B}$ 的特征值.

(2) 已知 n 阶方阵 $\boldsymbol{A}$ 与某对角阵相似，则____.

(A) $\boldsymbol{A}$ 有 n 个不同的特征值；　　(B) $\boldsymbol{A}$ 一定是 n 阶实对称阵；

(C) $\boldsymbol{A}$ 有 n 个线性无关的特征向量；　　(D) $\boldsymbol{A}$ 的属于不同特征值的特征向量正交.

(3) 若 $\boldsymbol{A}$ 与 $\boldsymbol{B}$ 相似，则____.

(A) $\lambda\boldsymbol{E}-\boldsymbol{A}=\lambda\boldsymbol{E}-\boldsymbol{B}$；　　(B) $|\lambda\boldsymbol{E}+\boldsymbol{A}|=|\lambda\boldsymbol{E}+\boldsymbol{B}|$；

(C) $\boldsymbol{A}^*=\boldsymbol{B}^*$；　　(D) $\boldsymbol{A}^{-1}=\boldsymbol{B}^{-1}$.

2. 求下列矩阵的特征值和特征向量：

(1) $\begin{bmatrix}1&2&3\\2&1&3\\3&3&6\end{bmatrix}$；　(2) $\begin{bmatrix}0&1&3\\0&0&2\\0&0&0\end{bmatrix}$；　(3) $\begin{bmatrix}0&1&1\\1&0&1\\1&1&0\end{bmatrix}$；　(4) $\begin{bmatrix}a&0&0\\0&b&0\\0&0&c\end{bmatrix}$.

*3. 设向量 $\boldsymbol{\alpha}=(a_1,a_2,\cdots,a_n)^T$，$\boldsymbol{\beta}=(b_1,b_2,\cdots,b_n)^T$ 都是非零向量，且满足条件 $\boldsymbol{\alpha}^T\boldsymbol{\beta}=0$. 记 n 阶矩阵 $\boldsymbol{A}=\boldsymbol{\alpha}\boldsymbol{\beta}^T$，求

(1) $\boldsymbol{A}^2$；　(2) $\boldsymbol{A}$ 的特征值和特征向量.

4. 设 $\boldsymbol{A}=\begin{bmatrix}0&-2&-2\\2&2&-2\\-2&-2&2\end{bmatrix}$，求 $2\boldsymbol{A}^2$ 的非零特征值.

5. 设 $\boldsymbol{\alpha}=(1,k,1)^T$ 是 $\boldsymbol{A}=\begin{bmatrix}2&1&1\\1&2&1\\1&1&2\end{bmatrix}$ 的逆矩阵 $\boldsymbol{A}^{-1}$ 的特征向量，求 k.

6. 设矩阵 $\boldsymbol{A}=\begin{bmatrix}a&-1&c\\5&b&3\\1-c&0&-a\end{bmatrix}$，其行列式 $|\boldsymbol{A}|=-1$，又 $\boldsymbol{A}$ 的伴随矩阵 $\boldsymbol{A}^*$ 有一个特征值 λ_0，属于 λ_0 的一个特征向量为 $\boldsymbol{\alpha}=(-1,-1,1)^T$，求 a,b,c 和 λ_0 的值.

7. 已知3阶矩阵 $\boldsymbol{A}$ 的特征值为 $1,-1,2$,设 $\boldsymbol{B}=\boldsymbol{A}^5-3\boldsymbol{A}^3$,求

(1) $|\boldsymbol{B}|$;　　(2) $|\boldsymbol{A}-2\boldsymbol{E}|$.

*8. 设矩阵 $\boldsymbol{A}$ 满足 $\boldsymbol{A}^2=\boldsymbol{E}$,证明:$5\boldsymbol{E}-\boldsymbol{A}$ 可逆.

9. 设 $\boldsymbol{A}=\begin{bmatrix}2&-1&2\\5&-3&3\\-1&0&-2\end{bmatrix}$,问 $\boldsymbol{A}$ 能否相似于对角阵?请说明理由.

10. 已知 $\boldsymbol{A}=\begin{bmatrix}-2&0&0\\2&x&2\\3&1&1\end{bmatrix}$ 与 $\boldsymbol{B}=\begin{bmatrix}-1&0&0\\0&2&0\\0&0&y\end{bmatrix}$ 相似.

(1) 求 x 和 y;(2)求可逆阵 $\boldsymbol{P}$,使 $\boldsymbol{P}^{-1}\boldsymbol{AP}=\boldsymbol{B}$.

11. 已知3阶方阵 $\boldsymbol{A}$ 的三个特征值为 $1,1,2$,对应的特征向量为 $(1,2,1)^{\mathrm{T}},(1,1,0)^{\mathrm{T}},(2,0,-1)^{\mathrm{T}}$,问 $\boldsymbol{A}$ 是否与对角矩阵 $\boldsymbol{B}$ 相似.如果相似,求 $\boldsymbol{A},\boldsymbol{B}$ 及可逆矩阵 $\boldsymbol{P}$,使 $\boldsymbol{A}=\boldsymbol{PBP}^{-1}$.

12. 若矩阵 $\boldsymbol{A}=\begin{bmatrix}2&2&0\\8&2&a\\0&0&6\end{bmatrix}$ 相似于对角矩阵 $\boldsymbol{\Lambda}$,求 a 的值,并求可逆矩阵 $\boldsymbol{P}$,使 $\boldsymbol{P}^{-1}\boldsymbol{AP}=\boldsymbol{\Lambda}$.

13. 设 $\boldsymbol{A}=\begin{bmatrix}1&4&-2\\0&-1&0\\1&2&-2\end{bmatrix}$,求 $\boldsymbol{A}^{2014}$.

14. 设 $\boldsymbol{A}=\begin{bmatrix}3&1\\5&-1\end{bmatrix}$.

(1) 求 $\boldsymbol{A}$ 的特征值,特征向量;

(2) $\boldsymbol{A}$ 是否与对角矩阵相似,若相似,将 $\boldsymbol{A}$ 对角化;

*(3) 求 $\boldsymbol{A}^{50}\begin{bmatrix}1\\-5\end{bmatrix}$.

15. 设3阶实对称矩阵 $\boldsymbol{A}$ 的特征值为 $1,2,3$,$\boldsymbol{A}$ 的属于特征值 $1,2$ 的特征向量分别是 $\boldsymbol{\alpha}_1=(-1,-1,1)^{\mathrm{T}},\boldsymbol{\alpha}_2=(1,-2,-1)^{\mathrm{T}}$.

(1) 求 $\boldsymbol{A}$ 的属于特征值3的特征向量;

(2) 求矩阵 $\boldsymbol{A}$.

*16. 设矩阵 $\boldsymbol{A}$ 与 $\boldsymbol{B}$ 相似,试证明:

(1) $\boldsymbol{A}^{\mathrm{T}}$ 与 $\boldsymbol{B}^{\mathrm{T}}$ 相似;

(2) 当 $\boldsymbol{A}$ 可逆时,$\boldsymbol{A}^{-1}$ 与 $\boldsymbol{B}^{-1}$ 相似;

(3) $\boldsymbol{A}^*$ 与 $\boldsymbol{B}^*$ 相似;

(4) 对于任意自然数 k 和自然数 c,有 $\boldsymbol{A}^k$ 与 $\boldsymbol{B}^k$ 相似,$c\boldsymbol{A}$ 与 $c\boldsymbol{B}$ 相似;

(5) 对任意多项式 $f(x)$,$f(\boldsymbol{A})$ 与 $f(\boldsymbol{B})$ 相似.

17. 试求一个正交的相似变换矩阵,将下列实对称矩阵化为对角矩阵:

(1) $\begin{bmatrix}2&-2&0\\-2&1&-2\\0&-2&0\end{bmatrix}$;　　(2) $\begin{bmatrix}2&2&-2\\2&5&-4\\-2&-4&5\end{bmatrix}$.

18. 设3阶实对称矩阵 $\boldsymbol{A}$ 满足 $\boldsymbol{A}^2+\boldsymbol{A}=\boldsymbol{O}$,$R(\boldsymbol{A})=2$,求 $\boldsymbol{A}$ 的特征值.

第 6 章　二　次　型

在平面解析几何中，为便于研究二次曲线

$$ax^2+bxy+cy^2=d$$

的几何性质，可以经过适当的坐标变换，把方程化为标准形

$$a'x'^2+c'y'^2=d'.$$

我们可以利用这个标准方程来判断该曲线的类型，研究曲线的性质. 这类问题具有普遍性，在许多理论问题和实际应用中常会遇到. 我们将这一问题一般化，讨论 n 个变量的二次多项式的化简问题.

6.1　二　次　型

6.1.1　二次型

定义 6.1　含有 n 个变量 $x_1,x_2,\cdots,x_n$ 的二次齐次函数

$$\begin{aligned}f(x_1,x_2,\cdots,x_n)=&a_{11}x_1^2+a_{22}x_2^2+\cdots+a_{nn}x_n^2\\&+2a_{12}x_1x_2+2a_{13}x_1x_3+\cdots+2a_{n-1,n}x_{n-1}x_n\end{aligned}\tag{6.1}$$

称为 n **元二次型**，简称**二次型**.

当系数 a_{ij} 为复数时，称 f 为**复二次型**；当系数 a_{ij} 为实数时，称 f 为**实二次型**. 在本书中，我们仅讨论实二次型.

为了研究方便，我们可把式(6.1)表示成矩阵形式. 取 $a_{ij}=a_{ji}$，则 $2a_{ij}x_ix_j=a_{ij}x_ix_j+a_{ji}x_jx_i$. 于是式(6.1)可写成

$$\begin{aligned}f=&a_{11}x_1^2+a_{12}x_1x_2+\cdots+a_{1n}x_1x_n\\&+a_{21}x_2x_1+a_{22}x_2^2+\cdots+a_{2n}x_2x_n\\&+\cdots+a_{n1}x_nx_1+a_{n2}x_nx_2+\cdots+a_{nn}x_n^2\\=&x_1(a_{11}x_1+a_{12}x_2+\cdots+a_{1n}x_n)\\&+x_2(a_{21}x_1+a_{22}x_2+\cdots+a_{2n}x_n)\\&+\cdots+x_n(a_{n1}x_1+a_{n2}x_2+\cdots+a_{nn}x_n)\\=&(x_1,x_2,\cdots,x_n)\begin{bmatrix}a_{11}x_1+a_{12}x_2+\cdots+a_{1n}x_n\\a_{21}x_1+a_{22}x_2+\cdots+a_{2n}x_n\\\vdots\\a_{n1}x_1+a_{n2}x_2+\cdots+a_{nn}x_n\end{bmatrix}\end{aligned}$$

$$
=(x_1,x_2,\cdots,x_n)\begin{bmatrix} a_{11} & a_{12} & \cdots & a_{1n} \\ a_{21} & a_{22} & \cdots & a_{2n} \\ \vdots & \vdots & & \vdots \\ a_{n1} & a_{n2} & \cdots & a_{nn} \end{bmatrix}\begin{bmatrix} x_1 \\ x_2 \\ \vdots \\ x_n \end{bmatrix}.
$$

记

$$
\boldsymbol{A}=\begin{bmatrix} a_{11} & a_{12} & \cdots & a_{1n} \\ a_{21} & a_{22} & \cdots & a_{2n} \\ \vdots & \vdots & & \vdots \\ a_{n1} & a_{n2} & \cdots & a_{nn} \end{bmatrix}, \quad \boldsymbol{x}=\begin{bmatrix} x_1 \\ x_2 \\ \vdots \\ x_n \end{bmatrix},
$$

则式(6.1)可记作

$$
f=\boldsymbol{x}^{\mathrm{T}}\boldsymbol{A}\boldsymbol{x}, \tag{6.2}
$$

其中 $\boldsymbol{A}$ 为对称矩阵;称 $\boldsymbol{A}$ 为**二次型 f 的矩阵**,也把 f 称为**对称矩阵 $\boldsymbol{A}$ 的二次型**. 称对称矩阵 $\boldsymbol{A}$ 的秩为**二次型 f 的秩**.

显然,任给一个二次型 f,可唯一地确定一个对称矩阵 $\boldsymbol{A}$;反之,任给一个对称矩阵 $\boldsymbol{A}$,也可唯一确定一个二次型. 这样,二次型与对称矩阵之间存在一一对应的关系.

例 6.1 已知二次型

$$
f=5x_1^2+5x_2^2+3x_3^2-2x_1x_2+6x_1x_3-6x_2x_3,
$$

写出二次型的矩阵 $\boldsymbol{A}$,并求出二次型的秩.

解 设 $f=\boldsymbol{x}^{\mathrm{T}}\boldsymbol{A}\boldsymbol{x}$,则

$$
\boldsymbol{A}=\begin{bmatrix} 5 & -1 & 3 \\ -1 & 5 & -3 \\ 3 & -3 & 3 \end{bmatrix}.
$$

经计算知 $|\boldsymbol{A}|=0$,而 $\boldsymbol{A}$ 有不为 0 的二阶子式,故 $R(\boldsymbol{A})=2$,因此二次型的秩为 2.

6.1.2 矩阵的合同

对一般二次型 $f=\boldsymbol{x}^{\mathrm{T}}\boldsymbol{A}\boldsymbol{x}$,经可逆线性变换 $\boldsymbol{x}=\boldsymbol{C}\boldsymbol{y}$,可将其化为

$$
f=\boldsymbol{x}^{\mathrm{T}}\boldsymbol{A}\boldsymbol{x}=(\boldsymbol{C}\boldsymbol{y})^{\mathrm{T}}\boldsymbol{A}(\boldsymbol{C}\boldsymbol{y})=\boldsymbol{y}^{\mathrm{T}}(\boldsymbol{C}^{\mathrm{T}}\boldsymbol{A}\boldsymbol{C})\boldsymbol{y},
$$

其中 $\boldsymbol{y}^{\mathrm{T}}(\boldsymbol{C}^{\mathrm{T}}\boldsymbol{A}\boldsymbol{C})\boldsymbol{y}$ 为关于 $y_1,y_2,\cdots,y_n$ 的二次型,对应的矩阵为 $\boldsymbol{C}^{\mathrm{T}}\boldsymbol{A}\boldsymbol{C}$. 关于 $\boldsymbol{A}$ 与 $\boldsymbol{C}^{\mathrm{T}}\boldsymbol{A}\boldsymbol{C}$ 的关系,我们有下面的定义.

定义 6.2 给定两个 n 阶方阵 $\boldsymbol{A}$ 和 $\boldsymbol{B}$,如果存在可逆矩阵 $\boldsymbol{P}$,使得

$$
\boldsymbol{B}=\boldsymbol{P}^{\mathrm{T}}\boldsymbol{A}\boldsymbol{P},
$$

则称矩阵 $\boldsymbol{A}$ 与矩阵 $\boldsymbol{B}$ **合同**,或 $\boldsymbol{A},\boldsymbol{B}$ 是**合同矩阵**.

方阵的合同有以下三条性质:

(1) 自反性：任一 n 阶方阵 $\boldsymbol{A}$ 都与自身合同；

(2) 对称性：若 $\boldsymbol{A}$ 与 $\boldsymbol{B}$ 合同，则 $\boldsymbol{B}$ 与 $\boldsymbol{A}$ 合同；

(3) 传递性：若 $\boldsymbol{A}$ 与 $\boldsymbol{B}$ 合同，且 $\boldsymbol{B}$ 与 $\boldsymbol{C}$ 合同，则 $\boldsymbol{A}$ 与 $\boldsymbol{C}$ 合同.

由定理 5.4 可知，对任一对称矩阵 $\boldsymbol{A}$，存在正交矩阵 $\boldsymbol{P}$，使 $\boldsymbol{P}^{-1}\boldsymbol{A}\boldsymbol{P}=\boldsymbol{P}^{\mathrm{T}}\boldsymbol{A}\boldsymbol{P}=\boldsymbol{\Lambda}$ 为对角阵，因此，任一对称矩阵都与对角阵合同.

6.2 化二次型为标准形

对于二次型，我们关心的主要问题之一是：寻求一个可逆的线性变换

$$\begin{cases}x_1=c_{11}y_1+c_{12}y_2+\cdots+c_{1n}y_n,\\ x_2=c_{21}y_1+c_{22}y_2+\cdots+c_{2n}y_n,\\ \quad\cdots\cdots\\ x_n=c_{n1}y_1+c_{n2}y_2+\cdots+c_{nn}y_n,\end{cases}\tag{6.3}$$

将二次型(6.2)化成只含有平方项的二次型，即 $k_1y_1^2+k_2y_2^2+\cdots+k_ny_n^2$.

记 $\boldsymbol{C}=(c_{ij})_{n\times n}$，把可逆变换(6.3)记作 $\boldsymbol{x}=\boldsymbol{C}\boldsymbol{y}$ 代入 $f=\boldsymbol{x}^{\mathrm{T}}\boldsymbol{A}\boldsymbol{x}$ 有

$$\begin{aligned}f&=\boldsymbol{x}^{\mathrm{T}}\boldsymbol{A}\boldsymbol{x}=(\boldsymbol{C}\boldsymbol{y})^{\mathrm{T}}\boldsymbol{A}(\boldsymbol{C}\boldsymbol{y})=\boldsymbol{y}^{\mathrm{T}}(\boldsymbol{C}^{\mathrm{T}}\boldsymbol{A}\boldsymbol{C})\boldsymbol{y}\\&=(y_1,y_2,\cdots,y_n)\begin{bmatrix}k_1&&&\\&k_2&&\\&&\ddots&\\&&&k_n\end{bmatrix}\begin{bmatrix}y_1\\y_2\\\vdots\\y_n\end{bmatrix}\\&=k_1y_1^2+k_2y_2^2+\cdots+k_ny_n^2.\end{aligned}$$

称只含平方项的二次型为**标准二次型(或法式)**. 例如，

$$f=x^2+y^2+4z^2,$$

$$f=3x_1^2-5x_2^2+7x_3^2+9x_4^2,$$

都是标准二次型.

如果标准形的系数 $k_1,k_2,\cdots,k_n$ 只在 $1,-1,0$ 三个数中取值，也就是用式(6.3)代入式(6.1)，能使

$$f=y_1^2+\cdots+y_p^2-y_{p+1}^2-\cdots-y_r^2,$$

则称上式为二次型的**规范形**.

下面介绍两种化二次型为标准形的方法.

6.2.1 用正交变换化二次型为标准形

定义 6.3 若 $\boldsymbol{P}$ 为正交矩阵，则线性变换 $\boldsymbol{y}=\boldsymbol{P}\boldsymbol{x}$ 称为**正交变换**.

设 $\boldsymbol{y}=\boldsymbol{P}\boldsymbol{x}$ 为正交变换，则对任意的两个向量 $\boldsymbol{x}_1,\boldsymbol{x}_2$，有

$$(\boldsymbol{Px}_1,\boldsymbol{Px}_2)=(\boldsymbol{Px}_1)^{\mathrm{T}}(\boldsymbol{Px}_2)=\boldsymbol{x}_1^{\mathrm{T}}\boldsymbol{P}^{\mathrm{T}}\boldsymbol{Px}_2=\boldsymbol{x}_1^{\mathrm{T}}\boldsymbol{x}_2=(\boldsymbol{x}_1,\boldsymbol{x}_2).$$

这说明正交变换保持向量的模和两向量的夹角不变.

由第5章的定理5.4知,对任一对称矩阵 $\boldsymbol{A}$,存在正交矩阵 $\boldsymbol{P}$,使

$$\boldsymbol{P}^{-1}\boldsymbol{AP}=\begin{bmatrix}\lambda_1 & & & \\ & \lambda_2 & & \\ & & \ddots & \\ & & & \lambda_n\end{bmatrix},$$

即

$$\boldsymbol{P}^{\mathrm{T}}\boldsymbol{AP}=\begin{bmatrix}\lambda_1 & & & \\ & \lambda_2 & & \\ & & \ddots & \\ & & & \lambda_n\end{bmatrix}.$$

把这个结论应用于实二次型,则有如下定理.

定理 6.1 任给二次型 $f=\sum_{ij=1}^{n}a_{ij}x_ix_j\,(a_{ij}=a_{ji})$,总有正交变换 $\boldsymbol{x}=\boldsymbol{Py}$,把 f 化为标准形

$$f=\lambda_1y_1^2+\lambda_2y_2^2+\cdots+\lambda_ny_n^2,$$

其中 $\lambda_1,\lambda_2,\cdots,\lambda_n$ 是二次型的矩阵 $\boldsymbol{A}=(a_{ij})$ 的特征值.

推论 任给 n 元二次型 $f=\boldsymbol{x}^{\mathrm{T}}\boldsymbol{Ax}\,(\boldsymbol{A}^{\mathrm{T}}=\boldsymbol{A})$,总有可逆变换 $\boldsymbol{x}=\boldsymbol{Cz}$,使 $f(\boldsymbol{Cz})$ 为规范型.

例 6.2 用正交变换法将二次型

$$f=x_1^2+x_2^2+x_3^2+4x_1x_2+4x_1x_3+4x_2x_3$$

化成标准形,并求正交变换矩阵.

解 二次型 f 的矩阵为

$$\boldsymbol{A}=\begin{bmatrix}1 & 2 & 2\\ 2 & 1 & 2\\ 2 & 2 & 1\end{bmatrix}.$$

按以下步骤将 f 化为标准形.

(1) 求 $\boldsymbol{A}$ 的特征值.

$$|\boldsymbol{A}-\lambda\boldsymbol{E}|=\begin{vmatrix}1-\lambda & 2 & 2\\ 2 & 1-\lambda & 2\\ 2 & 2 & 1-\lambda\end{vmatrix}=(\lambda-5)(\lambda+1)^2,$$

得到 $\boldsymbol{A}$ 的特征值 $\lambda_1=5,\lambda_2=\lambda_3=-1$.

(2) 求3个标准正交的特征向量.

当 $\lambda_1=5$ 时,解方程组

$$\begin{bmatrix} -4 & 2 & 2 \\ 2 & -4 & 2 \\ 2 & 2 & -4 \end{bmatrix}\begin{bmatrix} x_1 \\ x_2 \\ x_3 \end{bmatrix}=\mathbf{0},$$

可得 $\boldsymbol{\xi}_1=\begin{bmatrix} 1 \\ 1 \\ 1 \end{bmatrix}$.

当 $\lambda_2=\lambda_3=-1$ 时,解方程组

$$\begin{bmatrix} 2 & 2 & 2 \\ 2 & 2 & 2 \\ 2 & 2 & 2 \end{bmatrix}\begin{bmatrix} x_1 \\ x_2 \\ x_3 \end{bmatrix}=\mathbf{0},$$

得到 $\boldsymbol{\xi}_2=\begin{bmatrix} 1 \\ 0 \\ -1 \end{bmatrix}$,$\boldsymbol{\xi}_3=\begin{bmatrix} 0 \\ 1 \\ -1 \end{bmatrix}$.

将 $\boldsymbol{\xi}_1$,$\boldsymbol{\xi}_2$ 和 $\boldsymbol{\xi}_3$ 施行施密特正交标准化,得到

$$\boldsymbol{p}_1=\frac{1}{\sqrt{3}}\begin{bmatrix} 1 \\ 1 \\ 1 \end{bmatrix},\quad \boldsymbol{p}_2=\frac{1}{\sqrt{2}}\begin{bmatrix} 1 \\ 0 \\ -1 \end{bmatrix},\quad \boldsymbol{p}_3=\frac{1}{\sqrt{6}}\begin{bmatrix} 1 \\ -2 \\ 1 \end{bmatrix}.$$

(3) 求正交变换矩阵. 令

$$\boldsymbol{P}=(\boldsymbol{p}_1,\boldsymbol{p}_2,\boldsymbol{p}_3)=\begin{bmatrix} \frac{1}{\sqrt{3}} & \frac{1}{\sqrt{2}} & \frac{1}{\sqrt{6}} \\ \frac{1}{\sqrt{3}} & 0 & -\frac{2}{\sqrt{6}} \\ \frac{1}{\sqrt{3}} & -\frac{1}{\sqrt{2}} & \frac{1}{\sqrt{6}} \end{bmatrix},$$

于是

$$\boldsymbol{P}^{-1}\boldsymbol{AP}=\boldsymbol{P}^{\mathrm{T}}\boldsymbol{AP}=\begin{bmatrix} 5 & & \\ & -1 & \\ & & -1 \end{bmatrix}.$$

(4) 作正交变换 $\boldsymbol{x}=\boldsymbol{Py}$,则

$$f=\boldsymbol{x}^{\mathrm{T}}\boldsymbol{Ax}=\boldsymbol{y}^{\mathrm{T}}(\boldsymbol{P}^{\mathrm{T}}\boldsymbol{AP})\boldsymbol{y}=\boldsymbol{y}^{\mathrm{T}}\begin{bmatrix} 5 & & \\ & -1 & \\ & & -1 \end{bmatrix}\boldsymbol{y}=5y_1^2-y_2^2-y_3^2,$$

成为标准形.

注意　①这里所作的变换矩阵 $\boldsymbol{P}$ 是个正交矩阵,它是由二次型的矩阵 $\boldsymbol{A}$ 的特

征向量经过施密特正交化得到的，一般情况下不唯一；②经过正交变换 $\boldsymbol{x}=\boldsymbol{P}\boldsymbol{y}$ 得到的 f 的标准形中，平方项的系数恰是 $\boldsymbol{A}$ 的特征值，应当注意的是对角阵中特征值的顺序是和它们对应的特征向量在 $\boldsymbol{P}$ 中的排列顺序一致的.

6.2.2　用配方法化二次型为标准形

用正交变换法化二次型成标准形，具有保持几何图形不变的优点；如果不限于用正交变换，那么还可以有多种方法（对应有多个可逆的线性变换）把二次型化成标准形，这里只介绍配方法，下面举例说明这种方法.

例 6.3　化二次型 $f=x_1^2+2x_2^2+4x_3^2+2x_1x_2+2x_1x_3+4x_2x_3$ 为标准形，并写出所用的变换矩阵.

解　先对 x_1 的项配方，得

$$\begin{aligned} f &=x_1^2+2x_1(x_2+x_3)+2x_2^2+4x_3^2+4x_2x_3 \\ &=(x_1+x_2+x_3)^2+x_2^2+2x_2x_3+3x_3^2. \end{aligned}$$

再对 x_2 的项配方，得

$$f=(x_1+x_2+x_3)^2+(x_2+x_3)^2+2x_3^2.$$

令

$$\begin{cases} y_1=x_1+x_2+x_3, \\ y_2=x_2+x_3, \\ y_3=x_3, \end{cases}$$

即

$$\begin{cases} x_1=y_1-y_2, \\ x_2=y_2-y_3, \\ x_3=y_3. \end{cases}$$

得到一个可逆线性变换，把 f 化为标准形 $f=y_1^2+y_2^2+2y_3^2$，所用变换矩阵为

$$\boldsymbol{C}=\begin{bmatrix} 1 & -1 & 0 \\ 0 & 1 & -1 \\ 0 & 0 & 1 \end{bmatrix}.$$

注意　配方法是一种可逆线性变换，但平方项的系数与 $\boldsymbol{A}$ 的特征值无关.

例 6.4　化二次型 $f=-4x_1x_2+2x_1x_3+x_2x_3$ 成标准形，并求所用的变换矩阵.

解　f 中不含平方项，由于含有 x_1x_2 的乘积项，故令

$$\begin{cases} x_1=y_1+y_2, \\ x_2=y_1-y_2, \\ x_3=y_3, \end{cases}$$

代入可得 $f=-4y_1^2+4y_2^2+4y_1y_3$. 再配方，得 $f=-4\left(y_1-\dfrac{1}{2}y_3\right)^2+4y_2^2+y_3^2$. 令

$$\begin{cases} z_1 = y_1 - \frac{1}{2} y_3, \\ z_2 = y_2, \\ z_3 = y_3, \end{cases}$$

即

$$\begin{cases} y_1 = z_1 + \frac{1}{2} z_3, \\ y_2 = z_2, \\ y_3 = z_3. \end{cases}$$

即有 $f = -4z_1^2 + 4z_2^2 + z_3^2$. 所用的变换矩阵为

$$\boldsymbol{C} = \begin{bmatrix} 1 & 1 & 0 \\ 1 & -1 & 0 \\ 0 & 0 & 1 \end{bmatrix} \begin{bmatrix} 1 & 0 & \frac{1}{2} \\ 0 & 1 & 0 \\ 0 & 0 & 1 \end{bmatrix} = \begin{bmatrix} 1 & 1 & \frac{1}{2} \\ 1 & -1 & \frac{1}{2} \\ 0 & 0 & 1 \end{bmatrix}.$$

用配方法化二次型为标准形时,如果二次型不含平方项,可先用一个可逆线性变换把 f 化为含有平方项的二次型;对于含有 x_i^2 的二次型,可先集中含有 x_i 的所有项进行配方. 对剩下的 $n-1$ 元二次型,仍按上法进行,如此反复下去,就可得到标准形,最后写出可逆线性变换的表达式(或矩阵). 做多次变换的情况,需要综合各次变换,得到总的线性变换的表达式(或矩阵).

一般地,任何二次型都可用上面两例的方法找到可逆的变换,把二次型化成标准形,标准形中所含的项数,就是二次型的秩.

6.3 正定二次型

6.3.1 二次型的惯性定理

二次型的标准形不是唯一的,即用不同的可逆线性变换把同一个二次型 f 化为标准形时,这些标准形中的系数一般说是不同的,但在可逆线性变换下,同一个二次型的标准形中的正系数、负系数及零系数的个数不因可逆线性变换的不同而改变. 这就是二次型的**惯性定理**.

定理 6.2 设有二次型 $f = \boldsymbol{x}^{\mathrm{T}} \boldsymbol{A} \boldsymbol{x}$,它的秩为 r,若有两个可逆线性变换

$$\boldsymbol{x} = \boldsymbol{C} \boldsymbol{y} \quad 及 \quad \boldsymbol{x} = \boldsymbol{P} \boldsymbol{z},$$

使

$$f = k_1 y_1^2 + k_2 y_2^2 + \cdots + k_r y_r^2 \quad (k_i \neq 0),$$

及

$$f = \lambda_1 z_1^2 + \lambda_2 z_2^2 + \cdots + \lambda_r z_r^2 \quad (\lambda_i \neq 0),$$

则 $k_1,k_2,\cdots,k_r$ 中正数的个数与 $\lambda_1,\lambda_2,\cdots,\lambda_r$ 中的正数的个数相等；$k_1,k_2,\cdots,k_r$ 中负数的个数与 $\lambda_1,\lambda_2,\cdots,\lambda_r$ 中的负数的个数也相等，分别称之为 f 的**正惯性指数**与**负惯性指数**.

定理 6.2 称为惯性定理，这里不予证明.

若二次型 f 正惯性指数为 p，秩为 r，则 f 的规范形便可确定为

$$f=y_1^2+\cdots+y_p^2-y_{p+1}^2-\cdots-y_r^2.$$

由此可知：两个对称矩阵 $\boldsymbol{A},\boldsymbol{B}$ 合同的充分必要条件是 $\boldsymbol{A},\boldsymbol{B}$ 具有相同的正惯性指数和相同的负惯性指数.

6.3.2 正定二次型

定义 6.4 设有 n 元二次型 $f(\boldsymbol{x})=\boldsymbol{x}^{\mathrm{T}}\boldsymbol{A}\boldsymbol{x}$，如果对任何列向量 $\boldsymbol{x}\neq\boldsymbol{0}$，都有 $f(\boldsymbol{x})>0$（显然 $f(\boldsymbol{0})=0$），则称 f 为**正定二次型**，正定二次型的矩阵 $\boldsymbol{A}$ 称为**正定矩阵**.

如果对任何 $\boldsymbol{x}\neq\boldsymbol{0}$，都有 $f(\boldsymbol{x})<0$，则称 f 为**负定二次型**，称负定二次型的矩阵 $\boldsymbol{A}$ 是**负定矩阵**.

下面讨论正定二次型的判定条件.

定理 6.3 n 元二次型 $f(\boldsymbol{x})=\boldsymbol{x}^{\mathrm{T}}\boldsymbol{A}\boldsymbol{x}$ 为正定二次型的充分必要条件是：f 的标准形中的 n 个系数全为正数，即 f 的正惯性指数为 n.

证 设可逆线性变换 $\boldsymbol{x}=\boldsymbol{C}\boldsymbol{y}$ 使

$$f(\boldsymbol{x})=f(\boldsymbol{C}\boldsymbol{y})=\sum_{i=1}^{n}k_iy_i^2.$$

充分性. 设 $k_i>0(i=1,\cdots,n)$，任给 $\boldsymbol{x}\neq\boldsymbol{0}$，则 $\boldsymbol{y}=\boldsymbol{C}^{-1}\boldsymbol{x}\neq\boldsymbol{0}$，故

$$f(\boldsymbol{x})=\sum_{i=1}^{n}k_iy_i^2>0.$$

必要性. 用反证法. 假设有 $k_s\leqslant0$，则当 $\boldsymbol{y}=\boldsymbol{e}_s$（单位坐标向量）时，$f(\boldsymbol{C}\boldsymbol{e}_s)=k_s\leqslant0$. 显然 $\boldsymbol{x}=\boldsymbol{C}\boldsymbol{e}_s\neq\boldsymbol{0}$，这与 f 的正定相矛盾. 这就证明了 $k_i>0(i=1,\cdots,n)$.

推论 1 n 元二次型 $f(\boldsymbol{x})=\boldsymbol{x}^{\mathrm{T}}\boldsymbol{A}\boldsymbol{x}$ 为正定二次型的充分必要条件是：f 的矩阵 $\boldsymbol{A}$ 的特征值全为正数.

推论 2 n 元二次型 $f(\boldsymbol{x})=\boldsymbol{x}^{\mathrm{T}}\boldsymbol{A}\boldsymbol{x}$ 为正定二次型的充分必要条件是：存在可逆矩阵 $\boldsymbol{Q}$，使

$$\boldsymbol{A}=\boldsymbol{Q}^{\mathrm{T}}\boldsymbol{Q},$$

即 $\boldsymbol{A}$ 与单位矩阵 $\boldsymbol{E}$ 合同.

证 充分性. 对任意 n 维非零实向量 $\boldsymbol{x}$，因 $\boldsymbol{Q}$ 可逆，故 $\boldsymbol{Q}\boldsymbol{x}\neq\boldsymbol{0}$，从而 $\boldsymbol{x}^{\mathrm{T}}\boldsymbol{A}\boldsymbol{x}=\boldsymbol{x}^{\mathrm{T}}\boldsymbol{Q}^{\mathrm{T}}\boldsymbol{Q}\boldsymbol{x}=(\boldsymbol{Q}\boldsymbol{x})^{\mathrm{T}}(\boldsymbol{Q}\boldsymbol{x})=|\boldsymbol{Q}\boldsymbol{x}|^2>0$，所以 f 为正定二次型.

必要性. 设 f 是正定二次型，由推论 1 知，存在正交阵 $\boldsymbol{P}$，使

$$\boldsymbol{P}^{-1}\boldsymbol{A}\boldsymbol{P}=\begin{bmatrix}\lambda_1 & & & \\ & \lambda_2 & & \\ & & \ddots & \\ & & & \lambda_n\end{bmatrix},$$

其中 $\lambda_i>0(i=1,2,\cdots,n)$ 为 $\boldsymbol{A}$ 的 n 个特征值，于是

$$\boldsymbol{A}=\boldsymbol{P}\begin{bmatrix}\sqrt{\lambda_1} & & & \\ & \sqrt{\lambda_2} & & \\ & & \ddots & \\ & & & \sqrt{\lambda_n}\end{bmatrix}\begin{bmatrix}\sqrt{\lambda_1} & & & \\ & \sqrt{\lambda_2} & & \\ & & \ddots & \\ & & & \sqrt{\lambda_n}\end{bmatrix}\boldsymbol{P}^{\mathrm{T}}.$$

令

$$\boldsymbol{Q}=\begin{bmatrix}\sqrt{\lambda_1} & & & \\ & \sqrt{\lambda_2} & & \\ & & \ddots & \\ & & & \sqrt{\lambda_n}\end{bmatrix}\boldsymbol{P}^{\mathrm{T}},$$

则

$$\boldsymbol{Q}^{\mathrm{T}}=\boldsymbol{P}\begin{bmatrix}\sqrt{\lambda_1} & & & \\ & \sqrt{\lambda_2} & & \\ & & \ddots & \\ & & & \sqrt{\lambda_n}\end{bmatrix},$$

于是

$$\boldsymbol{A}=\boldsymbol{Q}^{\mathrm{T}}\boldsymbol{Q}.$$

由 $\boldsymbol{P}^{\mathrm{T}}$ 可逆，及 $\begin{bmatrix}\sqrt{\lambda_1} & & & \\ & \sqrt{\lambda_2} & & \\ & & \ddots & \\ & & & \sqrt{\lambda_n}\end{bmatrix}$ 可逆，知 $\boldsymbol{Q}$ 可逆.

定理 6.4 对称矩阵 $\boldsymbol{A}$ 为正定矩阵的充分必要条件是：$\boldsymbol{A}$ 的各阶顺序主子式均为正，即

$$a_{11}>0,\begin{vmatrix}a_{11} & a_{12}\\ a_{21} & a_{22}\end{vmatrix}>0,\cdots,\begin{vmatrix}a_{11} & \cdots & a_{1n}\\ \vdots & & \vdots\\ a_{n1} & \cdots & a_{nn}\end{vmatrix}>0.$$

与判断正定二次型类似地，有下面的定理.

定理 6.5 若 $\boldsymbol{A}$ 是 n 阶对称矩阵，则下列命题等价：

(1) $f=\boldsymbol{x}^{\mathrm{T}}\boldsymbol{A}\boldsymbol{x}$ 为负定二次型(或 $\boldsymbol{A}$ 是负定矩阵);

(2) $\boldsymbol{A}$ 的 n 个特征值全为负;

(3) f 的标准形的 n 个系数全为负;

(4) f 的负惯性指数为 n;

(5) $\boldsymbol{A}$ 与负单位矩阵 $-\boldsymbol{E}$ 合同(或 $-\boldsymbol{E}$ 为 $\boldsymbol{A}$ 的规范形);

(6) 存在可逆矩阵 $\boldsymbol{P}$,使 $\boldsymbol{A}=-\boldsymbol{P}^{\mathrm{T}}\boldsymbol{P}$.

(7) $\boldsymbol{A}$ 的各阶顺序主子式中,奇数阶顺序主子式为负,而偶数阶顺序主子式为正,即

$$(-1)^r\begin{vmatrix} a_{11} & \cdots & a_{1r} \\ \vdots & & \vdots \\ a_{r1} & \cdots & a_{rr} \end{vmatrix}>0 \quad (r=1,2,\cdots,n).$$

此定理不予证明.

例 6.5 判定二次型 $f=-5x_1^2-6x_2^2-4x_3^2+4x_1x_2+4x_1x_3$ 的正定性.

解 f 的矩阵为

$$\boldsymbol{A}=\begin{bmatrix} -5 & 2 & 2 \\ 2 & -6 & 0 \\ 2 & 0 & -4 \end{bmatrix}.$$

$$a_{11}=-5<0, \quad \begin{vmatrix} a_{11} & a_{12} \\ a_{21} & a_{22} \end{vmatrix}=\begin{vmatrix} -5 & 2 \\ 2 & -6 \end{vmatrix}=26>0,$$

$$|\boldsymbol{A}|=-80<0.$$

根据定理 6.5 可知 f 为负定.

例 6.6 设 $\boldsymbol{A},\boldsymbol{B}$ 都是 n 阶正定矩阵,试证 $\boldsymbol{A}+\boldsymbol{B}$ 也是正定矩阵.

证 因 $\boldsymbol{A},\boldsymbol{B}$ 都是 n 阶正定矩阵,所以 $(\boldsymbol{A}+\boldsymbol{B})^{\mathrm{T}}=\boldsymbol{A}^{\mathrm{T}}+\boldsymbol{B}^{\mathrm{T}}=\boldsymbol{A}+\boldsymbol{B}$,即 $\boldsymbol{A}+\boldsymbol{B}$ 是实对称矩阵. 对任意 n 维实向量 $\boldsymbol{x}\neq\boldsymbol{0}$, $\boldsymbol{x}^{\mathrm{T}}\boldsymbol{A}\boldsymbol{x}>0$,且 $\boldsymbol{x}^{\mathrm{T}}\boldsymbol{B}\boldsymbol{x}>0$,故 $\boldsymbol{x}^{\mathrm{T}}(\boldsymbol{A}+\boldsymbol{B})\boldsymbol{x}=\boldsymbol{x}^{\mathrm{T}}\boldsymbol{A}\boldsymbol{x}+\boldsymbol{x}^{\mathrm{T}}\boldsymbol{B}\boldsymbol{x}>0$. 所以 $f=\boldsymbol{x}^{\mathrm{T}}(\boldsymbol{A}+\boldsymbol{B})\boldsymbol{x}$ 是正定二次型,故 $\boldsymbol{A}+\boldsymbol{B}$ 也是正定矩阵.

习 题 6

1. 选择题:

(1) 设矩阵 $\boldsymbol{A}=\begin{bmatrix} 2 & -1 & -1 \\ -1 & 2 & -1 \\ -1 & -1 & 2 \end{bmatrix}$, $\boldsymbol{B}=\begin{bmatrix} 1 & 0 & 0 \\ 0 & 1 & 0 \\ 0 & 0 & 0 \end{bmatrix}$,则 $\boldsymbol{A}$ 与 $\boldsymbol{B}$ ____.

(A) 合同,且相似; (B) 合同,但不相似;

(C) 不合同,但相似; (D) 既不合同,也不相似.

(2) n 阶实对称矩阵 $\boldsymbol{A}$ 为正定矩阵的充分必要条件是____.

(A) 所有 k 阶子式为正($k=1,2,\cdots,n$); (B) $\boldsymbol{A}$ 的所有特征值为负;

(C) A^{-1}为正定矩阵；　　　　(D) $R(A)=n$.

*(3) 设 n 阶矩阵 A 合同于对角阵 $\Lambda=\begin{bmatrix}\lambda_1 & & & \\ & \lambda_2 & & \\ & & \ddots & \\ & & & \lambda_n\end{bmatrix}$，则必有____.

(A) $\lambda_1,\lambda_2,\cdots,\lambda_n$ 是 A 的特征值；　　　　(B) $\lambda_1\lambda_2\cdots\lambda_n=|A|$；

(C) A 为正定矩阵；　　　　(D) A 为对称矩阵.

2. 设二次型 $f(x_1,x_2,x_3)=5x_1^2+5x_2^2+cx_3^2-2x_1x_2+6x_1x_3-6x_2x_3$ 的秩为 2，则 $c=$____.

3. 二次型 $f(x_1,x_2,x_3)=(x_1+x_2)^2+(x_2-x_3)^2+(x_3+x_1)^2$ 的秩为____.

4. 用配方法将下列二次型化为标准形：

(1) $f(x_1,x_2,x_3)=x_1^2+5x_2^2+5x_3^2+2x_1x_2-4x_1x_3$；

(2) $f(x_1,x_2,x_3)=2x_1x_2+4x_1x_3$.

5. 求一个正交变换，化下列二次型为标准形：

(1) $f(x_1,x_2,x_3)=2x_1^2+3x_2^2+3x_3^2+4x_2x_3$；

(2) $f(x_1,x_2,x_3,x_4)=x_1^2+x_2^2+x_3^2+x_4^2+2x_1x_2-2x_1x_4-2x_2x_3+2x_3x_4$；

(3) $f(x_1,x_2,x_3)=2x_1^2+5x_2^2+5x_3^2-8x_2x_3$.

6. 已知二次型 $f(x_1,x_2,x_3)=a(x_1^2+x_2^2+x_3^2)+4x_1x_2+4x_1x_3+4x_2x_3$ 经正交变换 $\boldsymbol{x}=\boldsymbol{P}\boldsymbol{y}$ 可化成标准形 $f=6y_1^2$，求 a.

*7. 设二次型 $f(x_1,x_2,x_3)=ax_1^2+2x_2^2-2x_3^2+2bx_1x_3\ (b>0)$，其中二次型的矩阵 A 的特征值之和为 1，特征值之积为 -12.

(1) 求 a,b 的值；

(2) 利用正交变换将二次型 f 化为标准形，并写出所用的正交变换和对应的正交矩阵.

*8. 设二次型 $f(x_1,x_2,x_3)=ax_1^2+ax_2^2+(a-1)x_3^2+2x_1x_3-2x_2x_3$.

(1) 求二次型 f 的矩阵的所有特征值；

(2) 若二次型 f 的规范形为 $y_1^2+y_2^2$，求 a 的值.

9. 设 A,B 均为 n 阶正定矩阵，证明：$A+B$ 也是正定矩阵.

*10. 设 A 是 n 阶可逆矩阵，证明：$A^{\mathrm{T}}A$ 是正定矩阵.

11. 证明：实对称矩阵 A 正定的充分必要条件是 A 与单位矩阵 E 合同.

12. 设 A 是正定矩阵，证明：A 可逆，且 A^{-1} 和 A^* 也正定.

13. 设 $A=\begin{bmatrix}1 & 0 & 1\\ 0 & 2 & 0\\ 1 & 0 & 1\end{bmatrix}$，$B=(kE+A)^2$，$k$ 为实数，求对角阵 Λ，使 B 与 Λ 相似，并求 k 为何值时，B 为正定矩阵.

14. 判断下列二次型的正定性：

(1) $f=-2x_1^2-6x_2^2-4x_3^2+2x_1x_2+2x_1x_3$；

(2) $f=x_1^2+3x_2^2+9x_3^2+19x_4^2-2x_1x_2+4x_1x_3+2x_1x_4-6x_2x_4-12x_3x_4$.

习题参考答案

习题 1

1. (1) $a_{12}a_{21}a_{33}a_{44}$； (2) 0； (3) 0； (4) 8,3.

2. (1) -1； (2) 4； (3) -7.

3. (1) 6； (2) $\frac{n(n-1)}{2}$.

4. (1) -24； (2) $(-1)^{\frac{(n-2)(n-1)}{2}}n!$； (3) x^3 的系数-1，x^4 的系数 1.

5. (1) $24adf$； (2) 2000； (3) -8； (4) -24； (5) -12；

   (6) $(a+6)(a-2)^3$； (7) $y^2(y^2-4x^2)$； (8) $n!\left(1-\sum_{j=2}^{n}\frac{1}{j}\right)$；

   (9) $(-1)^{n-1}(n-1)$；(10) $-2(n-2)!$； (11) $a_1a_2\cdots a_n\left(1+\sum_{i=1}^{n}\frac{1}{a_i}\right)$.

6. (1) $x_1=0, x_2=-5$；

   (2) $x=a_3$ 或 $x=a_2$ 或 $x=a_1$.

7. 略.

8. 略.

9. 0.

10. (1) $x_1=0; x_2=0$； (2) $x_1=3; x_2=1, x_3=1$；

    (3) $(x_1, x_2, x_3, \cdots, x_n)=(1,0,0,\cdots,0)$.

11. $f(x)=2x^2-3x+1$.

12. $\lambda=\pm1$.

习题 2

1. (1) (D)； (2) (B)； (3) (C)； (4) (B)； (5) (D).

2. (1) $\begin{bmatrix}4\\3\\1\end{bmatrix}$； (2) 6； (3) $\begin{bmatrix}1&0&5\\0&0&0\\1&0&5\end{bmatrix}$； (4) $\begin{bmatrix}-1&1&3\\8&-3&6\\4&0&12\end{bmatrix}$；

   (5) $\begin{bmatrix}6&-7&8\\20&-5&-6\end{bmatrix}$； (6) $2x_1^2-2x_2^2+x_3^2+2x_1x_2+6x_1x_3+2x_2x_3$.

3. $\begin{bmatrix}1&2&4\\0&3&1\\2&4&3\end{bmatrix}$；$\begin{bmatrix}2&0&0\\36&8&40\\28&5&26\end{bmatrix}$；$\begin{bmatrix}6&2&12\\20&8&40\\22&8&46\end{bmatrix}$；$-16$.

4. $\begin{bmatrix}25 & -14 & 2\\16 & 8 & -7\end{bmatrix}$；$\begin{bmatrix}-19 & -9\\-1 & -7\end{bmatrix}$；124.

5. 4；4；$\frac{1}{4}$；$-\frac{1}{2}$.

6. $\boldsymbol{X}=\begin{bmatrix}\frac{10}{3} & \frac{10}{3} & 2 & 2\\0 & \frac{4}{3} & 0 & \frac{4}{3}\\\frac{2}{3} & \frac{2}{3} & 2 & 2\end{bmatrix}$.

7. (1) $\begin{bmatrix}1 & 3n\\0 & 1\end{bmatrix}$； (2) $3^{n-1}\begin{bmatrix}1 & \frac{1}{2} & \frac{1}{3}\\2 & 1 & \frac{2}{3}\\3 & \frac{3}{2} & 1\end{bmatrix}$.

8. 略.

9. (1) $-\frac{1}{2}\begin{bmatrix}6 & -4\\-5 & 3\end{bmatrix}$； (2) $\begin{bmatrix}-\frac{1}{2} & -\frac{3}{2} & -\frac{5}{2}\\\frac{1}{2} & \frac{1}{2} & \frac{1}{2}\\0 & 1 & 1\end{bmatrix}$； (3) $\begin{bmatrix}0 & -2 & 1\\0 & \frac{3}{2} & -\frac{1}{2}\\\frac{1}{2} & 0 & 0\end{bmatrix}$.

10. $\boldsymbol{A}^{-1}=\frac{1}{6}(\boldsymbol{A}+\boldsymbol{E})$；$(\boldsymbol{A}+\boldsymbol{E})^{-1}=\frac{1}{6}\boldsymbol{A}$； $(\boldsymbol{A}+4\boldsymbol{E})^{-1}=-\frac{1}{6}(\boldsymbol{A}-3\boldsymbol{E})$.

11. (1) $\boldsymbol{X}=\begin{bmatrix}-7 & -2 & 9\\5 & 1 & -5\end{bmatrix}$； (2) $\boldsymbol{X}=[1\quad 1\quad 1]$； (3) $\boldsymbol{X}=\begin{bmatrix}2 & -1 & 0\\1 & 3 & -4\\1 & 0 & -2\end{bmatrix}$.

12. 略.

13. $\frac{1}{9}$.

14. (1) 8^4， $\begin{bmatrix}-4 & 12 & 0 & 0 & 0\\-12 & 20 & 0 & 0 & 0\\0 & 0 & -8 & 0 & 0\\0 & 0 & 0 & 1 & 6\\0 & 0 & 0 & 0 & 1\end{bmatrix}$， $\begin{bmatrix}\frac{3}{4} & -\frac{1}{4} & 0 & 0 & 0\\\frac{1}{4} & \frac{1}{4} & 0 & 0 & 0\\0 & 0 & -\frac{1}{2} & 0 & 0\\0 & 0 & 0 & 1 & -2\\0 & 0 & 0 & 0 & 1\end{bmatrix}$；

(2) $\begin{bmatrix} 0 & 0 & 2 & -1 \\ 0 & 0 & -\frac{3}{2} & 1 \\ \frac{3}{5} & -\frac{2}{5} & 0 & 0 \\ \frac{1}{5} & \frac{1}{5} & 0 & 0 \end{bmatrix}$.

15. (1) $\begin{bmatrix} 1 & -1 & 2 & 1 \\ 0 & 1 & 0 & 0 \\ 0 & 0 & -2 & 0 \end{bmatrix}$, $\begin{bmatrix} 1 & 0 & 0 & 1 \\ 0 & 1 & 0 & 0 \\ 0 & 0 & 1 & 0 \end{bmatrix}$;

(2) $\begin{bmatrix} 1 & 1 & 0 & 0 & 2 \\ 0 & 1 & 0 & 0 & 1 \\ 0 & 0 & 2 & 4 & -1 \\ 0 & 0 & 0 & 0 & -1 \end{bmatrix}$, $\begin{bmatrix} 1 & 0 & 0 & 0 & 0 \\ 0 & 1 & 0 & 0 & 0 \\ 0 & 0 & 1 & 2 & 0 \\ 0 & 0 & 0 & 0 & 1 \end{bmatrix}$.

16. (1) $\boldsymbol{P}=\begin{bmatrix} 1 & 1 \\ 0 & 1 \end{bmatrix}\begin{bmatrix} 1 & 0 \\ -2 & 1 \end{bmatrix}\begin{bmatrix} -1 & 0 \\ 0 & 1 \end{bmatrix}\begin{bmatrix} 1 & 2 \\ 0 & 1 \end{bmatrix}=\begin{bmatrix} 1 & 3 \\ 2 & 5 \end{bmatrix}$;

(2) $\boldsymbol{Q}=\begin{bmatrix} 1 & 0 & -4 \\ 0 & 1 & -7 \\ 0 & 0 & 1 \end{bmatrix}$.

17. $\begin{bmatrix} 1 & 8 & 2 \\ 4 & 1 & -7 \\ 0 & -5 & 8 \end{bmatrix}$.

18. (1) $\boldsymbol{A}^{-1}=\begin{bmatrix} 1 & 0 & 0 \\ 2 & -1 & 0 \\ -4 & 1 & 1 \end{bmatrix}$;　(2) $\boldsymbol{A}^{-1}=\begin{bmatrix} 0 & \frac{1}{3} & \frac{1}{3} \\ 0 & \frac{1}{3} & -\frac{2}{3} \\ -1 & \frac{2}{3} & -\frac{1}{3} \end{bmatrix}$;

(3) $\boldsymbol{A}^{-1}=\begin{bmatrix} 1 & -3 & 11 & -20 \\ 0 & 1 & -2 & 1 \\ 0 & 0 & 1 & -2 \\ 0 & 0 & 0 & 1 \end{bmatrix}$.

19. (1) $\boldsymbol{X}=\begin{bmatrix} 5 & -2 & -2 \\ 4 & -3 & -2 \\ -2 & 2 & 3 \end{bmatrix}$;　(2) $\boldsymbol{X}=\begin{bmatrix} -81 & 58 \\ 62 & -45 \\ 6 & -2 \\ -15 & 10 \end{bmatrix}$.

20. $\boldsymbol{X}=\begin{bmatrix} -5 & 3 \\ -6 & 4 \\ -7 & 3 \end{bmatrix}$.

21. $\boldsymbol{B}=\begin{bmatrix} \frac{8}{3} & 0 & 0 \\ 0 & -8 & 0 \\ -\frac{16}{3} & \frac{32}{3} & \frac{8}{3} \end{bmatrix}$.

22. (1) $\boldsymbol{A}^3=\begin{bmatrix} -1 & 0 & 0 \\ -4 & 1 & 0 \\ -4 & 0 & 1 \end{bmatrix}$;

(2) $12\begin{bmatrix} 1 & 0 & 0 \\ 2 & 0 & 0 \\ 2 & 0 & 0 \end{bmatrix}$.

23. (1) 秩为 2,二阶子式 $\begin{vmatrix} 2 & -1 \\ 7 & 0 \end{vmatrix}=7\neq 0$;

(2) 秩为 2,二阶子式 $\begin{vmatrix} 1 & 3 \\ 2 & -1 \end{vmatrix}=-7\neq 0$;

(3) 秩为 3,3 阶子式 $\begin{vmatrix} 1 & -1 & 1 \\ 2 & 0 & 2 \\ -2 & 3 & 3 \end{vmatrix}\neq 0$.

24. $a=5,b=1$.

25. $\lambda=-3$ 时,秩为 2,$\lambda\neq -3$ 时,秩为 3.

26. 略.

27. 1.

28. 略.

29. 略.

习题 3

1. (1) (D); (2) (D); (3) (B); (4) (B).

2. 略.

3. 略.

4. (1) 线性相关; (2) 线性相关; (3) 线性相关;
(4) 线性相关; (5) 线性无关; (6) 线性无关.

5. 略.

6. 略.

7. 略.

*8. 略.

9. (1) -1; (2) $\frac{1}{4}$.

10. (1) 3; (2) $\boldsymbol{\alpha}_1,\boldsymbol{\alpha}_2,\boldsymbol{\alpha}_3$; (3) $\boldsymbol{\alpha}_4=\boldsymbol{\alpha}_1+\boldsymbol{\alpha}_2-\boldsymbol{\alpha}_3,\boldsymbol{\alpha}_5=\frac{1}{2}\boldsymbol{\alpha}_1-\frac{1}{2}\boldsymbol{\alpha}_2+\frac{1}{2}\boldsymbol{\alpha}_3$.

11. $a\neq 1$ 且 $a\neq 1-n$.

12. 略.

13. 当 $k=1$ 时,$R(\boldsymbol{\alpha}_1,\boldsymbol{\alpha}_2,\boldsymbol{\alpha}_3)=2$,$\boldsymbol{\alpha}_1,\boldsymbol{\alpha}_3$ 为一个最大无关组;

当 $k\neq 1$ 时,$R(\boldsymbol{\alpha}_1,\boldsymbol{\alpha}_2,\boldsymbol{\alpha}_3)=3$,$\boldsymbol{\alpha}_1,\boldsymbol{\alpha}_2,\boldsymbol{\alpha}_3$ 为最大无关组.

*14. 2.

15. 略.

*16. 当 $a=0$ 或 $a=-10$ 时线性相关. 当 $a=0$ 时,$\boldsymbol{\alpha}_1$ 为一个最大无关组且 $\boldsymbol{\alpha}_2=2\boldsymbol{\alpha}_1$,$\boldsymbol{\alpha}_3=3\boldsymbol{\alpha}_1$,$\boldsymbol{\alpha}_4=4\boldsymbol{\alpha}_1$;当$a=-10$时,$\boldsymbol{\alpha}_2,\boldsymbol{\alpha}_3,\boldsymbol{\alpha}_4$ 为一个最大无关组且 $\boldsymbol{\alpha}_1=-\boldsymbol{\alpha}_2-\boldsymbol{\alpha}_3-\boldsymbol{\alpha}_4$.

17. $a=3$,$\boldsymbol{\alpha}_1,\boldsymbol{\alpha}_2,\boldsymbol{\alpha}_5$ 为最大无关组.

*18. (1) 略; (2) 线性无关.

19. $\boldsymbol{\alpha}_1,\boldsymbol{\alpha}_3$ 为基; 2.

20. (1) $\begin{bmatrix} 2 & 2 & 1 \\ 2 & 3 & 1 \\ -1 & -1 & 0 \end{bmatrix}$; (2) $(2,5,-1)$.

习题 4

1. (1) (B); (2)(D); (3) (A); (4)(D).

2. -3.

3. -2.

4. (1) $k_1\begin{bmatrix} -2 \\ -5 \\ 9 \\ 0 \end{bmatrix}+k_2\begin{bmatrix} 1 \\ -2 \\ 0 \\ 9 \end{bmatrix}$,$k_1,k_2$ 任意常数;

(2) $k_1\begin{bmatrix} -2 \\ 1 \\ 1 \\ 0 \\ 0 \end{bmatrix}+k_2\begin{bmatrix} -1 \\ -3 \\ 0 \\ 1 \\ 0 \end{bmatrix}+k_3\begin{bmatrix} 2 \\ 1 \\ 0 \\ 0 \\ 1 \end{bmatrix}$,$k_1,k_2,k_3$ 任意常数;

(3) $k_1\begin{bmatrix} -\frac{3}{2} \\ \frac{7}{2} \\ 1 \\ 0 \\ 0 \end{bmatrix}+k_2\begin{bmatrix} -1 \\ -2 \\ 0 \\ 1 \\ 0 \end{bmatrix}$,$k_1,k_2$ 任意常数.

5. 略.

6. $k\begin{bmatrix} 1 \\ -2 \\ 1 \\ 0 \end{bmatrix}$,$k$ 任意常数;

7. (1) $k\begin{bmatrix}-4\\0\\1\\5\end{bmatrix}+\begin{bmatrix}0\\0\\2\\0\end{bmatrix}$,$k$ 任意常数;

(2) $k\begin{bmatrix}3\\0\\5\\7\\1\end{bmatrix}+\begin{bmatrix}7\\0\\10\\14\\0\end{bmatrix}$,$k$ 任意常数;

(3) $k_1\begin{bmatrix}-9\\1\\7\\0\end{bmatrix}+k_2\begin{bmatrix}-4\\0\\\frac{7}{2}\\1\end{bmatrix}+\begin{bmatrix}-17\\0\\14\\0\end{bmatrix}$,$k_1$,$k_2$ 任意常数.

8. 通解为 $k\begin{bmatrix}1\\1\\1\\1\\1\end{bmatrix}+\begin{bmatrix}a_1+a_2+a_3+a_4\\a_2+a_3+a_4\\a_3+a_4\\a_4\\0\end{bmatrix}$,$k$ 任意常数.

9. $k\begin{bmatrix}1\\-2\\1\\0\end{bmatrix}+\begin{bmatrix}1\\1\\1\\1\end{bmatrix}$,$k$ 任意常数.

10. (1) $\begin{bmatrix}0\\1\\1\\-1\end{bmatrix}$; (2) $k\begin{bmatrix}0\\1\\1\\-1\end{bmatrix}+\frac{1}{2}\begin{bmatrix}1\\9\\9\\4\end{bmatrix}$,$k$ 任意常数.

11. $\boldsymbol{\xi}_2=k\begin{bmatrix}\frac{1}{2}\\-\frac{1}{2}\\1\end{bmatrix}+\begin{bmatrix}-\frac{1}{2}\\\frac{1}{2}\\0\end{bmatrix}$,$k$ 任意常数;

$\boldsymbol{\xi}_3=k_1\begin{bmatrix}-1\\1\\0\end{bmatrix}+k_2\begin{bmatrix}0\\0\\1\end{bmatrix}+\begin{bmatrix}-\frac{1}{2}\\0\\0\end{bmatrix}$,$k_1$,$k_2$ 任意常数.

12. (1) $a=-1$ 且 $b\neq0$; (2) $a\neq-1$.

13. 当$a=0,b=2$时,有解.通解为$\begin{bmatrix}-2\\3\\0\\0\\0\end{bmatrix}+k_1\begin{bmatrix}1\\-2\\1\\0\\0\end{bmatrix}+k_2\begin{bmatrix}1\\-2\\0\\1\\0\end{bmatrix}+k_3\begin{bmatrix}5\\-6\\0\\0\\1\end{bmatrix}$,$k_1,k_2,k_3$任意常数.

14. $a=1$或者$a=2$;当$a=1$时,公共解为$k\begin{bmatrix}-1\\0\\1\end{bmatrix}$,$k$任意常数;当$a=2$时,有唯一公共解$\begin{bmatrix}0\\1\\-1\end{bmatrix}$.

*15. 略.

16. $a=c=2,b=1$.

*17. 略.

习题 5

1. (1) (C); (2) (C); (3) (B).

2. (1) $\lambda_1=-1,\lambda_2=9,\lambda_3=0$;

属于$\lambda_1=-1$的全部特征向量为$k_1\begin{bmatrix}1\\-1\\0\end{bmatrix}$,$k_1\neq0$;

属于$\lambda_2=9$的全部特征向量为$k_2\begin{bmatrix}1\\1\\2\end{bmatrix}$,$k_2\neq0$;

属于$\lambda_3=0$的全部特征向量为$k_3\begin{bmatrix}1\\1\\-1\end{bmatrix}$,$k_3\neq0$.

(2) $\lambda_1=\lambda_2=\lambda_3=0$;

全部特征向量为$k\begin{bmatrix}1\\0\\0\end{bmatrix}$,$k\neq0$.

(3) $\lambda_1=2,\lambda_2=\lambda_3=-1$;

属于$\lambda_1=2$的全部特征向量为$k_1\begin{bmatrix}1\\1\\1\end{bmatrix}$,$k_1\neq0$;

属于$\lambda_2=\lambda_3=-1$的全部特征向量为$k_2\begin{bmatrix}-1\\1\\0\end{bmatrix}+k_3\begin{bmatrix}-1\\0\\1\end{bmatrix}$,$k_2,k_3$不全为零.

(4) $\lambda_1=a,\lambda_2=b,\lambda_3=c$;

属于 $\lambda_1=a$ 的全部特征向量为 $k_1\begin{bmatrix}1\\0\\0\end{bmatrix},k_1\neq0$;

属于 $\lambda_2=b$ 的全部特征向量为 $k_2\begin{bmatrix}0\\1\\0\end{bmatrix},k_2\neq0$;

属于 $\lambda_3=c$ 的全部特征向量为 $k_3\begin{bmatrix}0\\0\\1\end{bmatrix},k_3\neq0$.

*3. (1) $\boldsymbol{A}^2=\boldsymbol{O}$;

(2) 特征值为 0(n 重);不妨设 $b_1\neq0$,则全部特征向量为

$$k_1\begin{bmatrix}-\dfrac{b_2}{b_1}\\1\\0\\\vdots\\0\end{bmatrix}+k_2\begin{bmatrix}-\dfrac{b_3}{b_1}\\0\\1\\\vdots\\0\end{bmatrix}+\cdots+k_{n-1}\begin{bmatrix}-\dfrac{b_n}{b_1}\\0\\0\\\vdots\\1\end{bmatrix},k_1,k_2,\cdots,k_{n-1}\text{不全为零}.$$

4. 32.

5. -2 或 1.

6. $a=c=2;b=-3;\lambda_0=1$.

7. (1) -32; (2)0.

*8. 略.

9. 不能.理由略.

10. (1) $x=0,y=-2$; (2) $\boldsymbol{P}=\begin{bmatrix}0&0&1\\-2&1&0\\1&1&-1\end{bmatrix}$.

11. 是;$\boldsymbol{A}=\begin{bmatrix}3&-2&10\\0&1&8\\-1&1&0\end{bmatrix},\boldsymbol{B}=\begin{bmatrix}1&0&0\\0&1&0\\0&0&2\end{bmatrix},\boldsymbol{P}=\begin{bmatrix}1&1&2\\2&1&0\\1&0&-1\end{bmatrix}$.

12. $a=0;\boldsymbol{P}=\begin{bmatrix}0&1&1\\0&2&-2\\1&0&0\end{bmatrix}$.

13. $-\boldsymbol{A}$.

14. (1) $\lambda_1=-2,\lambda_2=4$;

属于 $\lambda_1=-2$ 的全部特征向量为 $k_1\begin{bmatrix}1\\-5\end{bmatrix},k_1\neq0$;

属于 $\lambda_2=4$ 的全部特征向量为 $k_2\begin{bmatrix}1\\1\end{bmatrix},k_2\neq0$;

(2) 是；令 $\boldsymbol{P}=\begin{bmatrix}1 & 1\\ -5 & 1\end{bmatrix}$，$\boldsymbol{P}^{-1}\boldsymbol{A}\boldsymbol{P}=\begin{bmatrix}-2 & 0\\ 0 & 4\end{bmatrix}$；

*(3) $\boldsymbol{A}^{50}\begin{bmatrix}1\\5\end{bmatrix}=2^{50}\begin{bmatrix}1\\-5\end{bmatrix}$.

15. (1) $k\begin{bmatrix}1\\0\\1\end{bmatrix}$，$k\neq 0$； (2) $\boldsymbol{A}=\frac{1}{6}\begin{bmatrix}13 & -2 & 5\\ -2 & 10 & 2\\ 5 & 2 & 13\end{bmatrix}$.

*16. 略.

17. (1) $\boldsymbol{P}=\frac{1}{3}\begin{bmatrix}1 & -2 & 2\\ 2 & -1 & -2\\ 2 & 2 & 1\end{bmatrix}$； (2) $\boldsymbol{P}=\frac{1}{3}\begin{pmatrix}2 & -2 & -1\\ 1 & 2 & -2\\ 2 & 1 & 2\end{pmatrix}$.

18. $-1,-1,\ 0$.

习题 6

1. (1) (B)； (2) (C)； *(3) (D).

2. 3.

3. 2.

4. (1) $f=y_1^2+y_2^2$； (2) $f=2z_1^2-2z_2^2$.

5. (1) $\begin{bmatrix}x_1\\x_2\\x_3\end{bmatrix}=\begin{bmatrix}1 & 0 & 0\\ 0 & \frac{1}{\sqrt{2}} & \frac{1}{\sqrt{2}}\\ 0 & \frac{1}{\sqrt{2}} & -\frac{1}{\sqrt{2}}\end{bmatrix}\begin{bmatrix}y_1\\y_2\\y_3\end{bmatrix}$，　$f=2y_1^2+5y_2^2+y_3^2$；

(2) $\begin{bmatrix}x_1\\x_2\\x_3\\x_4\end{bmatrix}=\begin{bmatrix}\frac{1}{2} & \frac{1}{2} & \frac{1}{\sqrt{2}} & 0\\ -\frac{1}{2} & \frac{1}{2} & 0 & \frac{1}{\sqrt{2}}\\ -\frac{1}{2} & -\frac{1}{2} & \frac{1}{\sqrt{2}} & 0\\ \frac{1}{2} & -\frac{1}{2} & 0 & \frac{1}{\sqrt{2}}\end{bmatrix}\begin{bmatrix}y_1\\y_2\\y_3\\y_4\end{bmatrix}$，　$f=-y_1^2+3y_2^2+y_3^2+y_4^2$；

(3) $\begin{bmatrix}x_1\\x_2\\x_3\end{bmatrix}=\begin{bmatrix}0 & 1 & 0\\ \frac{1}{\sqrt{2}} & 0 & \frac{1}{\sqrt{2}}\\ \frac{1}{\sqrt{2}} & 0 & -\frac{1}{\sqrt{2}}\end{bmatrix}\begin{bmatrix}y_1\\y_2\\y_3\end{bmatrix}$，　$f=y_1^2+2y_2^2+9y_3^2$.

6. 2.

*7. (1)$a=1,b=2$； (2) $\boldsymbol{P}=\begin{bmatrix}\frac{2}{\sqrt{5}} & 0 & \frac{1}{\sqrt{5}}\\ 0 & 1 & 0\\ \frac{1}{\sqrt{5}} & 0 & -\frac{2}{\sqrt{5}}\end{bmatrix}$,$\boldsymbol{x}=\boldsymbol{P}\boldsymbol{y}$,$f=2y_1^2+2y_2^2-3y_3^2$.

*8. (1) $\lambda_1=a,\lambda_2=a+1,\lambda_3=a-2$； (2) $a=2$.

9. 略.

*10. 略.

11. 略.

12. 略.

13. $\boldsymbol{\Lambda}=\begin{bmatrix}k^2 & & \\ & (k+2)^2 & \\ & & (k+2)^2\end{bmatrix}$,$k\neq 0$ 且 $k\neq -2$.

14. (1) 负定； (2) 正定.